定西市农业科学研究院志

（1951—2021年）

定西市农业科学研究院志编纂委员会　编

中国农业科学技术出版社

图书在版编目（CIP）数据

定西市农业科学研究院志（1951—2021 年）/ 定西市农业科学研究院志编纂委员会编. -- 北京：中国农业科学技术出版社，2021.12

ISBN 978-7-5116-5704-6

Ⅰ. ①定… Ⅱ. ①定… Ⅲ. ①农业科学院－概况－定西 Ⅳ. ① S-242.423

中国版本图书馆 CIP 数据核字（2022）第 023924 号

责任编辑 于建慧
责任校对 贾海霞
责任印制 姜义伟 王思文

出 版 者 中国农业科学技术出版社
北京市中关村南大街 12 号 邮编：100081
电 话 （010）82109708（出版中心） （010）82109702（发行部）
（010）82109709（读者服务部）
网 址 http://www. castp. cn
经 销 者 各地新华书店
印 刷 者 北京中科印刷有限公司
开 本 210mm × 285mm 1/16
印 张 19.75
字 数 416 千字
版 次 2021 年 12 月第 1 版 2021 年 12 月第 1 次印刷
定 价 298. 00 元

定西市农业科学研究院志
（1951—2021 年）

编纂领导小组

顾　问：张振科　刘荣清　陈效仁　王廷禧　曹玉琴
　　　　　刘效瑞　周　谦

组　长：张　明

副组长：陈志国　马　宁　李鹏程

组　员（按姓氏笔画为序）：

马伟明　王梅春　王富胜　文殷花　石建业
史丽萍　令　鹏　刘彦明　李德明　陈　富
罗有中　袁安明　谢淑琴

编纂委员会

序　言

在庆祝中国共产党成立100周年，全面建成小康社会，开启建设社会主义现代化国家，向着第二个百年奋斗目标进军新征程之际，定西市农业科学研究院（以下简称“定西市农科院”）迎来建院70周年。为系统回顾走过的风雨历程，总结积累的成功经验，展现取得的辉煌成就，我们组织编纂了这部《定西市农业科学研究院志（1951—2021年）》，作为献给党百年华诞的礼物！

定西市农业科学研究院诞生于新中国成立之初，迄今走过70个春夏秋冬。1951年秋建立的定西专区农业繁殖场是其起源，也是定西最早的农业科研机构。之后的数十年里虽然几易其名，但始终坚持为定西农业提供科技服务的宗旨毫不动摇，为定西农业发展提供科技支持毫不动摇。定西农业的每一点进步和成就，无不打上定西农科院人艰苦探索、无私奉献的鲜明印记。在这个漫长的过程中，取得了一批重大科技成果，培育和造就了一支实力雄厚的农业科研队伍，涌现出“小麦妈妈”唐瑜，“胡麻夫妇”俞家煌、丰学桂，旱地高产优质冬小麦育种专家周谦等甘肃省内外享有盛誉的优秀专家，为缓解粮食紧缺、解决群众温饱作出了突出贡献。21世纪，为培植支柱产业、服务地方经济、打造“中国薯都”，定西市农科院瞄准世界科技前沿，强化技术创新，为维护粮食安全提供有力的科技支撑。

盛世修志，既是对以往辉煌成就的系统梳理，也是对新时代农业科技事业发展继往开来的鞭策和激励。本志在编修过程中，本着尊重历史、尊重事实的原则，系统记录定西市农科院各个历史阶段科技创新、成果转化、产业开发、脱贫攻坚等方面的成就，生动彰显农业科技工作者扎根定西、情系桑梓的精神风貌。全体编纂人员团结协作，无私奉献，夜以继日，艰苦奋战，付出了很大辛劳。再次谨对全体编纂人员及关心院志编纂工作的所有人士，致以诚挚谢意！

风雨壮豪情，凯歌催奋进。2021年是“十四五”开局之年，也是两个百年目标交汇与转换之年，同时是脱贫攻坚与乡村振兴衔接过渡之年。我们坚信，在未来的征程上，全院农业科技工作者必将以中国共产党成立100周年、定西市农科院建院70周年为新的起点，继续秉承“开拓、创新、求实、奉献”的定西农科精神，以坚韧不拔的意志，百折无悔的赤诚，再接再厉，接续奋斗，续写农业科技新辉煌！

定西市农业科学研究院党委书记、院长

2021年6月30日

凡　例

一、《定西市农业科学研究院志（1951—2021年）》编纂以马克思列宁主义、毛泽东思想、邓小平理论、“三个代表”重要思想、科学发展观、习近平新时代中国特色社会主义思想为指导，坚持实事求是、尊重史实、详主略从、详近略远的原则，着重记载定西市农业科学研究院创立、建设、发展的历程，科技工作的开展、成就及贡献，重点是改革开放以来的科研成就、社会贡献、人才建设等。

二、采用多编多章形式，本志共八编三十章七十八节，编年体与记事体结合，采取述、记、志、图、表、录等多种体裁，力求科学、严谨，文字表述准确、简练。

三、本志上起1951年建立定西专区农业繁殖场，下至2021年6月30日。

四、文体采用规范的现代语体，一律应用国家规定的简化字，计量单位以国家法定计量单位为准。

五、编写史料来源于定西市档案馆及有关部门档案资料，定西市农科院档案室资料、单位年报、院刊、科研年报，有关人员的著作、保存资料、书信、口述、走访记录等。

六、历史沿革、党建工作、内设机构、人才队伍、科研平台、基础设施、科技创新、科技合作与交流等内容由相关职能科所提供，科学研究内容由各研究所提供。本志中均不做出处标识。

七、鉴于单位（机构）名称多有变更，文中均采用事件发生时的名称，机构名称第一次出现时用全称，再次出现用简称。

八、凡在定西市农科院工作过的职工，均以其在当时单位的工作时间段登记，在外单位的工作经历不做记录。

九、人物简介选择标准为1990年以前的副高级专业技术人员及学科带头人、享受国务院政府特殊津贴人员。人才梯队列表选择标准为历任正高级、副高级专业技术人员，曾在定西市农科院工作的博士研究生、硕士研究生。

十、由于时间和资料所限，一些内容暂时无法查证，院志作为线索暂以缺失记之。

目 录

第三编 人才队伍

第四编 科研平台

第五编 科研基础设施

第六编 科技创新

第七编 科技合作与交流

第八编 领导关怀

概　述

（一）

定西市农业科学研究院（以下简称定西市农科院）始建于 1951 年，最早是定西专区农业繁殖场，至 2021 年有整整 70 年历史。

中华人民共和国成立之初，在中国共产党的领导下完成土地改革，改变延续了几千年的生产关系，农业生产力得到极大解放，农业科学也得到恢复和快速发展。1950—1951 年，按照中共定西专区统一部署，完成土地改革任务，把封建剥削的土地所有制改变为农民的土地所有制，解放和促进了农村生产力发展。1951 年 9 月，定西专区农业繁殖场（亦称定西专区农场）开始筹建，隶属定西专署建设科领导。

1953 年 12 月 16 日，中共中央公布《关于发展农业生产合作社的决议》，全国农村进行农业社会主义改造即农业合作化运动。至 1956 年年底，基本完成对农业的社会主义改造。定西专区农村社会主义改造经历互助合作组织、初级社、农业合作化 3 个阶段。1956 年 10 月，甘肃省农牧厅决定，将定西专区农场改建为定西专区农业试验站，行政上隶属定西专员公署农业组领导，业务上受甘肃省农业试验总场指挥。

20 世纪 50 年代末至 60 年代初，由于严重自然灾害等原因，农村发生严重经济困难。党中央及时提出恢复与发展国民经济“调整、巩固、充实、提高”的“八字方针”，到 1962 年，经济逐步得到恢复和发展。1963 年 11 月，定西专区决定成立定西专区农业科学研究所（简称定西农科所）。定西农科所的成立，突出其“科学研究”的功能，定位更加明确。

20世纪60年代后期，各地党政机构、企事业普遍成立革命委员会（简称“革委会”），党政实行一元化领导。1968年4月，定革组〔1968〕30号文件批复成立了定西农科所革命委员会。1975年，学习朝阳农学院的经验，建设定西农学院，兼具科研和教学两项职能，科研为教学服务。

改革开放后，农村实行家庭联产承包责任制，赋予农民生产经营自主权，开启改革开放的历程。1978年2月，根据甘肃省委〔1978〕号文件和地委指示精神，定西农学院和定西农科所分设，恢复定西专区农业科学研究所。

定西市自然条件严酷，降水稀少，十年九旱，干旱多灾，严重制约着全市农村经济的发展。为凸显旱作高效农业的科研主攻方向，1984年4月，定西地区农业科学研究所与定西地区农技推广站等合并，成立定西地区旱作农业科研推广中心。

进入21世纪，定西市在实现整体基本解决温饱的基础上，农业和农村经济进入一个新的发展阶段。2013年4月，经市委常委会议、市委机构编制委员会会议研究，并报省委编办批准，定西市旱作农业科研推广中心更名为定西市农业科学研究院。定西市农科院成立以来，在各级党委、政府的关怀下，在相关部门、科研院所、大专院校的支持下，经过几代农科人的不懈努力，发展成为定西市唯一一所集科研、推广、示范、开发为一体的综合性农业科学研究院，属正县级事业单位。

（二）

回望定西市农科院70年曲折而又光辉的历程，是一部呕心沥血的科研探索史，一部甘于奉献的科研奋进史。

20世纪，为缓解粮食紧缺、解决贫困地区群众温饱，定西市农科院作出突出贡献。以唐瑜为代表的科研人员，选育出春小麦定西24号、定西35号和定丰3号、定丰9号等小麦系列新品种，累计推广面积达1000万亩*以上，小麦增产30%以上，不仅对当地农业增产增收起到举足轻重的作用，而且辐射到甘肃中部以及宁夏、青海等省（区）。从60年代开始，俞家煌、丰学桂夫妇选育出以“定亚1号”“定亚17号”为代表的“定亚”系列胡麻优良品

* 注：1亩≈667平方米。全书同。

种，产量提高3.3倍。周谦是一位土生土长的育种专家，利用“旱地高产优质冬小麦新品种选育技术”，选育出“陇中1号”，成为1986年以来甘肃省唯一通过国家审定的冬小麦品种；以“陇中1号”至“陇中7号”系列品种在西北地区得到大面积推广，冬小麦产量增加1倍。据测算截至2020年，定西市农科院培育的各类农作物优良品种，通过推广种植，增产粮食达到1.5亿千克。

21世纪，定西市农科院为培植支柱产业、服务地方经济，作出了巨大贡献。“中国薯都”“中国药都”崛起于定西大地。定西市农科院承担完成马铃薯科研项目23项，培育优良品种6个，脱毒种薯繁育体系走在全国前列。完成中药材科技攻关项目20多项，自主选育出的当归、党参、黄芪等优良品种15个，在中药材产区得到广泛推广。选育出旱地春小麦定西39号、定西40号、定西41号及水地春小麦定丰16号等新品种。育成定豌、定莜、定荞小杂粮系列品种，改善了小杂粮作物产量低而不稳的状况。

定西市农科院瞄准国内外科技前沿，强化技术创新，为维护粮食安全提供有力科技支撑。“十三五”以来，定西市农科院遵循“创新、协同、绿色、开放、共享”五大发展理念，坚持“科研立院、人才强院、产业兴院、开放办院”的宗旨，2017年，率先开启与中国农业科学院共同攻关的先河，涉及马铃薯、中药材、小麦、油料、杂粮、蔬菜等作物的共同研发，着力破解制约区域农业发展的重大科技难题，在培植当地支柱产业、服务地方经济、维护粮食安全等方面，提供强有力的科技支撑。

70年来，定西市农科院致力于区域农业生产关键技术攻关、农作物新品种选育，累计承担完成各类科研及成果转化项目510多项，获地（厅）级及以上科技奖励266项；通过国家及省级审（认）定农作物品种195个；获授权专利53项，制定地方标准30余项。这些科技成果的转化应用，对提升农业生产水平，促进农业产业升级，保障粮食安全，助力脱贫攻坚和推进乡村振兴发挥重要作用。

（三）

定西市农科院坚持党对人才工作的领导，实施“人才优先、人才强院”战略，注重引进人才精准性、培养人才针对性、使用人才适岗性、留住人才发展性和评价人才科学性，着力构建完善的人才发展政策制度体系，打造支撑地方农业科技发展、人才集聚和科技创新的主战场。经过半个多世纪的锤炼培养，涌现出“小麦妈妈”唐瑜，“胡麻夫妇”俞家煌、丰学桂等被定西老百姓钦敬的农业科学家。全院编制136人，至2021年6月有职工220人，在职职工135人，其中，管理人员3人，专业技术人员117人，工勤人员15人；党员64人，退休党员26人；硕士及以上学历35人；高级专业技术人才65人，其中，研究员（推广研究员）16人（二级岗位1人、三级岗位3人），副研究员（高级农艺师）49人；享受国务院政府特殊津贴专家5人；国家现代农业产业技术体系综合试验站站长4人；入选甘肃省领军人才第二层次人选2人，甘肃省优秀专家2人，享受甘肃省正高级专业技术人员津贴专家8人；定西市科技领军人才7人；全国科普先进工作者1人；甘肃省“三八”红旗手1人，甘肃省科技工作先进个人1人；甘肃省第十次、第十三次党代会代表各1人，定西市政协委员3人。

定西市农科院广大科技工作者扎根黄土，情系农民，筚路蓝缕，代代传承，锤炼“开拓、创新、求实、奉献”的农科精神。在科学道路上，求真务实，缜密严谨；在科研态度上，不墨守成规，勇于创新；在科学难题面前，团结合作，协力攻关；在职业操守上，不忘使命，无私奉献。

（四）

定西市农科院院部位于定西市安定区永定西路16号，地处规划中的定西生态科技创新城中心。全院拥有科研用地1143.19亩，办公设施建筑面积1961.32平方米，科技展览馆165平方米，化验楼835平方米，组织培养室716平方米，光照培养室1036.8平方米，智能温室3686.4平方米，日光温室32座，食用菌实验室260平方米，仪器设备607台，农机具91台（套），储藏库7372.55平方米，储水池5000立方米，喷（滴）灌设施3套。

内设3个职能科室（办公室、科研管理科、财务资产管理科）、8个专业研究所（粮食作物研究所、马铃薯研究所、中药材研究所、油料作物研究所、设施农业研究所、旱地农业综合研究所、土壤肥料植物保护研究所、农产品加工研究所），涵盖定西市特色产业和寒旱农业主要研究领域，形成具有区域特色的农业研究机构。建立国家级引智基地1个，国家小麦良种繁育基地1个，中国农业科学院作物科学研究所旱作农业联合研究中心1个，现代农业产业技术体系综合试验站4个，甘肃省引智成果示范推广基地和甘肃省国际科技合作基地各1个，省级科技创新平台7个，专家院士工作站1个，市级优秀科技创新平台1个，工程技术研究中心（实验室、基地）7个，国家、省、市级创新联盟理事单位3个，院级综合实验室1个，在全市不同生态类型区建有14个综合试验示范基地。

与美国、阿根廷、智利、以色列、德国、加拿大、荷兰、俄罗斯、乌克兰、白俄罗斯等国家的科研院所进行交流合作，与中国农业科学院、中国农业大学、北京中医药大学、福州市农业科学院、兰州大学、甘肃农业大学、甘肃中医药大学、中国科学院近代物理研究所、中国科学院大连化学物理所、中国科学院西北高原生物研究所、甘肃省农业科学院、西北师范大学生命科学院、甘肃省佛慈药业、甘肃省扶正药业等联合开展实施科研攻关和示范推广项目，累计引进农作物种质资源3000余份，引进高端人才80多人（次），选派30多人（次）科研骨干参加国际科技合作交流。

（五）

定西市农科院多年来受到各级领导的关怀和支持。2007年2月17日，时任中共中央总书记、国家主席、中央军委主席胡锦涛亲临视察，给广大农业科技工作者以巨大激励和鼓舞。党和国家领导人吴官正、回良玉、张梅颖，国家部委领导及专家朱丽兰、汪恕诚、季允石、屈冬玉、陈萌山、戴小枫、刘春明、许智宏、钱前及甘肃省委、省政府领导孙英、宋照肃、陆浩、刘伟平，省属部门和科研院所领导孙宁兰、马忠明及定西市委、市政府领导先后莅临视察、调研、考察、参观、指导工作。

时光荏苒，岁月如歌。进入新时代，面对新形势、新挑战，定西市农科院将以习近平新时代中国特色社会主义思想为指导，全面贯彻落实习近平总书记关于农业科技创新和“三农”工作的重要讲话，遵循农业科研发展规律，按照“十四五”既定目标及2035远景规划，以科研工作为中心，全面落实“四个面向”要求，紧紧围绕科技创新和成果转化两大任务，在提升农业科技原始创新水平，促进科技成果转移转化，加快科技人才队伍建设，服务乡村振兴，推动农业现代化建设方面实现新突破，努力成为全市农业科技创新的排头兵，现代农业发展的领头雁，农业科技人才的培养地，服务乡村振兴的主力军，向建设区域一流、省内领先、国内有影响力的农业科研院所迈进。

风雨壮豪情，凯歌催奋进。未来的征程上，定西市农科院人将把理想铸成心中的太阳，用信念支撑起腾飞的翅膀，以坚韧不拔的意志，百折无悔的赤诚，写下科技辉煌，收获大地丰美！

大事记

1951 年 9 月	筹建定西专区农业繁殖场，隶属定西专区建设科领导。
1956 年 10 月	甘肃省农牧厅决定改建为定西专区农业试验站。
1963 年	筹建化验室。
1963 年 11 月	定西专区决定更名为定西专区农业科学研究所。
1965 年 9 月	甘肃省人民委员会〔1965〕甘文办字第 343 号批复成立定西专区农业科学研究所，并试办定西耕读农业中等技术学校，在各县招收社来社去学员 40 名（学制两年）。
1965 年 12 月	定西县良种繁殖场并入到专区农科所，内设研究室等。
1968 年 4 月	定革组〔1968〕30 号文件批复定西专区农科所成立革命委员会，内设科研组等。
1968 年 11 月	〔68〕定专农革字第 1 号批复定西专区农业服务站关于启用印章的通知，将原定西专署农林水牧局、水土保持局、农科所、气象台、造林站等 5 个单位合并，成立定西专区农业服务站革命委员会。
1975 年 6 月	根据省委〔1975〕10 号文件，地委决定成立定西农学院革命委员会。
1978 年	“干旱地区春小麦、胡麻良种选育”项目被甘肃省科学大会评为全省科技成果，受到中共甘肃省委、省政府的科技成果奖励。
1978 年 2 月	根据省委〔1978〕号文件批复分设为农学院和农科所。

1979 年　筹建作物栽培生理实验室。

1980 年　建立定西—甘肃农业大学科研教学基点。

1980 年 10 月　定西地区农科所 1969 年育成的春小麦定西 24 号，经甘肃省品种审定委员会审定正式定名为“定西 24 号”（甘种审字〔1983〕第 14 号）。

1981 年 6 月　以旱农作物研究为主，培育抗旱高产优质的春小麦和油料胡麻新品种为重点，定西地区农业科学研究所先后培育成功春小麦定西 3 号、定西 5 号、定西 19 号、定西 24 号、定西 27 号、定西 32 号等 32 个新品种，胡麻定亚 1 号、定亚 12 号、定亚 13 号、定亚 15 号等 15 个新品种。

1983 年　莜麦育种从旱地春小麦课题组分离出来，正式成立莜麦课题组。

1984 年　实施中国科学院基金资助项目（国家自然科学基金项目）《定西地区春小麦需水规律和抗旱性鉴定方法研究》（〔84〕科基金生准字第 425 号）（1984—1988 年）。

1984 年　实施省列《旱作区粮食作物综合增产技术整乡承包》项目（1984—1986 年）。

1984 年 4 月　定西地区农业科学研究所与地区农技推广站合并成立定西地区旱作农业科研推广中心，内设秘书科、总务科、科研部、推广部、实验农场、西寨油料试验站、情报资料室、财务室、实验农场财务室、西寨油料试验站财务室 10 个部门（定地旱农字〔1984〕018 号）。

1985 年　实施定西地区百万亩梯田坝地主要农作物丰产栽培技术承包项目（1985—1987 年）。

1987 年 9 月　根据行署〔1987〕23 号批复，推广部、植保站移交农业处管理。

1987 年 11 月　根据 1987 年全省农业科技情报工作会议精神，在中心情报资料室的基础上成立“定西地区农业科技情报信息中心”（定旱发〔1988〕第 4 号），创办《农业科技情报》，继续办好《旱农研究》。

1988 年 1 月　根据行署〔1987〕77 号文件《关于农业场站搞好整顿深化改革的通知》精神，中川实验农场、西寨油料站两个生产单位实行招标承包、选聘能人、引进竞争机制。

1991 年　定编发〔1991〕4 号关于调整内部机构批复，撤销科研部，成立定西地区旱作农业科研推广中心作物育种室。

1992 年 6 月　成立定西地区农业科技开发服务公司（定旱农发〔1992〕19 号）。

1994 年　实施市列《川水区“两高一优”农业综合技术开发研究》项目（1994—1996 年）。

1994 年　实施市列《高寒二阴区“两高一优”农业建设》项目（1994—1996 年）。

1995 年　实施国列星火计划《十万亩优质当归栽培基地建设》项目（1995—1997 年）。

1996 年　实施甘肃省农业科学院列项目《荞麦新品种引种筛选及试验示范》，栽培生理实验室转为荞麦组。

1996 年　冬小麦课题组成立。

1998 年　由于经费原因，始于 20 世纪 70 年代中期的南繁工作暂停。

1999 年 10 月　按地委、行署〔77〕号文件批复，在原马铃薯开发研究室基础上成立甘肃金芋马铃薯科技开发有限责任公司；在原育种研究室和良种经营部基础上成立定西地区禾丰农作物种业中心；在原中川实验农场、西寨油料站基础上成立定西地区鑫地农业新技术示范开发中心；在原办公室基础上成立科技服务中心。

2001 年　经国家外国专家局批复，依托定西地区旱作农业科研推广中心，“国家引进国外智力成果——马铃薯脱毒种薯繁育”示范推广基地揭牌。

2001 年　实施科技部国家科技园区项目《甘肃省定西地区专用型马铃薯脱毒种薯快繁中心建设》（2001EA860A18，2001—2003 年）。

2001 年　实施甘肃省科技厅科技攻关项目《专用马铃薯新品种选育》(2001—2004 年）。

2001 年 8 月　甘肃省科技厅〔2001〕11 号，定行署发〔2001〕70 号批复，依托定西地区旱作农业科研推广中心，成立甘肃省马铃薯工程技术研究中心，伍克俊研究员被聘为工程中心首席科学家。

2002 年　实施科技部国家重大科技专项《马铃薯脱毒种薯安全限量及控制技术标准研究》（2002BA906A80，2003—2005 年）。

2002 年　由甘肃省种子管理局和定西地区旱作农业科研推广中心共同申报、农业部立项批复《甘肃省旱作优质小麦良种繁育基地建设项目》。试验基地由甘肃省种子管理局负责建设，地点在定西地区旱农中心。

2003年9月　甘政发〔2003〕10号批复更名为定西市旱作农业科研推广中心。

2004年5月　定西市旱作农业科研推广中心作为“上海全球扶贫大会”考察观摩点。

2004年10月　定西市旱作农业科研推广中心作为“联合国亚太社会残疾人扶贫国际研讨会”考察观摩点。

2005年　实施科技部农业园区专项《旱作高效设施农业技术集成研究与示范》项目（2005—2006年）。

2006年　实施甘肃省科技攻关项目《旱地专用型马铃薯新品种选育》（2006—2008年）。

2006年　经定西市科技局批复成立定西市优势作物工程技术研究中心。

2007年2月　中共中央总书记、国家主席、中央军委主席胡锦涛视察定西市旱农中心马铃薯脱毒种薯生产基地。

2008年　经农业部批复，马铃薯、食用豆、燕麦、胡麻研究团队进入国家现代农业产业技术体系，成立定西综合试验站。

2008年　实施科技部农业园区专项《优质高产冬小麦新品种陇中1号原种繁育及示范推广》项目。

2008年　甘肃省马铃薯工程技术研究中心与阿勒泰地区行署合作，实施马铃薯脱毒种薯生产技术体系建设（2008—2010年）。

2008年　经定西市科技局批复成立定西市菊芋工程技术研究中心。

2008年1月　定西市人民政府《关于定西市旱作农业科研推广中心内部机构设置及全员聘任制实施方案的批复》（定政函〔2008〕01号）及《关于调整旱农中心机构编制的批复》（定编委发〔2008〕13号），内设机构调整为7个，下设2个独立核算的事业单位。

2009年6月　成立定西市首批产业人才开发基地——定西市马铃薯产业人才开发基地（定市组发〔2009〕31号）。

2010年　实施甘肃省新农村建设人才保障工程《定西市新农村建设马铃薯产业人才开发基地建设》项目（2010—2012年）。

2010年　经定西市科技局批复成立定西市党参工程技术研究中心。

2010 年　经定西市科技局批准成立定西市设施农业工程技术研究中心。

2011 年　荞麦育种课题组进入国家燕麦产业技术体系，成为燕荞麦定西综合试验站。

2013 年　甘肃省科技厅主管，定西市人民政府牵头，由定西市农科院主持，实施科技惠民计划项目《定西市道地中药材标准化种植仓储与初加工技术示范应用》（2013—2016 年）。

2013 年 3 月　经甘发改高技〔2013〕371 号批复成立甘肃省马铃薯工程研究院。

2013 年 4 月　按定机编委发〔2013〕9 号批复更名为定西市农业科学研究院。

2013 年 9 月　按定机编委发〔2013〕57 号批复，中川实验农场和西寨油料试验站整体划入市农业科学研究院，增设设施农业研究室（挂定西市农业科学研究院农场牌子）、油料作物研究室（挂定西市农业科学研究院油料试验站牌子），将土壤肥料研究室更名为土壤肥料植物保护研究室。

2014 年　经定西市科技局批复成立定西市油料作物工程技术研究中心。

2015 年　经定西市民政局批准成立定西市马铃薯主食化产业开发联盟理事长单位。

2016 年　被甘肃省外专局列为第三批甘肃省引进国外智力成果示范推广基地。

2016 年　定西市农科院获批成为国家自然科学基金依托单位。

2016 年 5 月　参加全国科技创新大会、中国科学院第十八次院士大会和中国工程院第十三次院士大会、中国科学技术协会第九次全国代表大会。

2016 年 9 月　参加安徽张海银种业促进奖颁奖大会。

2016 年 11 月　按定机编委发〔2016〕63 号批复增设农产品加工研究所，撤销加挂的实验农场和油料试验站两块牌子。

2016 年 11 月　由甘肃省农业科学院牵头，定西市农科院被推选为甘肃省农业科技创新联盟副理事长单位。

2017 年　胡麻定西综合试验站更名为特色油料作物定西综合试验站。

2017 年　实施甘肃省列重点研发《俄罗斯、乌克兰优质种质资源引进试验示范与品种创新》项目（2017—2019 年）。

2017 年　由甘肃省科技厅批复，列为国际科技合作基地—冬小麦种质资源和品种创新示范推广。

2017年　依托定西市农科院，福州市科技局、定西市科技局联合建设东西协作定西—福州食用菌联合实验室。

2017年3月　赴中国农业科学院对接洽谈院地合作事宜。

2017年4月　经甘肃省科学技术协会批复成立甘肃省科普教育基地。

2017年6月　参加“2017年中国马铃薯大会”。

2017年6月　国家食用豆产业技术体系首席科学家程须珍研究员在华家岭试验示范基地考察指导。

2017年6月　与中国农科院作物科学研究所联合成立“旱作农业联合研究中心”。

2017年7月　赴中国农业科学院特产研究所考察学习。

2017年8月　参加张掖市举行首届甘肃·张掖陇药博览会。

2017年8月　按定机编委发〔2017〕28号批复增设财务资产管理科。

2018年　被甘肃省科技厅认定为首批甘肃省科研分支机构。

2018年5月　参加甘肃省小麦产业体系启动会。

2018年4月　参加在深圳会展中心举办的第十六届中国国际人才交流大会。

2018年6月　中国农业科学院专家一行14人前来开展党建强会特色活动。

2018年8月　中国科学院院士许智宏一行应邀前来考察调研，座谈交流。

2018年9月　经甘肃省科协评审授权成立甘肃省特色科普基地。

2018年9月　中国农业科学院作物科学研究所专家在定西开展培训。

2019年　甘肃省中部地区主要农作物种质资源库项目通过甘肃省科技厅批复立项，2020年依托定西市农科院建成投入使用。

2019年2月　甘肃省科技厅领导前来调研指导科研工作。

2019年4月　参加在深圳召开的第十七届中国国际人才交流大会。

2019年5月　参加第21届中国马铃薯大会。

2019年7月　甘肃省科协领导前来调研。

2019年7月　定西市委、市政府领导在定西市农科院调研。

2019年11月　参加丝绸之路小麦创新联盟在西北农林科技大学成立大会，定西市农科院成为理事单位。

2019 年 11 月　定西市农科院院领导到中国农业大学参观考察。

2019 年 12 月　按定机编委发〔2019〕78 号批复，将市农科院 7 个研究室更名为研究所

2020 年　由定西市农科院与甘肃省农科院马铃薯研究所协同建设定西市马铃薯协同创新基地（专家工作站）。

2020 年　经甘肃省科技厅评审认定为甘肃省引才引智基地。

2020 年 1 月　甘肃省科技厅领导在定西市农科院调研科技创新工作。

2020 年 3 月　甘肃省农业农村厅领导及有关部门负责人莅临定西市农科院调研。

2020 年 6 月　临夏回族自治州农科院一行 50 人来定西市农科院考察交流、参观学习。

2020 年 6 月　中国农业科学院作物科学研究所钱前院士一行来定西市农科院考察指导。

2020 年 6 月　定西市农科院发展规划（2021—2035 年）完成编制。

2020 年 8 月　国家马铃薯产业技术体系首席科学家金黎平研究员等专家来定西市农科院考察指导马铃薯育种研究工作。

2020 年 8 月　甘肃省（市、区）科技厅（局）领导调研农产品加工研究所开展的马铃薯精深加工研究情况。

2020 年 8 月　参加 2020 年度西部之光访问学者甘肃省选派启动会。

2021 年 4 月　定西市农科院成为甘肃省山黧豆产业技术创新战略联盟副理事单位。

2021 年 4 月　西北农林科技大学农民发展学院副院长张岳一行来定西市农科院考察调研农民培训及产业发展情况。

2021 年 4 月　定西市政协调研组一行专题调研定西市农科院马铃薯种薯产业发展情况。

2021 年 5 月　中国农业科学院作物科学研究所一行专家来定西市农科院调研指导工作。

2021 年 5 月　甘肃省委政研室、省委改革办、省人社厅工资福利处、省财政厅科技文化处、省政府国资委考核分配处、省科技厅政策法规处等单位联合来定西市农科院调研以增加知识价值为导向分配政策的落实情况。

2021 年 5 月　参加中国科学技术协会第十次全国代表大会。

2021 年 6 月　定西市政协一行莅临定西市农科院专题调研马铃薯产业发展情况。

第一编　历史沿革

定西市农业科学研究院始于1951年的定西专区农业繁殖场，历经1956年定西专区农业试验站，1963年定西专区农业科学研究所，1965年试办定西耕读农业中等技术学校，1975年与甘肃农业大学合办定西农学院，1984年定西地区旱作农业科研推广中心，2013年定西市农业科学研究院等阶段。

第一章 发展历程

一、定西专区农业场站

（1951 年 9 月—1963 年 11 月　科级建制）

1951 年 9 月，筹建定西专区农业繁殖场（亦称“定西专区农场”），隶属定西专区建设科领导。1956 年 10 月甘肃省农业厅决定，将定西专区农场改建为定西专区农业试验站，行政上隶属定西专员公署农业组领导，业务上受省农业试验总场指挥。1963 年 11 月，定西地委决定成立定西专区农业科学研究所。

（一）定西专区农场（1951 年 9 月—1956 年 10 月）

负责人　柴树潜（1951 年 9 月—1953 年 4 月　筹建）

　　　　吴国盛（1951 年 9 月—1953 年 4 月　筹建）

　　　　秦肇岐（1953 年 4 月—1955 年 5 月）

　　　　贾文会（1955 年 5 月—1956 年 6 月）

　　　　李应述（1955 年 5 月—1956 年 6 月）

场　长　马廷臣（1956 年 6 月—1956 年 10 月）

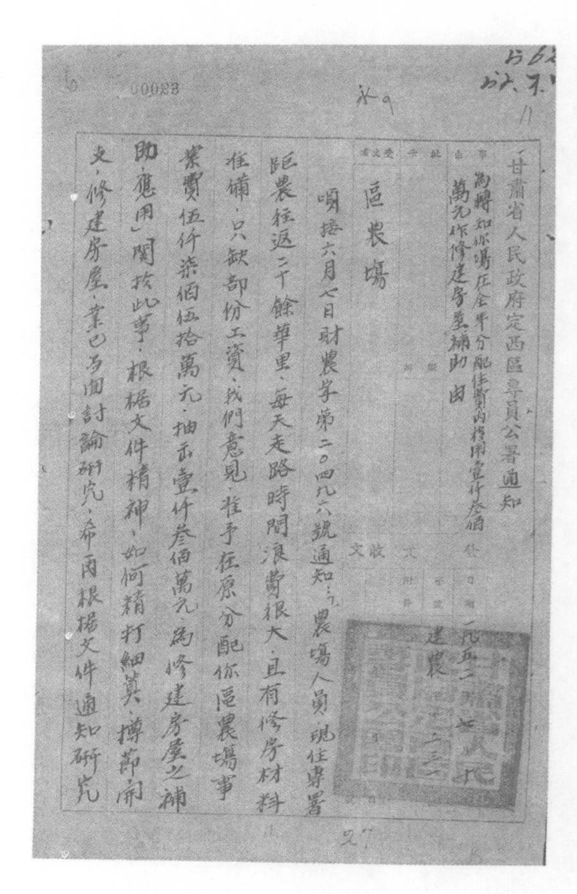

甘肃省人民政府定西区专员公署通知

事由：为转知你场在今年分配佳费内移用壹仟叁佰万元作修建房屋补助由

受文者：区农场

顷接六月七日财农字第二〇四九六号通知：“农场人员现住专署距农场往返二十余华里，每天走路时间浪费很大，且有修房材料准备，只缺部份工资，我们意见，准予在原分配你区农场事业费伍仟柒佰伍拾万元，抽出壹仟叁佰万元，为修建房屋之补助应用”。关于此事，根据文件精神，如何精打细算，撙节开支，修建房屋，业已当面讨论研究，希再根据文件通知研究

（二）定西专区农业试验站（1956 年 10 月—1963 年 11 月）

内设试验组和生产组。试验组主要承担水旱地和有机肥与化肥（钾肥）对比科研试验。生产组主要开展小麦、谷子和胡麻的大田生产及良种繁殖工作。

代理站长　马廷臣（1956 年 10 月—1958 年 7 月）

副 站 长　王亚群（1959 年 10 月—1961 年 8 月）

站　　长　马成智（1961 年 7 月—1962 年 12 月）

二、定西专区农业科学研究所（革委会）

（1963 年 11 月—1984 年 4 月　县级建制）

1963 年 11 月，定西专区决定成立定西专区农业科学研究所。1968 年 4 月，定革组〔1968〕30 号文件批复成立定西农科所革命委员会。1978 年 2 月，根据甘肃省委〔1978〕号文件和地委指示精神，农学院和农科所分设。1984 年 4 月，成立定西地区旱作农业科研推广中心。

（一）定西专区农业科学研究所（1963 年 11 月—1968 年 4 月）

1963 年 11 月，定西专区决定在原定西专区农业试验站和定西专区油料试验站的基础上成立定西专区农业科学研究所，行政上隶属定西专员公署农林水牧局领导，业务属甘肃省农业科学院领导。1965 年 9 月，甘肃省人民委员会文件〔1965〕甘文办第 343 号批复定西专区农业科学研究所试办定西耕读农业中等技术学校，在本区各县招收社来社去学员 40 名（学制两年）。1965 年 12 月，定西县良种繁殖场并入地区农科所。内设机构办公室、研究室，后发展增加中川良种繁殖场和西寨良种繁殖场。

所　长　张克勋（1964 年 10 月—1965 年 6 月）　　窦献琛（1965 年 12 月—1966 年 7 月）

副所长　秦凤鸣（1965 年 5 月—1968 年 4 月）

（二）定西专区农业科学研究所革命委员会（1968 年 4 月—1978 年 2 月）

1968 年 4 月，定革组〔1968〕30 号文件批复成立定西农科所革命委员会，由秦凤鸣等 7 人组成，秦凤鸣任主任，郭仲儒、郭仓珍任副主任。1968 年 11 月，定西专区农业科学研究所革委会与定西专区农业局、气象局等合并成立定西专区农业服务站革命委员会。1971 年 3 月，中共定西地区委员会定党发〔1971〕48 号文件通知，定西地区农业科学研究所革命委员会成员由张世选、白彦仕、许金彪、郭仓珍等 8 人组成，张世选任革委会主任，白彦仕、许金彪、郭仓珍为副主任。1973 年 4 月，中共定党发〔1973〕35 号文件通知，于振岩任农科所革委会副主任。1975 年 6 月，学习“朝阳农学院”经验中，按照省委〔1975〕10 号文件精神，地委决定成立定西农学院革命委员会，在定西专区农业科学研究所基础上建设定西农学院，科研为教学服务。

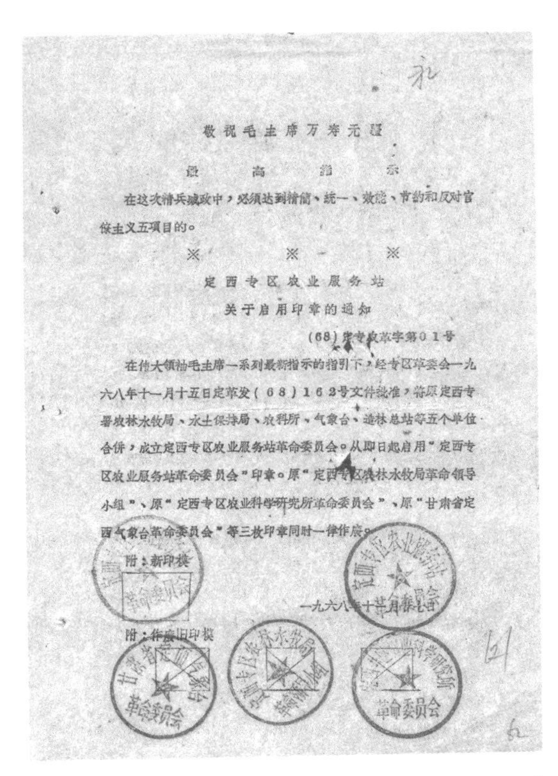
敬祝毛主席万寿无疆

最　高　指　示

在这次精兵减政中，必须达到精简、统一、效能、节约和反对官僚主义五项目的。

※　※　※

定西专区农业服务站
关于启用印章的通知

(68)定专农革字第01号

在伟大领袖毛主席一系列最新指示的指引下，经专区革委会一九六八年十一月十五日定革发（68）162号文件批准，将原定西专署农林水牧局、水土保持局、农科所、气象台、造林总站等五个单位合併，成立定西专区农业服务站革命委员会。从即日起启用“定西专区农业服务站革命委员会”印章。原“定西专区农林水牧局革命领导小组”、原“定西专区农业科学研究所革命委员会”、原“甘肃省定西气象台革命委员会”等三枚印章同时一律作废。

附：新印模

一九六八年十[illegible]

附：作废旧印模

内设机构 办事组、科研组、生产组。

主　任 秦凤鸣（1968 年 4 月—1970 年 11 月）

张世选（1971 年 3 月—1977 年 2 月）

副主任 郭仲儒（1968 年 4 月—1970 年 11 月）

郭仓珍（1968 年 4 月—1970 年 11 月）

白彦仕（1971 年 3 月—1978 年 2 月）

许金彪（1971 年 3 月—1978 年 2 月）

郭仓珍（1971 年 3 月—1978 年 2 月）

于振岩（1973 年 4 月—1978 年 2 月）

马耀江（1977 年 2 月—1978 年 2 月）

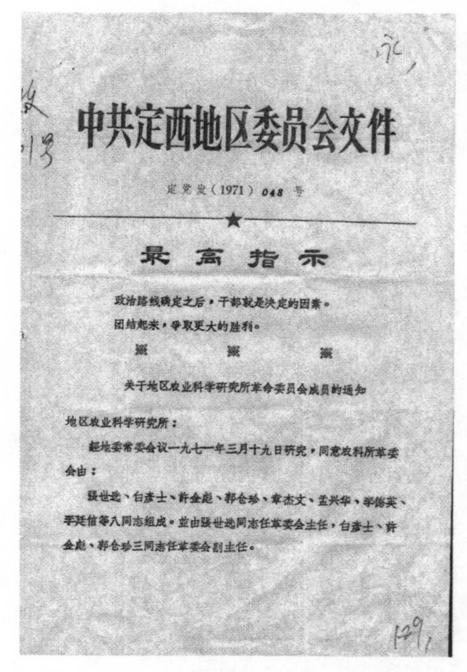

中共定西地区委员会文件

定党发（1971）048 号

最高指示

政治路线确定之后，干部就是决定的因素。

团结起来，争取更大的胜利。

※　※　※

关于地区农业科学研究所革命委员会成员的通知

地区农业科学研究所：

经地委常委会议一九七一年三月十九日研究，同意农科所革委会由：

张世选、白彦士、许金彪、郭仓珍、韦杰文、孟兴华、李德英、李廷信等八同志组成。并由张世选同志任革委会主任，白彦士、许金彪、郭仓珍三同志任革委会副主任。

中共定西地区委员会

一九七一年三月二十日

已发：农科所、地区革委会农业局革命领导小组，军分区支左办公室，地区革委会各部、室，存档　　共印 15份

（三）定西地区农业科学研究所（1978 年 2 月—1984 年 3 月）

1978 年 2 月，根据甘肃省委〔1978〕号文件和地委指示精神，农学院和农科所分设。

内设秘书科、总务科、科研室、生产科、西寨油料试验站。

所　长 马荫芳（1980 年 4 月—1984 年 4 月）

副所长 孙希荣（1978 年 2 月—1980 年 4 月）

马耀江（1978 年 2 月—1979 年 5 月）

白彦仕（1978 年 2 月—1980 年 4 月）

师静邦（1979 年 4 月—1980 年 4 月）

白彦仕（1980 年 4 月—1983 年 7 月）

师静邦（1980 年 4 月—1984 年 4 月）

赵华生（1980 年 10 月—1984 年 4 月）

三、定西地区（市）旱作农业科研推广中心

（1984 年 4 月—2013 年 4 月　县级建制）

1984 年 4 月，定西地区农业科学研究所与地区农技推广站等单位合并成立定西地区旱作农业科研推广中心。1987 年 9 月，定西地区农业技术推广站、植保站分出。1992 年，内设机构调整为 7 个

科室。1998 年根据定西行署科技处、行署农业处、地区编委办、行署人事处、行署财政处批转《关于进一步深化旱农中心内部改革，增强自我发展能力的意见》（定地科发〔1998〕36 号）精神，内部机构由原来的 7 个调整为 8 个。1999 年按照“一所两制”“一室两制”的原则，在继续保留原有机构的基础上，根据定西行署常务会议纪要和地委、行署两办 1999 年 10 月 20 日〔77〕号文件批复，定西地区旱农中心实行行政领导负责制，全员实行聘任制，成立“甘肃金芋马铃薯科技开发有限责任公司”“定西市禾丰农作物种业中心”“定西市鑫地农业新技术示范开发中心”、科技服务中心等 4 个科技型企业。2008 年 1 月，根据《定西市人民政府关于定西市旱作农业科研推广中心内部机构设置及全员聘用制实施方案的批复》（定政函〔2008〕01 号）及《关于调整旱农中心机构编制的批复》（定编委发〔2008〕13 号），内设机构调整为 7 个，下属 2 个独立核算事业单位。

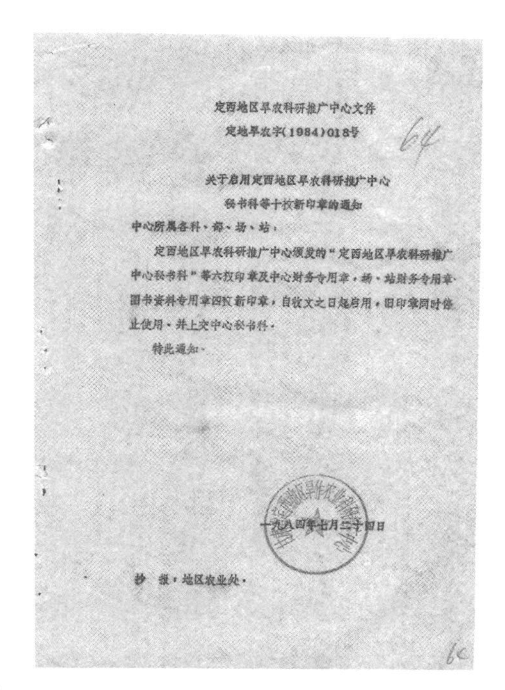

定西地区旱农科研推广中心文件
定地旱农字(1984)018号

关于启用定西地区旱农科研推广中心
秘书科等十枚新印章的通知

中心所属各科、部、场、站：

定西地区旱农科研推广中心颁发的“定西地区旱农科研推广中心秘书科”等六枚印章及中心财务专用章，场、站财务专用章、图书资料专用章四枚新印章，自收文之日起启用，旧印章同时停止使用，并上交中心秘书科。

特此通知。

一九八四年七月二十四日

抄　报：地区农业处。

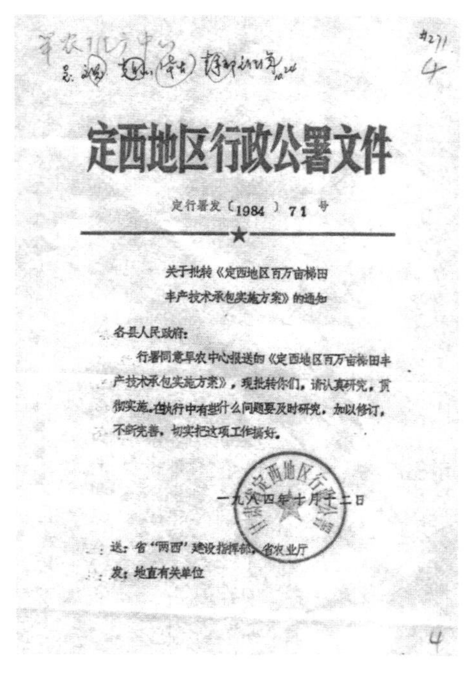

定西地区行政公署文件

定行署发〔1984〕71 号

关于批转《定西地区百万亩梯田
丰产技术承包实施方案》的通知

各县人民政府：

行署同意旱农中心报送的《定西地区百万亩梯田丰产技术承包实施方案》，现批转你们，请认真研究，贯彻实施。在执行中有些什么问题要及时研究，加以修订，不断完善，切实把这项工作搞好。

一九八四年十月十二日

送：省“两西”建设指挥部，省农业厅
发：地直有关单位

内设机构　1984—1992 年　秘书科、总务科、科研部、推广部、化验室、情报资料室、中川农场、植保公司、西寨油料试验站。

1992—1999 年，办公室、科管科、育种室、栽培室、化验室、中川实验农场、西寨油料试验站。

1999—2008 年，办公室、粮油作物育种研究室、综合栽培开发研究室、土壤肥料研究室、植物保护开发研究室、马铃薯开发研究室、中川实验农场、西寨油料试验站。

2008—2013 年，办公室、科研管理科（加挂科技开发管理办公室牌子）、粮食作物研究室、旱地农业综合研究室、马铃薯研究室、中药材（经济作物）研究室、土壤肥料研究室、中川实验农场、油料试验站。

主　任　张文兵（1984 年 4 月—1986 年 7 月）　邵　昕（1991 年 3 月—1993 年 12 月）
王天玉（1993 年 12 月—1996 年 7 月）　伍克俊（1996 年 7 月—2004 年 8 月）
刘荣清（2004 年 8 月—2013 年 9 月）

副主任　张耀山（1984 年 4 月—1985 年 1 月）　赵华生（1984 年 4 月—1991 年 8 月）
师静邦（1984 年 4 月—1985 年 7 月）　何振中（1985 年 8 月—1989 年 3 月）
伍克俊（1985 年 8 月—1996 年 7 月）　曹志良（1986 年 7 月—1989 年 3 月）

邵　昕（1989年3月—1991年3月）　　杨克忠（1991年3月—1995年1月）
刘荣清（1995年9月—2004年8月）　　王廷禧（1998年9月—2006年8月）
姜振宏（2006年8月—2013年9月）　　蒲育林（2008年10月—2011年5月）
何小谦（2008年10月—2013年9月）　　张　明（2011年11月—2013年9月）

四、定西市农业科学研究院

（2013年4月—2021年　县级建制）

2013年4月，经定西市委常委会议、市委机构编制委员会会议研究，并报甘肃省委编办批准，定西市旱作农业科研推广中心更名为定西市农业科学研究院。2013年9月，根据定机编委发〔2013〕57号文件通知，将市中川实验农场和西寨油料试验站整体划入市农业科学研究院，增设设施农业研究室（挂市农业科学研究院实验农场牌子）、油料作物研究室（挂市农业科学研究院油料试验站牌子），将土壤肥料研究室更名为土壤肥料植物保护研究室。2016年11月，根据定机编委发〔2016〕63号文件批复，增设农产品加工研究所，撤销加挂的实验农场和油料试验站两块牌子。2017年8月，根据定机编委发〔2017〕28号文件批复，增设财务资产管理科。2019年12月，根据定机编委发〔2019〕78号文件批复，同意将定西市农科院7个研究室更名为研究所。

内设机构　2013—2016年　办公室、科研管理科（加挂科技开发管理办公室牌子）、粮食作物研究室、旱地农业综合研究室、马铃薯研究室、中药材（经济作物）研究室、土壤肥料植物保护研究室、设施农业研究室、油料作物研究室。

2016年11月，增设农产品加工研究所。

2017年8月，增设财务资产管理科。

2017—2021年，办公室、科研管理科（加挂科技开发管理办公室牌子）、财务资产管理科、粮食作物研究所、马铃薯研究所、中药材研究所、旱地农业综合研究所、土壤肥料植物保护研究所、设施农业研究所、油料作物研究所、农产品加工研究所。

院　长　刘荣清（2013年9月—2015年8月）　　张振科（2015年8月—2020年10月）
张　明（2020年10月—　）

副院长　姜振宏（2013年9月—2017年8月）　　何小谦（2013年9月—2019年1月）
张　明（2013年9月—2020年10月）　　马　宁（2017年8月—　）
李鹏程（2019年6月—　）

正县级干部　王廷禧（2017年7月—2018年8月）　　张振科（2020年10月—　）

副县级干部　陈立功（2019年11月—　）

第二章 党建工作

1956年，建立定西专区农业试验站党小组。1961年，成立中共定西地区农业试验站支部委员会。1984年，成立定西地区旱作农业科研推广中心党委，建立党支部。2019年，院党委将之前的6个党支部调整为4个党支部，即机关管理党支部、科研第一党支部、科研第二党支部、科研第三党支部，并延续至2021年。

随着党组织建设的不断完善，党员学习制度、管理制度、考核制度等各项制度相继建立和完善，有力地推进了党的建设各项工作规范化、标准化、长效化发展。

一、组织建设

（一）党组织沿革

1956年5月，成立定西专区农业试验站党小组，马廷臣担任党小组组长。

1961年5月，成立定西专区农业试验站党支部委员会，中共定西专区机关委员会文件61号通知，王亚群任支部书记，王伯仁任副书记。

1966年1月，成立定西专区农业科学研究所党支部委员会，定西专区机关农林党总支委员会，定专农总字第005号文件批复，马献才任支部书记，王亚群任副书记。

1968年4月，成立专区农业科学研究所革命委员会，定革组〔1968〕30号文件批复，秦凤鸣任革委会主任。

1968年11月，定西专区革命委员会定革发〔1968〕162号文件批复，定西专区农科所与定西专署农林水牧局、气象局等合并为定西专区农业服务站革命委员会，1970年11月分设。

1970年11月，成立中共定西地区农科所党支部委员会，定西地区革命委员会定地革党发〔1970〕90号文件通知，中共定西地区农科所党支部委员会由张世选、章杰文、宋志学组成，张世选任书记。

1973年6月，中共定西地区农业局总支部委员会批复，张世选任农科所党支部书记，于振岩任副书记。

1975年，根据省委〔1975〕10号文件精神，中共定西地区机关党委决定成立定西农学院革命委员会。

1978年2月，根据省委〔1978〕1号文件和地委的指示精神，农学院和农科所分设。

1978年4月，中共定西地区机关委员会机党发〔1978〕3号文件通知，孙希荣任定西地区农业科学研究所党支部书记。

1980年6月，中共定西地区机关委员会机党发〔1980〕14号文件通知，马荫芳任定西地区农科所党支部书记，师静邦任副书记。

1984年8月，成立中共定西地区旱作农业科研推广中心委员会，中共定西地委组字〔1984〕242号文件通知，张文兵任书记，张耀山任副书记。

1984年9月，中共定西地区旱作农业科研推广中心委员会定旱党发〔1984〕1号文件决定，中心党委下设4个党支部（机关党支部、科技党支部、实验农场党支部、西寨油料试验站党支部）。

1985年7月，中共定西地委组字〔1985〕86号文件通知，师静邦任定西地区旱作农业科研推广中心党委副书记兼纪律检查委员会书记。

1986年6月，中共定西地区机关党委文件通知，曹志良任定西地区旱作农业科研推广中心党委副书记。

1987年6月，中共定西地区旱作农业科研推广中心委员会定旱党发〔1987〕8号文件决定，中心党委增设为6个党支部（机关党支部、科研党支部、实验农场党支部、西寨油料试验站党支部、植保公司党支部、推广党支部）。

1989年1月，中共定西地委组字〔1989〕4号文件决定，邵昕任定西地区旱作农业科研推广中心党委副书记。

1991年1月，中共定西地委组字〔1991〕15号文件，邵昕任定西地区旱作农业科研推广中心党委书记，陈效仁任副书记兼纪律检查委员会书记。

1993年12月，中共定西地委组字〔1993〕165号文件通知，王天玉任定西地区旱作农业科研推广中心党委书记。

1994年11月，中共定西地区旱作农业科研推广中心委员会定旱农发〔1994〕6号文件决定，中心党委调整改选为4个党支部（机关党支部、科技党支部、农场党支部、西寨油料试验站党支部）。

1996年6月，中共定西地委组字〔1996〕59号文件通知，宋继业任定西地区旱作农业科研推广中心党委书记。

1996年11月，中共定西地区旱作农业科研推广中心委员会定旱党发〔1996〕6号文件决定，中心党委将原来的4个党支部增设为5个党支部（机关党支部、育种党支部、栽培党支部、农场党支部和西寨油料试验站党支部）。

2000年8月，中共定西地委任字〔2000〕38号文件通知，刘荣清任定西地区旱作农业科研推广中心党委副书记，主持党委工作。

2004年8月，中共定西市委任字〔2004〕26号文件通知，刘荣清任定西市旱作农业科研推广中心党委书记。

2006年8月，中共定西市委任字〔2006〕19号文件通知，王廷禧任定西市旱作农业科研推广中心党委副书记、纪委书记。

2008年6月，中共定西地区旱作农业科研推广中心委员会定旱党发〔2008〕05号文件决定，中心党委重新调整支部及支委（机关党支部、粮作党支部、经作党支部、农场党支部和西寨油料试验站党支部）。

2013年4月，定西市旱作农业科研推广中心更名为定西市农业科学研究院。

2013年8月，中共定西市委任字〔2013〕31号文件通知，刘荣清任定西市农业科学研究院党委书记，王廷禧任党委副书记、纪委书记。

2013年12月，中共定西市农业科学研究院党委发〔2013〕13号文件决定，原旱农中心各党支部改设为机关管理党支部、机关科研党支部、设施农业研究室党支部和油料作物研究室党支部4个支部。

2015年8月，中共定西市委任字〔2015〕89号文件通知，张振科任定西市农业科学研究院党委书记。

2016年6月，中共定西市农业科学研究院党委发〔2016〕17号文件决定，院党委将原来的4个党支部增设为6个支部（机关管理党支部、马铃薯研究室党支部、粮食作物研究室党支部、中药材研究室党支部、设施农业研究室党支部和油料作物研究室党支部）。

2017年8月，中共定西市委任字〔2017〕42号文件通知，姜振宏任定西市农业科学研究院党委副书记。

2019年6月，中共定西市委任字

〔2019〕74号文件通知，陈志国任定西市农业科学研究院党委副书记。

2019年3月，中共定西市农业科学研究院党委发〔2019〕05号文件决定，将6个党支部重新调整为4个支部（机关管理党支部、科研第一党支部、科研第二党支部、科研第三党支部）。

2019年4月，各支部根据相关文件精神重新选举产生支部委员。

2020年10月，中共定西市委任字〔2020〕86号文件通知，张明任定西市农业科学研究院党委书记。

◆ **中共定西专区农业试验站支部委员会**（1956年6月—1963年11月）

1956年5月，成立中共定西专区农业试验站党小组。

党小组组长 马廷臣

1961年5月，成立中共定西专区农业试验站党支部。

支部书记 王亚群（1961年5月—1963年11月）

支部副书记 王伯仁（1961年5月—1963年11月）

◆ **中共定西专区农业科学研究所支部委员会**（1963年11月—1968年4月）

1966年1月，成立中共定西专区农业科学研究所党支部委员会。

支部书记 马献才（1966年1月—1966年10月）

支部副书记 王亚群（1963年11月—1967年8月）

◆ **定西专区农业科学研究所革命委员会**（1968年4月—1970年11月）

1968年4月，成立定西专区农业科学研究所革命委员会。

1968年11月，成立定西专区农业服务站革命委员会。

革委会主任 秦凤鸣（1968年4月—1970年11月）

革委会副主任 郭仲儒（1968年4月—1970年11月） 郭仓珍（1968年4月—1970年11月）

◆ **中共定西地区农业科学研究所支部委员会**（1970年11月—1984年4月）

1970年11月，成立中共定西地区农业科学研究所党支部委员会。

支部书记 张世选（1970年11月—1977年2月） 孙希荣（1978年4月—1980年4月）
马荫芳（1980年6月—1984年4月）

支部副书记 于振岩（1973年6月—1978年2月） 马耀江（1977年2月—1979年5月）
师静邦（1980年6月—1984年4月）

◆ **中共定西地区旱作农业科研推广中心委员会**（1984年4月—2013年8月）

党委书记 张文兵（1984年8月—1986年6月） 邵 昕（1991年1月—1993年12月）
王天玉（1993年12月—1996年6月） 宋继业（1996年6月—2000年8月）
刘荣清（2004年8月—2013年8月）

党委副书记 张耀山（1984年8月—1985年1月） 师静邦（1985年7月—1988年5月）
曹志良（1986年6月—1989年1月） 邵 昕（1989年1月—1991年1月）
陈效仁（1991年1月—2005年6月） 刘荣清（2000年8月—2004年8月）
王廷禧（2006年8月—2013年8月）

◆ 中共定西市农业科学研究院委员会（2013年8月— ）

党委书记 刘荣清（2013年8月—2015年8月） 张振科（2015年8月—2020年10月）
张 明（2020年10月—）

党委副书记 王廷禧（2013年8月—2017年8月） 姜振宏（2017年8月—2019年6月）
陈志国（2019年6月—）

（二）基层组织沿革

1. 1984年9月—1987年6月

1984年9月，中共定西地区旱作农业科研推广中心党委下设4个党支部。

◆ 机关党支部

支部书记 谈文英（1984年9月—1987年6月）
支委委员 王正玺（1984年9月—1987年6月） 李 兴（1984年9月—1987年6月）

◆ 科技党支部

支部书记 唐 瑜（1984年9月—1987年6月）
支委委员 曹玉琴（1984年9月—1987年6月） 金吉兰（1984年9月—1987年6月）

◆ 实验农场党支部

支部书记 孟敬祖（1985年1月—1987年6月）
支委委员 孟新华（1984年9月—1987年6月） 景子俊（1984年9月—1987年6月）

◆ 西寨油料试验站党支部

支部书记 俞家煌（1985年1月—1987年6月）
支部副书记 杨志俊（1984年9月—1987年6月）
支委委员 马福禄（1984年9月—1987年6月） 王禄山（1984年9月—1987年6月）

2. 1987年6月—1994年11月

1987年6月，中共定西地区旱作农业科研推广中心党委增设为6个党支部。

◆ 机关党支部

支部书记 孟敬祖（1987年6月—1989年6月） 谈文英（1989年6月—1991年10月）

何玉林（1991 年 10 月—1994 年 11 月）

支委委员　谈文英（1987 年 6 月—1991 年 10 月）　王正玺（1987 年 6 月—1991 年 10 月）

祁凤鹏（1991 年 10 月—1994 年 11 月）　孙思维（1991 年 10 月—1994 年 11 月）

◆ 科研部党支部

支部书记　俞家煌（1987 年 6 月—1991 年 10 月）　孟敬祖（1991 年 10 月—1994 年 11 月）

支委委员　唐　瑜（1987 年 6 月—1994 年 11 月）　曹玉琴（1987 年 6 月—1994 年 11 月）

刘荣清（1991 年 10 月—1994 年 11 月）

◆ 实验农场党支部

支部书记　杨志俊（1987 年 6 月—1994 年 11 月）

支委委员　景子俊（1987 年 6 月—1994 年 11 月）　金吉兰（1987 年 6 月—1994 年 11 月）

◆ 西寨油料试验站党支部

支部书记　赵得有（1987 年 6 月—1989 年 11 月）　孟敬祖（1989 年 11 月—1994 年 11 月）

支部副书记　曹志荣（1992 年 11 月—1994 年 11 月）

支委委员　马福禄（1987 年 6 月—1994 年 11 月）　王禄山（1987 年 6 月—1994 年 11 月）

◆ 植保公司党支部

支部书记　姜　勉（1987 年 6 月—1987 年 9 月）

◆ 推广部党支部

支部书记　贺　澄（1987 年 6 月—1987 年 9 月）

3. 1994 年 11 月—1996 年 11 月

1994 年，中共定西地区旱作农业科研推广中心党委调整为 4 个党支部。

◆ 机关党支部

支部书记　何玉林（1994 年 11 月—1996 年 11 月）

支委委员　刘荣清（1994 年 11 月—1996 年 11 月）　赵得有（1994 年 11 月—1996 年 11 月）

◆ 科研部党支部

支部书记　孟敬祖（1994 年 11 月—1996 年 11 月）

支委委员　祁凤鹏（1994 年 11 月—1996 年 11 月）　曹玉琴（1994 年 11 月—1996 年 11 月）

◆ 实验农场党支部

支部书记　杨志俊（1994 年 11 月—1996 年 11 月）

支委委员　潘秉荣（1994 年 11 月—1996 年 11 月）　任生兰（1994 年 11 月—1996 年 11 月）

◆ 西寨油料试验站党支部

支部副书记　曹志荣（1994 年 11 月—1996 年 11 月）

支委委员　王禄山（1994 年 11 月—1996 年 11 月）

4. 1996 年 11 月—2008 年 6 月

1996 年，中共定西地区旱作农业科研推广中心党委增设为 5 个党支部。

◆ 机关党支部

支部书记　何玉林（1996 年 11 月—2008 年 6 月）

支委委员　赵得有（1996 年 11 月—2000 年 4 月）　孟敬祖（1994 年 11 月—2003 年 4 月）

蒲育林（2000 年 4 月—2008 年 6 月）

◆ 育种党支部

支部书记　曹玉琴（1996 年 11 月—2008 年 6 月）

支委委员　祁凤鹏（1996 年 11 月—2000 年 4 月）　王梅春（1996 年 11 月—2000 年 4 月）

刘效瑞（2000 年 4 月—2008 年 6 月）　王玉芳（2000 年 4 月—2008 年 6 月）

◆ 栽培党支部

支部书记　杨俊丰（1996 年 11 月—2008 年 6 月）

支委委员　赵得有（2000 年 4 月—2008 年 6 月）　李学文（2000 年 4 月—2003 年 4 月）

◆ 实验农场党支部

支部书记　杨志俊（1996 年 11 月—2008 年 6 月）

支委委员　潘秉荣（1996 年 11 月—2008 年 6 月）　任生兰（1996 年 11 月—2003 年 4 月）

◆ 西寨油料试验站党支部

支部书记　曹志荣（1996 年 11 月—2008 年 6 月）

支委委员　王禄山（1996 年 11 月—2008 年 6 月）

5. 2008 年 6 月—2013 年 6 月

2008 年，中共定西市旱作农业科研推广中心党委重新调整 5 个党支部。

◆ 机关党支部

支部书记　张　明（2008 年 6 月—2013 年 6 月）

支委委员　李　雄（2008 年 6 月—2013 年 6 月）　王富胜（2008 年 6 月—2013 年 6 月）

◆ 粮作党支部

支部书记　周　谦（2008 年 6 月—2013 年 6 月）

支委委员　韩儆仁（2008 年 6 月—2013 年 6 月）　王兴政（2008 年 6 月—2013 年 6 月）

◆ 经作党支部

支部书记　杨俊丰（2008 年 6 月—2013 年 6 月）

支委委员　李德明（2008 年 6 月—2013 年 6 月）　赵得有（2008 年 6 月—2013 年 6 月）

◆ 实验农场党支部

支部书记　杨志俊（2008 年 6 月—2013 年 6 月）

支委委员　张　旦（2008 年 6 月—2013 年 6 月）　石建业（2008 年 6 月—2013 年 6 月）

◆ 西寨油料试验站党支部

支部书记　曹志荣（2008 年 6 月—2013 年 6 月）

支委委员　刘宝文（2008 年 6 月—2013 年 6 月）　张　清（2008 年 6 月—2013 年 6 月）

6. 2013 年 6 月—2016 年 6 月

2013 年，中共定西市农业科学研究院党委改设为 4 个党支部。

◆ 机关管理党支部

支部书记　石建业（2013 年 6 月—2016 年 6 月）

支委委员　史丽萍（2013 年 6 月—2016 年 6 月）　水清明（2013 年 6 月—2016 年 6 月）

◆ 机关科研党支部

支部书记　杨俊丰（2013 年 6 月—2016 年 6 月）

支委委员　李德明（2013 年 6 月—2016 年 6 月）　刘彦明（2013 年 6 月—2016 年 6 月）

◆ 设施农业研究室党支部

支部书记　张　旦（2013 年 6 月—2016 年 6 月）

支委委员　马彦霞（2013 年 6 月—2014 年 6 月）　王姣敏（2013 年 6 月—2016 年 6 月）

张　晶（2014 年 6 月—2016 年 6 月）

◆ 油料作物研究室党支部

支部书记　何宝刚（2013 年 12 月—2016 年 6 月）

支委委员　李　瑛（2013 年 6 月—2016 年 6 月）　赵永伟（2013 年 6 月—2016 年 6 月）

7. 2016 年 6 月—2019 年 4 月

2016 年 6 月，中共定西市农业科学研究院党委增设为 6 个党支部。

◆ 机关管理党支部

支部书记　石建业（2016 年 6 月—2019 年 4 月）

支委委员 史丽萍（2016 年 6 月—2019 年 4 月） 水清明（2016 年 6 月—2019 年 4 月）

◆ 马铃薯研究室党支部

支部书记 张小静（2016 年 6 月—2019 年 4 月）

支委委员 谭伟军（2016 年 6 月—2019 年 4 月） 李亚杰（2016 年 6 月—2019 年 4 月）

◆ 粮食作物研究室党支部

支部书记 贾瑞玲（2016 年 6 月—2019 年 4 月）

支委委员 刘彦明（2016 年 6 月—2019 年 4 月） 李 晶（2016 年 6 月—2019 年 4 月）

◆ 中药材研究室党支部

支部书记 尚虎山（2016 年 6 月—2019 年 4 月）

支委委员 王兴政（2016 年 6 月—2019 年 4 月） 马瑞丽（2016 年 6 月—2019 年 4 月）

◆ 设施农业研究室党支部

支部书记 张 旦（2016 年 6 月—2019 年 4 月）

支委委员 王姣敏（2016 年 6 月—2019 年 4 月） 张 晶（2014 年 6 月—2016 年 6 月）

◆ 油料作物研究室党支部

支部书记 何宝刚（2016 年 6 月—2019 年 4 月）

支委委员 李 瑛（2016 年 6 月—2019 年 4 月） 赵永伟（2016 年 6 月—2019 年 4 月）

8. 2019 年 4 月—

2019 年 4 月，中共定西市农业科学研究院党委改设为 4 个党支部。

◆ 机关管理党支部

支部书记 南 铭（2019 年 4 月—2021 年 4 月） 马菁菁（2021 年 4 月—）

支委委员 杨薇靖（2019 年 4 月—2021 年 4 月） 张娟宁（2019 年 4 月—2021 年 4 月）

张鹤潇（2021 年 4 月—） 高晓星（2021 年 4 月—）

◆ 科研第一党支部

支部书记 贾瑞玲（2019 年 4 月—）

支委委员 黄 凯（2019 年 4 月—2019 年 10 月） 张 晶（2019 年 10 月—）

王姣敏（2019 年 4 月—）

◆ 科研第二党支部

支部书记 谭伟军（2019 年 4 月—）

支委委员 刘全亮（2019 年 4 月—2021 年 7 月） 马瑞丽（2019 年 4 月—2021 年 5 月）

◆ 科研第三党支部

支部书记 何宝刚（2019年4月—）

支委委员 李 瑛（2019年4月—） 马伟明（2019年4月—）

二、制度建设

（一）社会主义革命和建设时期（1956—1978年）

1956年成立党小组以来，坚持和发扬党的思想政治工作的优良传统，紧密结合党的中心工作，开展思想政治工作，激发干部职工的劳动热情和创造精神，涌现出一大批劳动模范和先进人物。由于党的思想政治工作紧紧围绕党的基本任务有效地展开，对于完成社会主义革命和建设时期的各项基本任务起到坚定保障和促进作用。1964年制定的《定西专区农业科学研究所暂行工作条例（草案）》对党的学习制度提出明确要求。

（二）改革开放时期（1978—2012年）

党的十一届三中全会以后，随着经济的发展、社会的变化，针对实际情况，党在各个时期都形成各具特色的思想理论。定西地区旱农中心党委不断加强党的组织建设和制度建设，有组织、有计划、有步骤、有目的地开展理论学习实践活动，为改革发展提供坚强的政治保障和思想保障。完善民主生活会制度，坚持和完善党组织班子成员生活会制度，建立支部党员组织生活会制度。完善民主评议党员制度，按照党员标准的具体要求，运用批评与自我批评武器，强化党性、党纪和党风教育。建立党员领导干部讲党课制度，完善党员联系群众制度。

制定《旱农中心理论学习中心组学习制度》《旱农中心工作作风纪律制度》《关于整党对照检查阶段的安排意见》《党风党纪大检查开展精神文明建设的报告》《旱农中心党委抓党风责任制》《全中心党员深入开展学习贯彻党章主题教育活动的通知》《市旱农中心党委开展基层组织建设年活动实施方案》《定西市旱农中心效能建设工作方案》《市旱农中心集中开展作风整治运动实施方案》《市旱农中心开展保持共产党员先进性教育活动实施方案》《市旱农中心深入学习实践科学发展观活动实施方案》等文件和方案。相继制定《冬季集中进行政治理论学习的安排意见》《市旱农中心先进性教育学习动员阶段性安排》《市旱农中心共产党员保持先进性的标准》，对党员干部分层次、分类别集中进行培训教育，通过学习中央、省（市）相关文件精神，建立起党员干部的学习机制，干部教育工作做到经常化、制度化、正规化。2008年制定《旱农中心关于加强党建工作的意见》，对加强党建工作领导、党支部建设、党员教育管理、作风建设方面进行细化要求，为党支部的标准化建设奠定基础。

（三）规范化建设阶段（2012—2021 年）

党的十八大以来，定西市农科院党委结合全院发展目标和业务工作实际，把党建工作与重点业务工作同谋划、同安排、同落实，始终坚持“党要管党、从严治党”理念，党委书记认真履行第一责任人职责，对党建工作亲自谋划、具体指导。院党委通过优化支部设置，配备固定活动室，完成各党支部有场所、有设施、有标识、有党旗、有书报、有制度的“六有”建设，增强党建活动质量。

制定、修订《中共定西市农科院党委议事规则》《定西市农科院党的群众路线教育实践活动领导小组工作规则》《定西市农科院党的群众路线教育实践活动领导小组办公室工作规则》《定西市农科院班子成员党建联系点制度》《定西市农科院理论学习中心组学习制度（修订）》《定西市农科院党建工作考核评价办法》《定西市农科院贯彻中央八项规定实施细则的实施办法》《定西市农科院落实全面从严治党主体责任实施办法》《定西市农科院关于改进工作作风提升工作效能实施办法》《定西市农科院党风廉政建设和反腐败工作安排意见》《定西市农科院落实全面从严治党工作要点》等规章制度。

三、党员队伍建设

自 1956 年党小组成立以来，以“坚持标准、保证质量、改善结构、慎重发展”为原则，注重党员发展和培养，党员队伍不断壮大。至 1966 年党员总人数达 17 人。其中，正式党员 13 人；预备党员 4 人。男党员 14 人，女党员 3 人。1984 年成立中共定西地区旱作农业科研推广中心委员会，下设 4 个党支部，党员总人数达 31 人。

至 2021 年 6 月，全院共有中国共产党党员 84 人，其中，在职党员 61 人，离退休党员 23 人，女党员 26 人，少数民族党员 2 人，预备党员 1 人，硕士以上学历党员 24 人，大专以上学历党员 44 人。

表 1-2-1　党员情况一览表（1984—2020 年）

年份（年）	党员数			党员概况													
				性别		民族		学历				职业					
	党员总数	正式党员	预备党员	男	女	汉族	少数民族	硕士及以上	大学本科	大学专科	中专及以下	管理人员	专业技术人员	工勤人员	离休干部	退休干部	其他
1984	31	26	5	25	6	30	1			9	22	4	13	7	2	5	
1985	38	32	6	31	7	37	1			10	28	4	21	12		1	
1986	45	40	5	37	8	44	1			14	31	4	28	10		3	
1987	45	40	5	38	7	43	2			16	29	4	24	14		3	

续表

年份（年）	党员数			党员概况													
				性别		民族		学历				职业					
	党员总数	正式党员	预备党员	男	女	汉族	少数民族	硕士及以上	大学本科	大学专科	中专及以下	管理人员	专业技术人员	工勤人员	离休干部	退休干部	其他
1988	44	41	3	37	7	41	3			17	27	4	26	11		3	
1989	44	43	1	36	8	42	2			17	27	4	22	13	1	4	
1990	48	44	4	39	9	46	2			19	29	4	25	13	1	5	
1991	48	48	0	40	8	46	2			18	30	4	25	10	1	8	
1992	50	45	5	43	7	48	2			21	29	3	26	12	2	7	
1993	51	49	2	43	8	49	2			19	32	4	26	12	2	7	
1994	53	51	2	45	8	51	2			22	31	4	28	11	2	8	
1995	56	53	3	47	9	54	2			23	33	3	31	10	2	10	
1996	57	55	2	49	8	55	2			24	33	3	30	9	2	13	
1997	62	56	6	54	8	60	2			28	34	3	35	9	2	13	
1998	61	61	0	53	8	59	2			29	32	3	34	9	2	13	
1999	62	62	0	54	8	60	2			30	32	3	35	9	2	13	
2000	64	62	2	55	9	62	2			31	33	2	37	9	2	14	
2001	63	63	0	54	9	61	2		18	14	31	3	36	9	2	13	
2002	61	60	1	54	7	59	2		17	13	31	2	33	8	2	16	
2003	60	60	0	52	8	58	2		17	12	31		35	8		17	
2004	60	60	0	52	8	58	2		17	12	31		35	8		17	
2005	61	61	0	52	9	59	2		17	12	32		37	9		15	
2006	62	62	0	53	9	60	2		18	16	28		35	10		17	
2007	61	61	0	52	9	60	1		18	16	27		36	9		16	
2008	68	66	2	57	11	67	1	5	23	14	26		43	9		16	
2009	74	72	2	61	13	72	2	8	24	15	27		47	9		18	
2010	77	77	0	62	15	75	2	10	25	15	27		49	9		19	
2011	76	74	3	60	16	74	2	10	25	17	24		50	7		19	
2012	76	76	0	60	16	74	2	10	25	17	24		50	7		19	
2013	76	76	0	60	16	74	2	10	25	17	24		48	6		22	
2014	81	80	1	61	20	79	2	14	28	16	23	1	54	3		23	

续表

年份（年）	党员数			党员概况														
				性别		民族		学历				职业						
	党员总数	正式党员	预备党员	男	女	汉族	少数民族	硕士及以上	大学本科	大学专科	中专及以下	管理人员	专业技术人员	工勤人员	离休干部	退休干部	其他
2015	81	81	0	62	19	79	2	15	28	15	23	2	52	3		24	
2016	84	84	0	62	22	82	2	18	31	14	21	2	57	2		23	
2017	86	86	0	63	23	84	2	20	32	14	20	2	60	2		22	
2018	83	82	1	60	23	81	2	21	30	14	28	2	56	1		24	
2019	79	79	0	55	24	77	2	21	27	14	17	2	53	1		23	
2020	84	83	1	58	26	82	2	24	30	14	16	3	56	2		23	

注：1984—2000年大学本科学历党员总数统计在“大学专科”一栏。

第三章 管理制度

1964年，制定《定西专区农业科学研究所暂行工作条例（草案）》，全面规划全所的发展目标和要求。1988年1月，出台《关于整顿机关作风的安排意见》，从检查落实各项规章制度入手，开展严肃纪律、整顿作风、自检自纠活动，基本解决机关内部的不规范现象，工作秩序和面貌有了明显的好转。为实现定西地区旱农中心党委提出的“讲原则、守纪律、求团结，增强整体功能，抓重点、上水平、比贡献，建设文明单位”总体目标，在各项管理制度的基础上，经反复讨论，修改完善定西地区旱农中心行政管理制度、后勤服务管理制度、工人管理暂行办法、合同工管理暂行办法、先进科室评选标准、先进个人评选标准等规章制度。1991年12月1日印发《定西地区旱农中心各项管理制度》，细化行政管理制度和后勤管理制度。

2006年12月，在中心全体职工酝酿讨论的基础上，经中心党政联席会议审定，修订《旱农中心行政管理制度》《旱农中心科研管理制度》。《旱农中心行政管理制度》包括人员管理制度、请销假管理制度、文书（印信）管理制度、档案管理制度、财务管理制度、财产管理制度、综合管理制度、打印室管理制度、创收人员管理制度、接待管理制度、车辆管理制度、用水管理制度、用电管理制度、房屋管理制度、锅炉及茶水炉管理制度、电话及宽带管理制度及其他管理制度。《旱农中心科研管理制度》分为总则、项目建设、科技队伍建设及管理和学术委员会四大部分。其中，项目建设部分包括项目申报、项目实施与督查检查、项目结题、项目经费管理、科研试验用地及产品管理、科技成果管理、科技档案管理、申报奖励、专利管理。

2014 年 9 月 30 日，定西市农科院党委印发《定西市农业科学研究院行政管理制度》《定西市农业科学研究院科研管理制度》《定西市农业科学研究院财务资产管理制度》《定西市农业科学研究院行政管理制度》包括会议制度、学习制度、印章和介绍信管理使用制度、政务管理制度、档案管理制度、接待制度、内务管理制度、物业管理制度。《定西市农业科学研究院科研管理制度》包括项目建设、科技队伍建设、科技信息建设、学术委员会。《定西市农业科学研究院财务资产管理制度》包括预算收支管理、收入管理、支出管理、项目经费管理、其他经费管理、资产管理、财务监督方面进行管理。

2020 年 4 月 8 日，农科院党委下发新修订的《定西市农业科学研究院管理制度》，包括《定西市农业科学研究院党建考评与行政管理制度》《定西市农业科学研究院科研管理制度》《定西市农业科学研究院财务资产管理制度》《行政管理制度》中增加收发文管理制度。《科研管理制度》包括科研管理办法、促进科技成果转化管理暂行办法、工作人员考核暂行办法等内容。

第二编　科所设置

定西市农业科学研究院内设有办公室、科研管理科、财务资产管理科3个管理科室和粮食作物研究所、马铃薯研究所、中药材研究所、土壤肥料植物保护研究所、设施农业研究所、旱地农业综合研究所、油料作物研究所、农产品加工研究所8个专业研究所。

第一章 办公室

一、科室沿革

定西专区场站（1951年9月—1963年11月），科级建制。

定西专区（地区）农业科学研究所（革委会）（1963年11月至1984年4月），县级建制，办公室沿革为：

办公室→办事组→秘书科。

定西地区（市）旱作农业科研推广中心（1984年4月至2013年04月），县级建制，办公室沿革为：

秘书科→办公室。

定西市农业科学研究院（2013年4月至2021年），县级建制，办公室一直延续至今。

二、工作职责及范围

办公室负责全院综合、组织和协调中心政务工作；负责组织协调院机关日常工作；负责各类信息的上传下达，做好来文来电收发、登记、传递、交办、督办、建档和存档等工作；负责全院重要政务及领导批示情况的督办工作；负责院机关各项规章制度的制定与监督执行工作，指导各部门加强机关规范化建设；负责全院应急管理的综合、组织和协调工作；负责全院文秘、印信、综治、档案管理、安全保密、人事管理、劳动工资、车辆管理、来信来访接待等工作；负责全院水电暖维护、美化、基建、安保等后勤保障和管理工作；负责组织全院职工学习和各种会议，准备学习材料，做好会议记录和考勤；负责全院固定资产管理、物资的采购供应和管理工作；负责院领导交办的其他工作事宜。

三、历任负责人

定西专区农业场站，科级建制。

（一）定西专区农业科学研究所（革委会）

主　任　王正玺（1979 年 5 月—1984 年 6 月）

（二）定西地区（市）旱作农业科研推广中心

科　长　王正玺（1984 年 6 月—1987 年 4 月）　孟敬祖（1987 年 4 月—1990 年 6 月）

副科长　何玉林（1985 年 3 月—1991 年 11 月）　杨克忠（1987 年 4 月—1988 年 12 月）

主　任　祁凤鹏（1990 年 6 月—1994 年 6 月）　刘荣清（1994 年 6 月—1996 年 2 月）

王廷禧（1996 年 2 月—1999 年 2 月）　蒲育林（1999 年 2 月—2003 年 8 月）

王梅春（2003 年 8 月—2005 年 5 月）　蒲育林（2005 年 5 月—2008 年 1 月）

张　明（2008 年 1 月—2011 年 11 月）

副主任　陈　勇（1991 年 8 月—1994 年 5 月）　王廷禧（1991 年 8 月—1996 年 2 月）

李学文（1996 年 2 月—1998 年 6 月）　蒲育林（1998 年 6 月—1999 年 2 月）

王梅春（1999 年 2 月—2003 年 8 月）　李鹏程（2003 年 8 月—2008 年 1 月）

张　明（2005 年 5 月—2008 年 1 月）　朱润花（2008 年 1 月—2013 年 4 月）

王富胜（2008 年 1 月—2013 年 4 月）

（三）定西市农业科学研究院

主　任　马　宁（2013 年 12 月—2017 年 12 月）　陈　富（2017 年 12 月—）

副主任　王富胜（2013 年 4 月—2013 年 12 月）　朱润花（2013 年 4 月—2013 年 12 月）

文殷花（2013 年 12 月—2017 年 12 月）　水清明（2013 年 12 月—）

刘　鵾（2018 年 8 月—）

四、在职人员

在职工作人员 25 人，管理人员 3 人，专业技术人员 15 人（高级职称人员 10 人），工勤人员 7 人。

表 2-1-1　办公室人员一览表

序号	名　称	学　历	职　称	行政职务
1	张　明	本科	研究员	党委书记、院长
2	马　宁	本科	研究员	副院长
3	李鹏程	本科	研究员	副院长

续表

序号	名　称	学　历	职　称	行政职务
4	陈志国	本科		党委副书记
5	张振科	硕士结业		五级职员
6	陈立功	本科		六级职员
7	陈　富	硕士研究生	副研究员	办公室主任
8	水清明	本科	高级农艺师	办公室副主任
9	石建业	本科	研究员	七级职员
10	韩儆仁	本科	研究员	八级职员
11	朱润花	本科	高级农经师	八级职员
12	姚　兰	大专	高级农艺师	无
13	权小兵	本科	农艺师	无
14	师丽丽	本科	助理农艺师	无
15	张娟宁	本科	助理经济师	无
16	程永龙	本科	初级	无
17	马菁菁	本科	高级农艺师	无
18	马　彪	初中	高级工	无
19	孟繁怀	高中	高级工	无
20	杨志祥	初中	技师	无
21	陈玉胜	高中	高级工	无
22	王亚龙	初中	高级工	无
23	李凤鸣	初中	技师	无
24	张鹤潇	本科	初级工	无
25	陈映霞	中专	初级	无

第二章　科研管理科

一、科室沿革

科研管理科（以下简称“科管科”）的前身是定西地区农科所（旱农中心）的情报资料室，1987年在中心情报资料室的基础上成立“定西地区农业科技情报信息中心”，主要工作职责是负责订

（借）阅报刊、科技杂志，购置图书资料等，创办《旱农研究》杂志，编印《旱农研究》28期，发行4000余份，转载、发表农业科技论文、调查报告等28篇，在全省地区一级内部刊物排名首位，创办“农业科技情报信息”，编辑出版《旱地春小麦抗旱生理研究》，发行1000余册。各类藏书2万余册，科技杂志124种2.6万余份。

1991年1月31日，定西地区机构编制委员会定编发〔1991〕4号文件《关于调整内部机构的批复》，同意撤销科学研究部、情报资料室，成立科研管理科。

2008年1月，定编委发〔2008〕13号文件批复，同意定西市旱作农业科研推广中心科研管理科加挂科技开发管理办公室牌子。科研管理科一直延续至今。

二、工作职责及范围

科管科主要负责组织科研项目的论证申报、中期检查、总结验收、成果评价及转化推广等工作；统筹管理科研用地，优先保证科研和良种繁育基地；负责科研生产中形成的科研产品的管理；负责组织全院科技成果申报、审核、登记、管理、归档和转化工作；负责全院科技人员年度考核、职称申报、岗位晋升；负责专业技术人员继续教育及学术交流等工作；负责人才队伍、科技信息建设及学术委员会工作；配合财务资产管理科做好科研经费管理、审计和监督工作。

三、历任负责人

1991.8.2—1994.6.27，唐瑜任科研管理科科长，刘荣清、陈源娥（1993年7月调出）任副科长（定西地区行政公署人事处通知，知字〔1991〕22号）。

1994.6.27—1998.9.23，祁凤鹏任科研管理科科长（定西地区行政公署人事处（通知），知字〔1994〕28号）。

1999年，根据定地委发〔1999〕77号批复文件，进行内部改革，组建后勤服务中心，直至2005年7月，科研管理科再未任命科长。

2005.8—2007.12，王梅春任科研管理科科长，李鹏程任副科长（定旱党发〔2005〕004号）。

2008.1—2013.12，王梅春任科研管理科科长，李鹏程、韩儆仁任副科长（定西市人事局通知，知字〔2008〕1号）。

2014.1—2019.6，李鹏程任科研管理科科长，史丽萍、陈富（2014—2018年）、南铭（2018）任副科长（定西市人力资源和社会保障局通知，知字〔2013〕127号）。

2020—2021年，史丽萍任科研管理科科长，南铭任副科长（定西市人力资源和社会保障局通知，知字〔2020〕51号）。

科　长　唐　瑜（1991年8月—1994年6月）　祁凤鹏（1994年6月—1998年9月）
王梅春（2005年8月—2013年12月）　李鹏程（2014年1月—2019年6月）
史丽萍（2020年8月—）

副科长　刘荣清（1991年8月—1994年6月）　陈源娥（1991年8月—1993年7月）
李鹏程（2005年8月—2013年12月）　韩儆仁（2008年1月—2013年12月）
史丽萍（2014年1月—2020年8月）　陈　富（2014年1月—2017年12月）
南　铭（2018年8月—）

四、在职人员

专业技术人员6人。其中高级职称4人；中级职称2人。在读博士研究生1人，硕士研究生2人。

表2-2-1　科研管理科人员一览表

序号	名　称	学　历	职　称	行政职务
1	史丽萍	硕士研究生	副研究员	科长
2	南　铭	在读博士	副研究员	副科长
3	严明春	大专	高级农艺师	无
4	魏立平	大专	高级农艺师	无
5	冯　梅	本科	农艺师	无
6	高晓星	硕士研究生	农艺师	无

第三章　财务资产管理科

一、科室沿革

1951年9月建制以来，财务工作随之展开，未单独设立财务机构，工作归属办公室统一负责管理。1984年4月，定西地区旱作农业科研推广中心成立，财务工作归属于总务科统一管理，中川实验农场、西寨油料试验站财务独立核算。1991年1月，总务科撤销，成立办公室，财务工作随之由办公室管理，2013 年 9 月，中川实验农场和西寨油料试验站整体划入农科院。为事业需要和加强财务管理，2013 年 12 月 31 日，内部组建成立财务资产管理科。2017 年 8 月 25 日，定机编委发〔2017〕28 号文件批复，增设财务资产管理科，核定科级干部职数 1 人，负责全院财务计划、资金核算和固定资产管理工作。

二、工作职责及范围

定西市农科院是市级财政一级全额拨款预算单位，执行国家的财经制度、财经纪律、财务会计制度及有关财务资产管理方面的政策规定。负责组织制定、完善相关财务管理制度和办法；负责会计核算与财务管理工作；负责编制年度部门预算、月度年度会计报表、年终财务决算工作；组织实施各项经费收、支预算；负责科研项目专项资金核算工作，配合项目组做好项目经费预算、费用支出、项目结题验收等工作。与办公室共同负责国有资产管理工作，做好国有资产系统管理、资产登记、处置核销、政府采购手续报批、非税收入的收缴等相关工作；负责财政专网及各种财务应用软件系统的维护工作；负责财务会计档案的归档保管工作；组织财务人员学习培训工作。

三、历任负责人

科长　文殷花（2017 年 12 月—）

四、在职人员

在职职工 6 人，其中高级职称 1 人，中级职称 2 人，初级职称 2 人，工勤人员 1 人。硕士 2 人，本科 2 人。

表 2-3-1　财务资产管理科人员一览表

序号	姓名	资格名称	级别	评审时间
1	文殷花	高级农经师	七级	2013.12
2	刘　鹍	农经师	十级	2018.11
3	李　雄	助理会计师	十二级	1993.7
4	赵　强	技师	二级	2013.1
5	杨薇靖	农艺师	十级	2017.12
6	王盼盼	未定	十二级	

第四章 粮食作物研究所

主要开展小麦、豆类、莜麦、荞麦等粮食作物的新品种选育，建立良种试验示范生产基地，加强良种产业化开发及良种良法配套研究等工作。通过开展引种、杂交、提纯等作物育种工作，培（选）育出旱地春小麦、水地春小麦、冬小麦、糜谷、莜麦、豌豆、小扁豆等作物新品种（系）100多个，例如春小麦定西系列1号至33号，定丰1号至3号；糜谷定西1号至4号等，累计推广面积1800万亩，其中，定西24号累计推广面积达1000万亩以上，定西33号、定丰3号、小杂粮等累计推广面积分别达100万亩以上。

一、科所沿革

粮食作物研究所前身是成立于1963年的定西专区农业科学研究所粮食作物研究室。

1965年9月—1968年4月，定西专区农业科学研究所研究室。

1965年12月，定西县良种繁殖场并入到地区农科所所内设研究室，1966年又分出。

1968年4月，定革组〔1968〕30号文件批复，成立定西专区农业科学研究所革命委员会，内设科研组。

1968—1978年，定西专区农业科学研究所革命委员会科研组（室）。

1978—1984年，定西地区农业科学研究所科研室。

1984年，定西地区编制委员会文件《关于成立定西地区旱作农业科研推广中心的批复》（定编发〔1984〕28号），下属机构设科学研究部。

1984—1991年，定西地区旱作农业科研推广中心科学研究部。

1991年，定西地区机构编制委员会文件（定编发〔1991〕004号）关于调整内部机构的批复：撤销科研部，成立作物育种室。

1991—2008年，定西地区旱作农业科研推广中心作物育种室。

2008年，定西市人民政府《关于调整旱农中心机构编制的批复》（定编委发〔2008〕13号）文件，内设机构调整为粮食作物研究室等。

2008—2013年，定西市旱作农业科研推广中心粮食作物研究室。

2013—2019 年，定西市农业科学研究院粮食作物研究室。

2019—2021 年，定西市农业科学研究院粮食作物研究所。

二、工作职能及范围

粮作所内设作物栽培生理研究组、旱地春小麦育种课题组、冬小麦育种课题组、水地及二阴区春小麦育种课题组、食用豆育种课题组、燕麦育种课题组、荞麦育种课题组。2020 年，粮食作物研究所内设小麦、杂粮、饲草、种质资源 4 个研究室，研究室下设课题组。粮食作物研究所主要承担食用豆、燕麦、荞麦、旱地春小麦、二阴及水地春小麦、冬小麦新品种选育及综合栽培技术的研究。开展新品种、新技术、新成果试验示范，良种高效农业综合技术推广应用，粮食作物原种繁育基地建设等工作，开展青贮玉米、饲草燕麦、饲草小黑麦、饲用谷子等新品种引进鉴定筛选和自育工作。

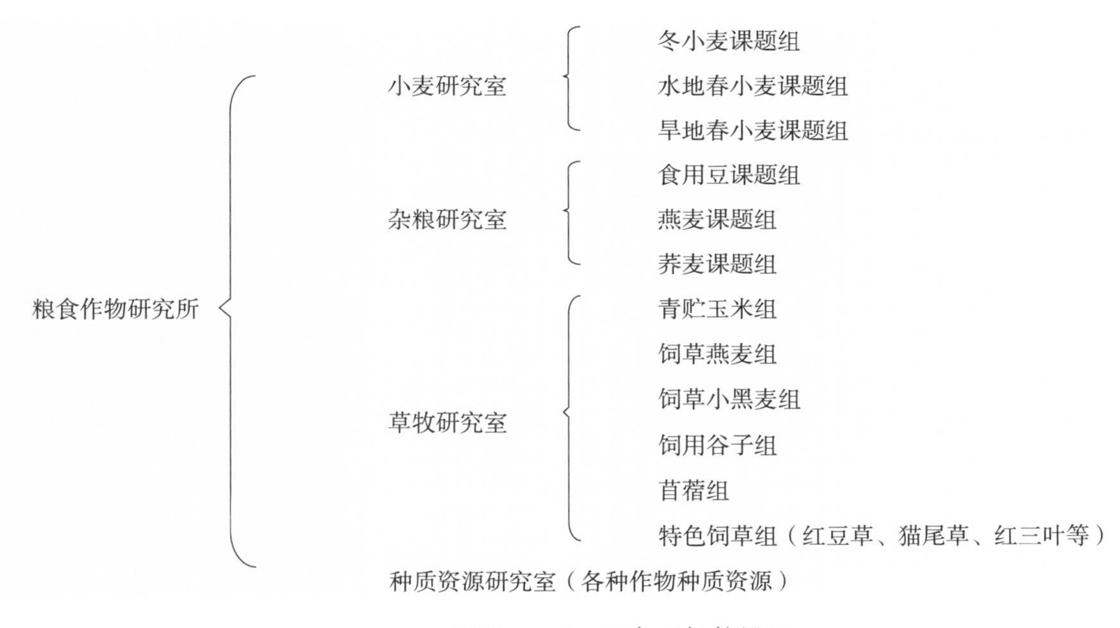

图 2-4-1　研究所机构设置

三、历任负责人

主　任　马　德（1980—1983 年）　　周易天（1984 年 4 月—1984 年 10 月）

　　　　唐　瑜（1985 年 12 月—1991 年）　　曹玉琴（1992—1993 年）

　　　　李　定（1993—2008 年）　　周　谦（2008—2013 年）

副主任　赵华生（1978—1983 年）　　唐　瑜（1983—1985.11）

何振中（1984年4月—1984年10月）曹玉琴（1985年12月—1991年）
李　定（1992—1993年）　王梅春（1997—1999年）
周　谦（1999—2008年）　刘彦明（2008—2013年）

主　任/所　长　刘彦明（2013年—）
副主任/副所长　张　健（2013年—）

四、在职人员

在职专业技术人员23人。其中，高级职称13人，中级职称6人，初级职称2人，未定级2人。硕士学历10人，大学本科学历4人。

五、课题组及主要工作

（一）旱地春小麦育种

始于1956年，至今已有60余年的历史。旱地春小麦选育即用引种与杂交育种相结合的办法来改变地方品种，例如种质退化、穗小粒少，丰产性差，秆软易倒，产量不高，尤其本区是锈病常发区，生理小种不断变化等。旱灾和病害是影响小麦产量的主要限制因素，选育出适合中部旱区降雨分布与品种需水相一致，抗旱、抗病、丰产、优质的春小麦新品种选育和推广具有重要的现实意义。

通过4代旱地小麦育种专家的努力，经历了6次品种更换，即经历了农家品种—引进品种—自育品种—高效品种的4个阶段，山旱地小麦生产水平得到不断提高，特别是以定西24号、定西35号、定西40号等大品种、标杆性品种为代表的品种更替对西北8省（区）粮食生产和社会进步起到了重要作用。

1. 科研历程

1952年开始在定西当地采集兰麦、红老芒麦、白老芒麦、96号和玉皮等品种进行比较试验，1956年春小麦新品种选育引进种质资源，开展新品种选育工作。筛选出地方品种榆中红，1956年通过地方品种鉴定，在会宁参加品种比较试验，平均亩产118.75千克，比老芒麦增产18.57%。1957年在本所旱地试验，亩产93.1千克，比定西老芒麦增产13.4%。历年在不同地区试验亩产均居第一位。1963年11月被全省农科所所长会议确定为中部干旱区推广良种。主要工作人员：俞家煌、丰学桂。

1961年从东北引入半截芒、和尚头、公品种的年在定西本所及全区重点地区进行试验比较和示范结果表明，具有丰产、稳产、抗锈、抗倒伏、生长整齐等特性，适宜于定西中川、榆中兴隆峡灌区、陇西渭河、靖远黄河灌区等地推广种植。主要研究人员：何平均、唐瑜等。

1973年旱地春小麦课题组被省科委正式列题，引进杨家山红齐头。

1984年国家计划委员会和农业部将定西农科所列为国家级旱地春小麦品种区域试验基地。1990—1993年地区农委拨专款在云南元谋继续进行南繁增代。旱地春小麦育种组曾承担定西地区及甘肃省旱地春小麦良种联合区域试验，1992年开始承担旱地春小麦全国区域试验。2002年农业部列项建立甘肃省旱作小麦良种繁育基地。其间引进和种植墨西哥、加拿大、美国等16个国家（地区）的5000多份品种资源材料，对部分种质资源进行抗旱性鉴定并加以利用。通过杂交选育出定西系列旱地春小麦新品种30多个，多个大品种、标杆性品种为区域粮食安全和经济发展作出重大贡献。其中，国家审定定名品种定西24号、定西35号连续作为国家区试西北春麦旱地组对照品种10多年，在甘肃、宁夏、青海、内蒙古等8省（区）大面积推广，对旱地小麦品种育种产生深远影响。

1982年和1983年旱地春小麦新品种定西24号分别获甘肃省农业技术改进奖二等奖及甘肃省科委科技进步奖一等奖。1989年春小麦需水规律及抗旱性鉴定获农业厅二等奖。1993年旱地春小麦新品种定西33号获定西地区科技进步奖二等奖、甘肃省科委技术进步奖三等奖。旱地春小麦新品种定西33号大面积示范推广获甘肃省农业厅技术改进奖三等奖。1995年中部干旱地区旱地春小麦良种示范推广获定西地区科学技术进步奖二等奖。1997年旱地春小麦新品种定西35号选育获省科技进步奖二等奖。

2009年春小麦新品种定西38号选育获定西市科技进步奖二等奖。旱地春小麦新品种定西39号选育获甘肃省农牧渔业丰收奖一等奖。2012年旱地春小麦新品种定西40号选育及示范应用获甘肃省科技进步奖二等奖。

2012年定西40号（国审麦2012032）通过国家农作物品种审定委员会审定定名。2008—2021年定西38号（甘审麦2008003）、定西39号（甘审麦2008004）、定西41号（甘审麦2010004）、定西42号（甘审麦2014004）、定西48号（甘审麦2019001）、定西49号（甘审麦2021001）等相继通过甘肃省品种审定委员会审定定名，有效促进了区域小麦品种更新换代，科技助力区域寒旱农业生产。

2014年甘肃中部春小麦新品种定西38号、定西39号原种扩繁与示范推广获定西市科技进步奖二等奖，旱地春小麦新品种选育与示范推广获全国商业科技进步奖二等奖。2015年优质抗病旱地小麦新品种选育及生产性示范推广获全国商业科技进步奖一等奖；小麦新品种定西41号选育及应用获甘肃省农牧渔业丰收奖二等奖。2016年优质抗病旱地小麦新品种示范推广获第八届中国技术市场金桥奖优秀项目奖（中国技术市场协会）。2017年小麦新品种定西42号选育和示范应用获定西市科技进步奖二等奖。制定定西38号、定西39号、定西40号、定西41号等旱地春小麦品种和栽培技术等甘肃省地方标准7项。

2. 育成主要品种

通过地方品种鉴定利用研究、系统选择、引种筛选、种子辐射等方法，选育出适合甘肃省中部干旱地区种植的抗旱、抗病、稳产、优质的定西系列品种（系）30多个。

定西19号 1967—1971年从甘肃省农业科学院引进的福×96号杂种后代中选育而成。在定西、临洮等县旱地推广种植，一般亩产150千克左右。

定西24号 1963年采用白老芒麦×肯耶，经5代选育而成。1974—1975年参加全国北方地区（西北片）旱地春小麦良种区域试验证明，在甘肃省定西、兰州、榆中、静宁，青海乐都、民和，宁夏固原，山西吕梁种植，一般亩产可达75～200千克，最高可达338千克，较对照增产3.1%～29.5%。1978年被甘肃省科学大会评为全省科技成果，中共甘肃省委和省人民政府颁发"干旱地区春小麦、胡麻良种选育"科技成果奖状。1980年，经定西地区品种审定委员会审定正式定名为"定西24号"（甘种审字〔1983〕第14号），1983年甘肃省农牧厅颁发科研成果证书。

定西33号 1979年用科37-3×南27选育而成。1986—1988年区域试验平均亩产156.26千克，较对照增产40.35%，1989年生产示范平均亩产166.8千克，较定西24号增产30.16%。一般亩产100～253.5千克。

定西35号 1976年用76102-1-6//（定西32号/68-14-202）///定西24号选育而成。1994年区域试验平均亩产59.7千克，较对照红芒麦增产7.96%。1995年平均亩产37.69千克，较对照红芒麦减产5.5%。两年平均亩产48.7千克，较对照宁春10号减产15.4%，较对照红芸麦增产2.33%。1995—1997年生产试验平均亩产分别为148千克、121千克、135千克，较对照定西33号分别增产14.1%、14.2%、21.2%。

定西38号 1988年以外引材料RFM-101-A为母本，以自育品种定西32号为父本，通过有性杂交选育而成。

定西40号 以自育品系8152-8为母本，外引材料永257为父本选育而成。在2006—2007年国家区试西北春小麦旱地组试验中，两年21点（次）折合平均产量每公顷2805.6千克，较对照品种定西35号增产11.48%。在2008年国家西北春小麦旱地组生产试验中，折合平均产量每公顷3092.4千克，较对照定西35号增产5.8%。

定西42号 以外引材料ROBUIN为母本，以自育品系8821-3为父本，经过有性杂交、系谱选育而成。在2011—2012年甘肃省旱地春小麦品种区域试验中，平均亩产186.29千克，较对照西旱2号增产1.26%。2013年生产试验平均亩产221.77千克，较西旱2号增产14.67%。

定西48号 以自育品系8021为母本、临8为父本，经过有性杂交选育而成。2016—2017年参加甘肃省小麦品种区域试验平均亩产180.71千克，较对照西旱2号增产14.01%。2018年生产试验平均亩产146.62千克，较对照西旱2号增产14.87%。

3. 示范基地建设

定西24号、定西32号在1976—1993年在宁夏、青海、内蒙古等省（区）推广面积达1000万亩，较老品种增产15%。1986年达134万亩（宁夏回族自治区24万亩）。定西33号由甘肃省农业科学院列题，1991—1993 年累计推广 108 万亩，获经济效益 5487 万元，特别是定西 35 号具有抗旱、优质、高产、抗病等优异特性，对当前流行的条锈菌小种 25、条锈菌小种 26、条锈菌小种 29 号、洛 10-Ⅱ、洛 13-Ⅱ、洛 13-Ⅶ类型均表现免疫，同时，对混合菌系也表现免疫。籽粒粗蛋白含量 18.07%，赖氨酸 0.46%，湿面筋 45.06%。1993 年种植 46837 亩，1994 年种植 20000 亩左右。

定西 38 号、定西 39 号、定西 40 号、定西 41 号、定西 42 号、定西 48 号、定西 49 号等在甘肃、宁夏、青海、内蒙古等 8 省（区）累计推广面积超过 800 万亩，总增粮食 9700 多万千克，解决西北雨养农业区限制小麦生产中病害和旱灾两大难题。

4. 课题人员组成

1961—1975 年，何平均、周易天、唐瑜、曹玉琴等。

1976—1982 年，唐瑜、曹玉琴、王廷禧、赵荣等。

1983—1990 年，唐瑜、王廷禧、陈勇、赵荣、张宗礼等。

1990—1997 年，唐瑜、王亚东、周谦、墨金萍、曹明霞、陈永军。

1997—2002 年，王亚东、墨金萍、曹明霞、牟丽明、李国林。

2002—2007 年，牟丽明、墨金萍、李国林、张建祥、姚永谦。

2007—2014 年，牟丽明、王建兵、杨惠梅、李国林。

2014—2017 年，牟丽明、王建兵。

2017 年—，牟丽明、王建兵、程小虎。

（二）水地春小麦育种

水地及二阴春小麦新品种选育课题组主要从事春小麦种质资源引进与筛选，新品种选育及示范推广和高效节水栽培技术的研究。甘肃省中部川水地区、二阴区历年条锈病频繁发生，造成籽粒青瘪、千粒重下降、品质变差，因此本课题组旨在选育不同生态条件下抗旱、抗锈、抗倒伏、抗青秕、早熟、丰产、优质、节水的春小麦新品种。

1. 科研历程

1978—1991 年选育的“定丰 1 号”“定丰 7616-7-8”于 1982 年通过技术鉴定，1984 年通过省级品种审定委员会审定定名，1991 年获得地区科技进步奖二等奖。

1991—1993 年完成省科委下达的定丰 3 号大面积技术示范推广项目，1993 年通过省级鉴定，成果达到国内先进水平，1995 年获地区科技进步奖一等奖，1996 年获甘肃省星火奖二等奖。

1993—1997 年完成省科技厅下达的定丰 4 号、定丰 5 号新品种选育课题，1998 年分别由甘肃省品种审定委员会定名，2000 年定丰 4 号获地区科技进步奖一等奖。

1997—1998 年完成省科技厅下达的定丰 806、定丰 8540、定丰 8290、定丰 9 号新品种选育课题，

1998 年分别通过省级鉴定验收。“定丰 9 号”于 2001 年通过甘肃省品种审定委员会定名，2004 年获定西市科技进步奖一等奖，2006 年获全国农牧渔业丰收奖三等奖。

1998—2006 年完成春小麦新品系 806、8290、8540、87（15）、889-1 选育，春小麦新品种定丰 12 号选育项目，同时，春小麦新品种定丰 12 号选育项目，2006 年获甘肃省科技进步奖二等奖。

2006—2015 年完成，定丰 16 号、定丰 17 号的新品种选育，丰产优质抗病春小麦新品种定丰 17 号选育获得定西市科技进步奖一等奖。利用杂交转育法提高春小麦抗锈病的研究，获得定西市优秀科技成果一等奖。

2015—2020 年完成定丰 18 号、定丰 19 号的新品种选育，优质小麦种质资源引进筛选及新品种选育获得定西市优秀科技成果奖一等奖。定西市农科院参与完成的甘肃中东部小麦抗旱耐寒栽培机制及技术集成示范项目，获甘肃省科技进步奖二等奖。

制定甘肃省地方标准 3 项。《小麦品种——定丰 16 号》（DB62/T 2929—2018）2018 年 10 月发布实施，《小麦品种——定丰 17 号》（DB62/T 2930—2018）2018 年 10 月发布实施，《小麦品种——定丰 18 号》（DB62/T 4013—2019）2019 年 5 月发布实施。

授权国家实用新型技术发明专利 2 项。《一种用于小麦种植的土壤松土装置》授权公告号：CN211210408U，专利号：ZL201925077515.2。《一种农业种植的喷洒搅拌式小麦拌种装置》授权公告号：CN211706599U，专利号：ZL202020121507.3。

2. 育成主要品种

定丰 16 号 “8447”作母本，“CMS420”作父本，2011 年通过甘肃省农作物品种审定委员会 26 次会议审定。审定编号：甘审麦 2011002。

定丰 17 号 “核 1”作母本，“CMS858”作父本，2014 年通过甘肃省农作物品种审定委员会 29 次会议审定。审定编号：甘审麦 2014001。

定丰 18 号 “核 1”作母本，“CMS579-1”作父本，2017 年通过甘肃省农作物品种审定委员会 32 次会议审定。审定编号：甘审麦 20170002。

定丰 19 号 “87（15）”作母本，“CMS4860”作父本，2020 通过甘肃省农作物品种审定委员会 35 次会议审定。审定编号：甘审麦 20200003。

3. 示范基地建设

课题组选育出丰产、优质、抗病、适应性广的春小麦新品种 19 个（定丰 1 号至定丰 19 号），其中定丰 3 号、定丰 9 号、定丰 12 号、定丰 16 号依托“甘肃省旱作优质小麦良种繁育基地建设”项目，在甘肃省定西、兰州、白银、临夏、张掖，宁夏回族自治区西吉、隆德县，内蒙古自治区呼和浩特、巴盟，陕西省榆林，青海省民和等地示范推广。定丰系列春小麦在生产示范应用中取得很好的经济效益和社会效益，累计示范推广面积 1000 万亩以上。

4. 课题人员组成

课题组自成立以来，科研团队主要成员：黄芬、李定、王玉芳、张明、丁霞丽、贾秀芬、张克谦、李学文、张建祥、李国林、荆彦民、张健、王会蓉、侯云鹏等。

（三）作物栽培生理研究

定西市农科院利用抗旱生理的鉴定方法鉴定春小麦种质资源的抗旱性，指导筛选亲本，进行品种选育始于 20 世纪 60 年代初期。兰州大学生物系毕业的周易天通过研究发现，外引品种智利肯耶抗旱性较强，提出用肯耶作亲本与地方品种进行杂交，以选育抗旱品种的建议。

1963 年，唐瑜以定西地方品种白老芒麦为母本，智利肯耶为父本进行杂交，培育出定西24号，这是抗旱生理指标鉴定与春小麦育种相结合、理论指导实践的典范。

1979 年下半年，周易天提出组建作物栽培生理实验室的建议得到批准，随后购买仪器设施、化学试剂，仪器调试，在江苏宜兴定制用于盆栽试验的瓷制盆等开展工作。

1981—1983 年，甘肃农业大学、临洮农校毕业生来定西地区农业科学研究所作物栽培生理实验室实习，进行春小麦需水规律研究的盆栽试验、抗旱性鉴定各项生理指标的测定等。

1984 年，申请到中国科学院基金资助项目（国家自然科学基金项目）《定西地区春小麦需水规律和抗旱性鉴定方法研究》（〔84〕科基金生准字第 425 号）。在项目实施过程中，为使研究更充分的与当地干旱的自然条件相吻合，在进行定量每天称重加水的盆栽试验的基础上，又在化验室西侧修建 100 个深 1 米，面积为 1.2 平方米的有底模拟池，在旱地试验地修建带移动遮雨棚的 100 个深 1 米，面积为 1.2 平方米的无底模拟池。研究人员到北京大学生物系、西北水土保持研究所、南京农业大学、兰州大学等高等学府及科研院所培训学习。南京土壤研究所汪仁真、杨苑璋研究员，北京大学生物系朱广廉教授，中国农业科学院品种资源研究所胡荣海研究员，北京农校陈弘毅高级讲师等来定西指导工作。

在周易天、唐瑜等科技工作者的指导和带领下，项目组保质保量完成以盆栽试验和实验室测定为主，辅以田间试验、人工小气候模拟等方法研究春小麦需水规律，抗旱品种的形态、生理生化指标及鉴定方法的各项任务，项目在1988年12月通过鉴定验收，成果获1988年度甘肃省农业科技改进二等奖，研究论文在《干旱地区农业研究》《甘肃农业科技》等刊物发表，并将研究过程中撰写的13篇论文集结成册，编辑《春小麦抗旱性研究》。

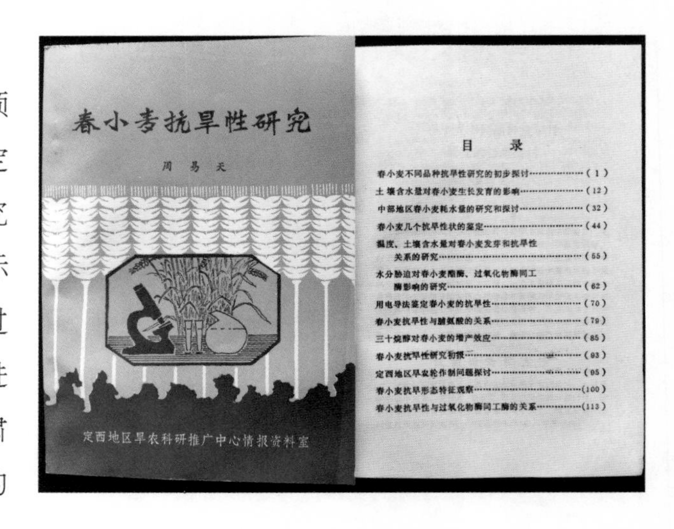

目　录

春小麦不同品种抗旱性研究的初步探讨……（1）
土壤含水量对春小麦生长发育的影响……（12）
中部地区春小麦耗水量的研究和探讨……（32）
春小麦几个抗旱性状的鉴定……（44）
温度、土壤含水量对春小麦发芽和抗旱性关系的研究……（55）
水分胁迫对春小麦酯酶、过氧化物酶同工酶影响的研究……（62）
用电导法鉴定春小麦的抗旱性……（70）
春小麦抗旱性与脯氨酸的关系……（79）
三十烷醇对春小麦的增产效应……（85）
春小麦抗旱性研究初报……（93）
定西地区旱农轮作制问题探讨……（95）
春小麦抗旱形态特征观察……（100）
春小麦抗旱性与过氧化物酶同工酶的关系……（113）

1984年10月由唐瑜主持项目，王梅春、刘杰英、刘立平、刘彦明参与项目具体实施。

1986—1988年承担西北师范大学董宏儒、陈仲全主持的“旱作农田沟垄覆盖集水研究”协作项目的田间试验部分，通过地膜覆盖及薄泡沫开穴模拟砂田，研究覆膜及仿砂田的增产效果，该项目1990年获甘肃省教委科技进步奖二等奖。

1988—1990年承担甘肃省农业科学院土肥所主持的“磷酸二氢钾增产效果研究”和“氯化铵肥效及科学施用技术研究”协作项目，基于前者的论文在《干旱地区农业研究》发表，后者1992年获甘肃省科技进步奖三等奖。

1989—1993年参与实施甘肃省科学院生物研究所周电辉主持的国家自然科学基金项目“甘肃省中部干旱、半干旱地区草树种引种成功率及相关性的研究”。

1991—1995年承担“甘肃省主要农作物品种资源研究”的子项目“春小麦品种资源抗旱性鉴定及利用研究”，对全省保存的3000多份国内外春小麦品种资源通过田间试验进行抗土壤干旱鉴定，在黄羊镇进行抗大气干旱鉴定，从形态指标、产量指标等对品种的抗旱性进行划分，对在田间试验中抗旱性强的品种，在实验室进行抗细胞脱水性鉴定，并提出资源的利用建议，该项目1998年获甘肃省科技进步奖一等奖。

1996—2000年主持完成甘肃省农业科学院列项目“荞麦新品种引种筛选及试验示范”，至此栽培生理实验室转变为荞麦组。仪器设备归并化验室管理使用。

（四）食用豆育种

食用豆课题组的研究始于1952年的定西专区农场，针对当时生产中存在的问题，例如豌豆种植只采用撒播，进行不同播种方式的试验，以后开始引种试验、品比试验等，1970年前开始进行杂交选育。1986年通过外贸引进英国小扁豆等品种。杂交培育出不同用途的旱地豌豆新品种10个，引进选育出旱地小扁豆新品种 2 个，筛选出不同生态区域种植的蚕豆新品种 5 个，对鹰嘴豆、山黧豆、箭筈豌豆等进行研究。取得省（市、地）各类科研成果奖励 18 项，完成验收（登记）成果 19 项，发表论文 44 篇，主编出版豌豆、小扁豆、箭筈豌豆专著 3 部，参与编写豌豆、小扁豆著作 5 部，制定甘肃省地方标准 3 项，授权实用新型专利 2 项。

1. 科研历程

起步阶段（1952—1956 年） 针对当时生产中存在的豌豆播种全部采用撒播，工作效率低下问题进行试验，采用撒播和条播比较试验的方法，表明条播使得豌豆幼苗透土期一致，长势齐整，中耕锄草较易植株不受损害。播种时采用随种随耱的方法，保持土壤墒情，使得表土疏松幼苗易透土，镇压下层土壤巩固作物根系，同时，在雨水较好土壤肥沃的地区开展合理密植工作，从而提高作物产量。收集当地的种植品种，开展豌豆、扁豆、蚕豆的品种比较试验等。

育种基础阶段（1957—1981 年） 1960 年对香豆子绿肥进行试验研究，1961 年进行蚕豆在川坝地与麻子、黄芥间作栽培方法的研究，1964 年对豆科草本植物香豆子、草木犀、毛叶苕子、光叶苕子进行绿植培肥研究，并开展蚕豆丰产样板点建设。1971 年扩大间作套种面积，玉米套种豌豆、蚕豆套种（大黄芥），并在麦收后种植豌豆（箭筈豌豆）来解决牲畜的饲草问题。在育种方面，主要进行豌豆、小扁豆品种引进观察、鉴定、比较试验，通过设置豌豆扁豆原始材料圃，杂交选育 704、706 系列新品系，为新品种选育奠定基础。

取得成果阶段（1982—2000 年） 1985—1995 年随着小扁豆出口创汇对品种的需求，为提高小扁豆产量，扩大外贸出品，增加农民收入，改善人民生活，开展小扁豆品种引进，研究外引品种、地方品种在当地的适应性、丰产性和稳产性，筛选适宜当地种植的高产、稳产、耐瘠、耐旱的优质品种。

1986—1990 年（“七五”期间），承担甘肃省农业科学院列项目“旱地豌扁豆新品种选育”，项目组整理 20 世纪 70 年代留存的原始材料和选育的品系材料，又从中国农业科学院品种资源研究所、青海省农林科学院作物所等引进豌豆、小扁豆品种资源。1986 年项目启动种植品种资源圃。从 20 世纪 70 年代留存的数量较大的豌豆品系材料中选择种植品系鉴定圃和品系比较试验，开展豌豆杂交，选配杂交组合 10 余个，开展豌豆播期试验。1986 年受甘肃省外贸公司和定西地区经贸委委托，开展外引小扁豆多点试验，引进的品种有英国小扁豆、加拿大小扁豆等。1987 年种植品种资源圃，继续种植品系鉴定圃和品系比较试验，进行豌豆新品系选育。开展豌豆杂交，选配杂交组合 50 多个，选育旱地豌豆新品种定豌 2 号（8711-2）。继续开展外引小扁豆多点试验，引进英国小扁豆、加拿大小扁豆等品种的基础上，又引进小绿扁豆、中绿扁豆、大绿扁豆、深绿扁豆等品种，在引进小扁豆试验过程中，英国宝文公司积基士董事曾来定西考察，麦度明经理 1986—1988 年每年都要来定西，在试验点了解小扁豆长势和生产情况。

1988—1990 年，寇思荣等用传统的豌豆杂交方法进行小扁豆杂交，通过不断的探索，1991 年取得了初步进展，杂交结实率达到 7.3%；1992 年在分析导致人工授粉花蕾败育的原因后，对杂交方法又进行了改进，杂交成功率达到 55.3%。

甘肃省科学技术厅（甘肃省科学技术委员会）对“小扁豆引种筛选及示范推广”立项（1988—1991 年）。此项工作在“八五”（1991—1995 年）期间得到延续，到“九五”（1996—2000 年）期间，项目名称变为“旱地豌豆新品种选育”。主要从事豌豆杂交育种和小扁豆引进选育，以抗旱、高产和抗根腐病为目标，整理留存的原始材料和选育的品系材料，并结合征集、整理国内种质资源，在此基础上开展豌豆品种提纯复壮、以杂交育种为主的干籽粒用新品种选育研究，培（选）育出豌豆新品种定豌 1 号（706-12-9）、定豌 2 号和小扁豆新品种定选 1 号。定豌 1 号获 1996 年度定西市科技进步一等奖。1991—1998 年进行鹰嘴豆引进试验。

艰难过渡阶段（2001—2008 年） 2001—2005 年是食用豆研究较为艰难的时期，当时既无项目又无经费，仅仅依靠支持每个项目的 2000 ～ 3000 元维持着基础性试验。条件虽然艰苦，但科技人员的责任心始终支撑他们顽强地坚持研究试验，5 年配置杂交组合 260 个，课题组成员承担试验从播种到收获的所有工作。

2006—2008 年与甘肃省农业科学院作物所合作，完成甘肃省科技厅项目“豌豆新品种选育”。

2006—2010 年参与完成科技部下达的科技支撑计划项目“出口杂豆品种改良及产业化示范”子课题“蚕豆、豌豆品种改良及产业化示范”（2006BAD02B08-03-02）。在继续扩大国内外种质资源引进的同时，以抗旱、高产、优质、抗根腐病为目标，开展以杂交育种为主的干籽粒用豌豆新品种选育研究，培育出豌豆新品种定豌 3 号、定豌 4 号、定豌 5 号、定豌 6 号，定豌 2 号（8711-2）获 2003 年度甘肃省科技进步奖二等奖。

提质增效阶段（2009—2021 年） 2008 年年底定西市农科院食用豆研究进入国家现代农业产业技术体系，成立食用豆定西综合试验站。在国内食用豆科研院所合作交流的研究阶段，与省内外专家联合开展食用豆共性技术和关键技术研究、集成和示范，通过建立食用豆新品种、新技术示范基地，为农户开展技术示范和技术服务，实现产学研的有机结合。

2009—2017 年连续承担全国农业技术推广服务中心、西北农林科技大学主持的豌豆、小扁豆、鹰嘴豆全国区域试验及生产试验。

2010 年开始进行蚕豆新品种引进试验，筛选出适宜定西市大面积推广种植的蚕豆新品种青海 13 号、青蚕 14 号、青蚕 15 号、临蚕 6 号和临蚕 8 号等，豌豆品种陇豌 1 号、陇豌 6 号等半无叶豌豆。

2018 年团队成员连荣芳加入“甘肃省特色作物产业技术体系”，开展豌豆、小扁豆试验示范和技术推广工作。为提高杂交结实率，2016 年尝试将田间杂交组合配置工作改为在日光温室（网室）内进行，保证了亲本及杂交组合生长发育对水肥的要求，极大提高了杂交结实率（结实率可达 90% 以上）；同时，对籽粒数量极少的 F_1 代组合材料也尝试在日光温室（网室）繁殖，提高了繁殖倍数，扩大了后代选择群体；2017 年为了解决温室（网室）内种植豌豆因植株生长过高（株高可达 2 米以上）容易倒伏的问题，在 2016 年对植株简易搭架的基础上，进一步进行搭架技术的改进，保证了每个植株个体都是直立的，通风透光条件好，结荚层数一般都达到 10 层以上；随后，将一些引进的数量极少的珍贵资源也在日光温室（网室）内繁殖。

2018—2019 年在定西市农科院创新基地开展绿豆品种适应性鉴定试验，筛选适宜当地种植的早熟、高产绿豆新品种，打破定西区域内没有种植过绿豆的历史。

2019 年定豌 9 号及定豌 10 号通过农业农村部非主要农作物品种登记。

2018—2021 年承担甘肃省科技重大专项“小杂粮作物新品种选育与示范”子课题“豆类作物新品种选育与示范”（18ZD2NA008）项目研究。豌豆育种也由普通豌豆品种选育向半无叶品种转变，选育出定豌 7 号、定豌 8 号和小扁豆新品种定选 2 号。其中，定豌 6 号（9236-1）获 2012 年度甘肃省科技进步奖三等奖，定豌 8 号（9323-2）获 2015 年度甘肃省科技进步奖三等奖，定豌 7 号（9431-1）获 2012 年度定西市科技进步奖一等奖。

2. 育成主要品种

选育出的豌豆、小扁豆新品种主要表现为抗旱、抗（耐）根腐病，干旱年份稳产、丰水年份高产，优质（蛋白质或淀粉含量高），适应性广，综合农艺性状好，在甘肃中部降水量 350 毫米以上，海拔 2700 米以下的半干旱地区及同类地区农业生产中大面积推广应用。

3. 课题人员组成

1970 年以前，孙淑珍等。

1971—1981 年 12 月，何玉林等。

1982 年 1 月—1986 年 5 月，何振中、金维汉、张克谦、陈勇。

1986 年 6 月—1990 年 2 月，骆得功、金维汉、陈源娥、张克谦、闫芳兰。

1990 年 3 月—1997 年 9 月，寇思荣、金维汉、王思慧、余峡林、王春明、闫芳兰。

1997 年 10 月—1999 年 12 月，王梅春、王思慧、余峡林、墨金萍、闫芳兰。

2000 年 1 月—2003 年 12 月，余峡林、王思慧、闫芳兰。

2004 年 1 月—2021 年 1 月，王梅春、王思慧、连荣芳、墨金萍、肖贵、曹宁、白琳。

2021 年 2 月—，连荣芳、墨金萍、肖贵、曹宁、白琳。

（五）燕麦育种

第一阶段（1976—2002 年） 1976 年开始莜麦新品种选育工作，在原定西县良种场由王晓明等自山西、内蒙古等省（区）进行种质资源的引进鉴定，筛选抗旱、抗病、抗逆性强的高产种质资源，通过3年的鉴定筛选，选育出小麦465在定西县示范并于1979年进行杂交组合配置。

1981年定西县良种场将育种工作转交给定西地区农科所，同时转交部分原始材料和10个组合，并入旱地春小麦研究组。

1983年初莜麦育种从旱地春小麦课题组分离出来，正式成立莜麦课题组，曹玉琴任课题组长，申请甘肃省科委项目，每年支持项目研发经费8000元。从1990年开始每年增加到1万元，1981年从山西、河北、内蒙古等地引进品种资源1000多份，从1985年起主持定西地区区试，参与全国莜麦区试。1991年开始主持全省区域试验。

1990—1992年主持完成甘肃省农业科学院下达的“旱地莜麦大面积丰产栽培技术研究”，通过良种良法配套研究，大幅度提高莜麦产量。

1993—1994年主持完成甘肃省农业科学院下达的“燕麦营养粉的开发研究”项目。参与全国协作项目“六倍体皮、裸燕麦种间杂交及其在裸燕麦新品种中的应用”；参与完成“中国农作物种质资源收集保存评价及利用”项目。截至2001年共做杂交组合500多个。1990年定西报以《寻找真正的人生价值》为标题，报道了定西地区旱农中心助理研究员曹玉琴的事迹。

1983—2002年引种筛选、自育莜麦高719、定莜1号、定莜2号、定莜3号、定莜4号等5个新品种，制定出《旱地莜麦栽培技术规程》，获国家、省（部）、市（厅）级各种奖励10项。进入课题组团队成员有蒲育林、边淑娥、姚永谦、刘彦明、贺永斌、郸擎东、汪淑霞、魏立平等。

第二阶段（2003—2021年） 主要开展燕麦新品种选育和国家产业技术体系燕（荞）麦定西综合试验站工作。

燕麦新品种选育工作由刘彦明任课题组长，主持完成国家外专局、农业部行业专项、甘肃省科技厅、定西市科技局等下达的项目，选育燕麦新品种定莜5号、定莜6号、定莜7号、定莜8号、定莜9号、定莜10号、定莜11号、定燕2号、魁北克燕麦等9个品种，获省（部）、市（厅）级各种奖励9项，2009年“旱地莜麦新品种定莜5号选育”获甘肃省科技进步奖二等奖。

（六）荞麦育种

1996年随着甘肃省农业科学院院列项目“荞麦新品种引种试验及示范”的实施，原定西地区旱农中心作物栽培生理实验室成员转而成立荞麦育种课题组，开始征集引进荞麦种质资源，开展甜荞、苦荞新品种选育等工作。课题负责人由研究员王梅春（1996—1997年）、高级农艺师刘杰英（1997—2011年）、研究员马宁（2012—2021年）担任，团队成员有庞元吉、高级农艺师魏立平、副研究员贾瑞玲、助理研究员赵小琴和农艺师刘军秀等。

课题组累计引进国内外荞麦种质资源560多份。引进适宜定西市种植的晋甜荞1号、凉荞1号、平荞2号、定引1号及云荞1号等10多个优良品种；选育出黄酮及赖氨酸含量高且丰产广适、抗旱抗病的4个定荞系列新品种；荣获省（市、地）各类科研成果奖励10项，完成验收（登记）成果8项，发表论文30余篇，制定甘肃省地方标准2项，实用新型专利授权2项。定西市农科院作为试点，荞麦育种课题组1997—2016年连续20年间承担全国农业技术推广服务中心、西北农林科技大学联合主持开展的国家荞麦品种区域试验和生产试验。

1. 科研历程

起步阶段（1996—2000年） 1996年甘肃省科委专项、甘肃省农业科学院列项、定西地区旱作农业科研推广中心承担的“荞麦新品种引种试验及示范”项目实施，历时5年，开启定西市农科院荞麦育种研究工作。采用“边引进、边试验、边推广”的技术路线，征集引进荞麦种质资源和区域试验、示范及集团选择为主要手段，通过引种试种，筛选抗旱、抗倒、抗病、优质、高产的新品种。

项目实施期间，引进荞麦种质资源50多份，选育的甜荞新品系定96-1参加2000—2002年第6轮国家荞麦品种区域试验。筛选出苦荞品种九江苦荞和凉荞1号，甜荞品种晋甜荞1号和平荞2号，苦荞平均亩产131.18～131.95千克，较当地对照增产20.57%～21.28%。甜荞亩产137.35～145.07千克，较对照增产5.3%～11.3%，并且表现出抗旱性强、丰产性好、抗病优质广适等特点。该项目于2000年通过鉴定验收，2002年10月获定西地区科学技术进步奖三等奖。

上升阶段（2001—2005年，“十五”期间） 课题组争取到甘肃省科委“荞麦大面积示范推广”项目（2003—2005年），优良品种凉荞1号、晋甜荞1号等在甘肃中部干旱半干旱地区大面积推广应用。2004年8月苦荞麦新品种——凉荞1号获定西市科学技术进步二等奖。同年，参加第6轮国家荞麦品种区试的甜荞新品系定96-1通过国家小宗粮豆鉴定委员会鉴定，定名为定甜荞1号（鉴定编号：国品鉴杂2004013），这是全国第一个国鉴甜荞品种，该项目因经费不足未能组织鉴定验收。由于经费严重欠缺、科研工作难以为继，课题组负责人刘杰英常将自己的工资垫入日常业务工作支出中，撰写的《加快开发利用中部干旱地区荞麦资源势在必行》，2005年4月获定西市科协“优秀学术论文”三等奖。

发展阶段（2006—2021年） 2006—2010年承担完成国家科技计划支撑项目“荞麦高效利用技术集成与产业化示范”的子课题“荞麦资源高效利用与产业化示范研究”（2006BAD02B06-05）。在继续引进国内外种质资源的基础上，以抗逆性强、落粒轻等为育种目标，采用优选鉴定、区域试验与生产试验相结合、抗性和品质检测相结合等方法，筛选、培育出适合出口和深加工要求的荞麦新品种定引1号和定甜荞2号，2006年7月苦荞麦新品种定引1号获定西市科技进步奖三等奖，2011年9月，荞麦新品种定甜荞2号（定甜2001-1）选育获定西市科技进步一等奖。同时，经试验研究荞麦优质高效栽培模型，确定N、P、K最佳配施比例及施肥水平、最佳播期等，集成配套的高产高效栽培技术。

2009年完成国家燕麦产业技术体系“甘肃燕麦荞麦种质资源考察收集”课题，在甘肃省荞麦主产区庆阳市、平凉市、定西市、天水市、陇南市、甘南州等20多个县（区）收集到当地荞麦种质资源58份，其中，苦荞23份、甜荞34份、野生荞麦1份。

2011年起荞麦育种课题组并入国家燕麦荞麦产业技术体系定西综合试验站，从中国农业科学院作物科学研究所等引进苦荞种质资源200多份，而且与贵州师范大学、成都大学、云南省农业科学院生物技术与种质资源研究所、山西省农业科学院等相关从事荞麦科研院所进行学习和交流。

2012—2014年在完成试验站任务的同时，承担完成甘肃省科技重大专项“甘肃大宗农作物制种技术研发与产业化”的子课题“小杂粮作物品种创新与增产提质技术研究示范”（0801NKDA016）。

2018—2021年再次承担省科技重大专项“甘肃省小杂粮作物新品种选育与示范”的子课题“特色作物新品种选育与示范”（18ZD2NA008-2）。

课题组模拟杂交圃，将吉荞10号和改良1号间隔重复种植，田间人工辅助授粉所选育出的定甜荞3号，2014年通过甘肃省农作物品种委员会认定，2015年9月获定西市科技进步奖二等奖。选育的高黄酮新品种定苦荞1号2015年通过全国小宗粮豆品种鉴定委员会鉴定，是甘肃省唯一一个国鉴苦荞品种。2018年1月“优质广适丰产荞麦品种选育与应用”获甘肃省科技进步奖三等奖。

2. 育成主要品种

1996年以来，团队成员在以引育和自主选育相结合为主的科研育种实践中，采用多次单株选择、集团混合选择等方法培育出的新品种具有品质优良、耐褐斑病、抗倒性强、丰产性好、适应性广等特点。

定甜荞1号　从定西甜荞混合群体中选育而成。抗旱性强、抗倒伏、抗荞麦轮纹病和褐斑病。2004年经全国农作物品种鉴定委员会鉴定通过，编号：国品鉴杂2005013。

定甜荞2号　从日本大粒荞进行系统选育而成。2010年通过甘肃省农作物品种委员会审定，审定编号：甘认荞2010001。

定甜荞3号　中早熟。从吉荞10号和改良1号中经混合选育而成，耐荞麦褐斑病。2014年通过甘肃省农作物品种委员会审定，编号：甘认荞2014001。

定苦荞1号　中早熟。从西农9920中系统选育而成，抗旱、抗倒伏、抗褐斑病，适应性强。2015年通过全国农作物品种鉴定委员会鉴定，编号：国品鉴杂2015002。

3. 制定地方标准

制定甘肃省地方标准两项，《甜荞品种　定甜荞3号》（DB62/T 2513—2014）2014年12月实施。《苦荞品种　定苦荞1号》（DB62/T 2791—2017）2017年7月实施。

4. 创新工作

受甜荞花器官特殊构造及生理条件的限制，杂交育种始终是制约甜荞新品种选育工作的瓶颈。2017年团队成员利用甜荞自交不亲和的特性，采用不同方法人工配置杂交组合，经过数年的努力探索创新，杂交结实率从15.06%提高到37.48%，远高于15%～20%的自然结实率。

2016—2018年课题组与甘肃省农业科学院畜草与绿色农业研究所协作完成甘肃省农业科学院科研条件建设及成果转化项目“陇藜1号示范推广及系列产品研发”（2016GAAS21），采用“企业＋农户＋合作社＋基地＋科研”的合作订单模式，在通渭华家岭和榜罗镇建立共100亩的陇藜1号示范推广基地，并联合定西华岭毕昌农产品农民专业合作社和甘肃通渭乐百味食品有限责任公司研发藜麦米、藜麦营养粥及藜麦芽菜等系列产品。

2018年后承担中国农业科学院作物科学研究所“谷子品种资源表型鉴定”项目，利用甘肃省定西市位于杂粮主产区核心位置及其独特的具有代表性的干旱自然条件和特定的纬度环境，对2000多份谷子核心种质资源品种进行表型鉴定。同时，对从甘肃省农业科学院作物科学所引进的5个谷子品种、6个糜子品种及60份糜子种质资源进行表型鉴定和鲜草产量测定。

（七）冬小麦育种

1952年开始冬小麦育种，在定西专区农场进行探索性研究，开展试种、播种量、播种期等试验。由于冬小麦死苗严重，1963年开始在通渭县冬麦试验站开展常规育种试验，引种鉴定出4个表现好的品种并进行良种示范。1975—1995年由于人员不足等原因，中途未进行冬小麦研究。1996年冬小麦育种工作重新开始，以通渭县吴家川良种场为育种基点。2014年以来，育种试验点为定西市农科院创新基地，选育出国家审定品种1个、甘肃省省级审定品种5个，获得各类科技成果奖22项，完成科研项目27项，登记（验收）成果15项，制定地方标准1项，授权国家发明专利1项，发表论文30多篇。

1. 科研历程

1952年主要引进乌克兰冬小麦和96号冬小麦在定西专区农场进行试种试验，发现死苗严重。

1954年探索冬小麦最适宜的播种期和播种量，开展冬小麦播种期和播种量试验。

1963年为解决通渭、陇西冬小麦因红矮病为害，当地品种感病严重、产量低且不稳，故在通渭设立农村基点，就地解决该地冬小麦品种问题。种植种质资源圃，筛选优良种质作为亲本配置杂交组合。

1964年从新引进的品种中经过品种比较和预备试验，选出优良品种6个，特别是保加利亚10-1（1963年采用集团选择法选出）比对照2711增产40.1%，对锈病高抗且丰产性好。

1965年开展引进新品系的鉴定试验，筛选出燕红、腾交、起交3个品种，继而进行区域试验并重点推广。初步决定在山地区推广良种钱交、钱尼2个抗旱丰产品种，在川地区推广良种腾交、保加利亚321、卡尔盖克、燕红4个抗病丰产品种。存在的问题是杂交育种没有程序，对杂交后代选留没有标准，5年、6年的杂种品系还保留在杂种圃中。

1967年品种选育课题负责人由植保组姚爱玲担任，主要开展冬小麦品种比较试验、冬小麦鉴定田、冬小麦品种观察、冬小麦选种圃（对0代、1代、2代、3代、4代杂交材料分别进行分离观察，并选择其中表现丰产的材料做进一步选拔）。

1968年负责人由张碧菡和施锦雯担任，开展小麦锈病防治研究，主要进行小麦锈病药剂防治试验，找出对小麦锈病具有保产效果的新农药。另外，从小麦品种抗锈性能观察，鉴定不同品种的抗锈性能。

1969年冬小麦工作主要从常规育种向大田生产转型，大面积推广甘红、2712-7-2、起交、保加利亚321、保加利亚10-1、燕红、起交等品种，单产为196～233.5千克/亩。

20世纪70年代冬小麦品种主要靠农户引进自选留种的保加利亚10-1号、咸农4号等品种，这些品种种植20多年，病害引起越冬死亡面积达30%～40%，严重影响冬小麦品种的更新换代和产量水平。

1996—2000年定西地区科技攻关项目“冬小麦新品种选育”，项目负责人唐瑜作为第一主持人，周谦作为第二主持人负责全面工作，参加人员有张宗礼、贺永斌、韩徽仁、李鹏程、墨金萍。通渭县吴家川良种场为育种基点，陇西云田、漳县城关三岔为鉴定及示范基点。通过大量引进冬小麦品种，经过多年多点鉴定筛选出抗旱、抗病综合性状优良的定鉴2号、定鉴4号、中旱110号等品种。

1998年依托甘肃省农业厅“冬小麦北移引种鉴定筛选”项目，进行定西地区旱作区冬小麦良种区域试验。

1999年与甘肃省农业科学院协作项目“冬小麦新品系陇鉴19”通过甘肃省科委组织鉴定验收。

2003年“冬小麦新品种陇鉴19大面积推广”获定西市科技进步奖二等奖。

2004年“冬小麦新品种定鉴2号引进选育”获定西市科技进步奖二等奖。

2005年依托“优质高产专用型冬小麦品种快繁和产业化”项目，经甘肃省外专局邀请，乌克兰农科院专家沃路代穆尔进行技术指导和学术研讨，考察通渭县吴家川冬小麦育种基地及定西市香泉镇、白银市会宁县中川乡3个专用型冬小麦繁育基地，为科技人员讲解乌克兰冬小麦育种技术及国际育种发展新趋势，同时引进冬小麦种质资源材料22份，对冬小麦种质资源创制有了新突破。

2008年通过与甘肃省农业科学院生物技术研究所合作首次利用花粉管通道法将外源DNA（米高粱、长穗偃麦草、糯玉米、MY94-9）导入配制组合14个，F_2代回交组合4个，实现冬小麦传统育种向生物育种突破。

2009年“冬小麦新品种陇中1号良种选育推广”获第四届中国技术市场金桥奖。

2010年“抗旱冬小麦新品种陇中1号选育”获甘肃省科技进步奖三等奖。

2011年“优质高产冬小麦新品种陇中1号原种繁育及示范推广”获甘肃省农牧渔业丰收奖二等奖。

2013年“抗旱优质冬小麦新品种陇中2号选育”获定西市科技进步奖一等奖。

2015年申请国家科学技术部国际合作项目“俄罗斯优质抗寒抗虫冬小麦种质资源和新技术引进

及种质创新”，达到甘肃省领先水平。“优质抗寒抗病旱地冬小麦陇中 3 号选育及示范应用”获甘肃省科技进步奖二等奖。乌克兰专家沃路代穆尔教授被授予甘肃省人民政府“敦煌奖”。

2016 年甘肃省外专局立项下达建立甘肃省引智成果示范推广基地进行冬小麦种质资源和品种创新示范推广。

2017 年甘肃省科技厅立项下达甘肃省国际科技合作基地“抗旱抗寒冬小麦新品种引进与示范”。“抗旱抗寒抗病冬小麦新品种陇中 4 号选育与示范应用”获定西市科技进步奖一等奖。研究员周谦主要负责基地建设及品种示范推广工作。课题负责人由李晶接替，课题成员有李鹏程、贺永斌、黄凯、邢雅玲。依托甘肃省国际合作基地《抗旱抗寒冬小麦种质资源引进与示范》，选育的陇中 1 号至 7 号在甘肃省定西市、白银市、临夏自治州，青海省贵德县、宁夏回族自治区固原市、陕西省榆林市等地进行示范推广种植。覆盖超 12 个县（区）40 个乡镇，完成冬小麦新品种示范基地面积 5 万亩，签订示范合同 1.29 万户，平均亩产 387.82 千克，比当地品种亩净增 43.25 千克，陇中 1 号至 7 号品种在示范区种植面积占当地小麦面积的 80% ～ 100%，每个乡镇冬小麦种植面积达到 2 万亩以上，实现冬小麦北移全覆盖。

2. 育成主要品种

陇中 1 号 以品种 84WR21-4-2/ 洛 8912 为亲本，通过冬春麦杂交选育而成，2007 年 12 月 7 日经第二届国家农作物品种审定委员会第一次会议审定通过（编号：国审麦 2007023）。

陇中 2 号 以 88113-28-4/ 陇原 935 为亲本，采用“多代集团混合选择技术”选育而成，2011 年 1 月通过甘肃省农作物品种审定委员会审定定名（编号：甘审麦 2011008）。

陇中 3 号 以 D5815-5/6077-6 为亲本，通过有性杂交和应用分子标记技术选育而成，2014 年 1 月经甘肃省农作物品种审定委员会第 29 次会议通过审定定名（编号：甘审麦 2014008）。

陇中 4 号 以 F_2 代杂交组合 200616［F_2 代 200510（苏引 10 号 ×9715-2-2-1）］×［9767-1-1-2-1（88113-28-4× 陇原 935）］为受体，外源 DNA 偃麦草为供体，通过花粉管通道法人工导入技术、多代集团混合选择技术选育而成，2016 年 1 月经甘肃省农作物品种审定委员会第 31 次会议通过审定定名（编号：甘审麦 2016005）。

陇中 5 号 以 F_2 代组合 200616 为受体，偃麦草 DNA 为供体，通过两次回交而成，2018 年 1 月甘肃省农作物品种审定委员会第 33 次会议通过审定定名（编号：甘审麦 2018007）。

陇中 6 号 以 9767-1-1-3 为受体，米高粱 DNA 为供体组配的常规种，2019 年 1 月甘肃省农作物品种审定委员会第 34 次会议通过审定定名（编号：甘审麦 20190014）。

3. 国际交流与合作

课题组与乌克兰、俄罗斯两国科研机构建立科技项目合作关系，应用国外种质资源、F_2、F_3 代回交等杂交育种技术手段，引进冬小麦种质资源 661 份，引进育种人才 21 人次，主要开展旱地冬小麦种质创新、新品种选育及示范推广工作。合作期间中方与乌克兰苏梅国立农业大学、乌克兰米罗诺夫卡列梅斯洛国家农业科学院小麦研究所、俄罗斯喀山市农科所、俄罗斯阿迪格州农科所、俄罗斯乌里扬诺夫农业大学等分别于2008年、2011年、2013年、2016年、2018年双方签订5轮科技合作意向书。

4. 基地建设

冬小麦种质资源和品种创新示范推广基地，被甘肃省外专局2016年列为甘肃省第3批引进国外智力成果示范推广基地，2017年列为甘肃省国际科技合作基地，基地主要在甘肃、宁夏、青海等省（区）开展俄罗斯冬小麦种质资源、新品种示范、国外人才技术交流等工作。在甘肃省定西市安定区、通渭县、陇西县、临洮县、白银市会宁县、天水市秦安县、庆阳市宁县，宁夏固原市原州区、青海省贵德县等地的38个贫困村建立省级国际合作引智基地，基地面积3670亩。其中，陇中2号基地面积740亩，陇中3号基地面积2470亩，陇中4号基地面积220亩，陇中5号基地面积373亩，陇中6号基地面积740亩，陇中7号基地面积213亩。引进俄罗斯种质资源研究筛选717份，筛选出丰产性、抗旱、抗寒、抗病冬春作物优异种质资源168份。冬小麦新品种创新示范基地在甘肃省定西市安定区、通渭县、临洮县、会宁县，庆阳市宁县、临夏回族自治州、宁夏固原市原州区、青海省贵德县等地的38个贫困村，生产陇中系列原种5万千克。

2020年为甘肃省定西市、白银市、天水市、庆阳市、宁夏固原市、青海省贵德县等的10个贫困村无偿提供原种2万千克。引进俄罗斯、乌克兰育种专家20人次，开展国际科技合作交流14项次，技术培训6期，培训人员500人次，发放技术材料及科普手册4000份。

六、主要科技成果

通过常规杂交选育、引种筛选等育种手段，培（选）育出定西系列春小麦、定丰系列水地及二阴地春小麦，陇中系列、定豌系列、定选系列、定莜（燕）系列、定荞系列等冬小麦、豌豆、小扁豆、裸燕麦（燕麦）、荞麦等品种，选育的新品种抗病性强、丰产性好，在甘肃、河北、山西、内蒙古、宁夏、新疆等省（区）推广应用，国审品种5个、省审品种55个，国家项目17项、省项目50项、市项目20项、横向合作项目16项。国家级成果2项、省（部）级成果72项、市级成果46项，制定地方标准8项、专利9项，参与出版专著13部。

七、南繁工作

定西市农科院南繁工作始于20世纪70年代，主要对育成品系进行加代繁殖。1976—1978年在海南三亚的崖城开始南繁，主要作物有小麦、胡麻和豌豆。由于当地气候条件不适宜这些作物生长发育，1979 年将南繁地点移至云南省元谋县，主要作物有小麦、胡麻、豌豆和（裸）燕麦。育成旱地春小麦定西 24 号、定西 32 号、定西 33 号、定西 35 号，水地及二阴区春小麦育成定丰 1 号、定丰 3 号、定丰 4 号、定丰 5 号，胡麻定亚 1 号至 20 号，莜麦品种定莜 1 号、定莜 2 号，豌豆品种定豌 1 号至 3 号，对甘肃省中部地区及宁夏“西海固”地区的粮油生产起了很大作用。其中，品种定西 35 号、定丰 3 号推广面积都超过百万亩。由于经费紧缺等问题，1986—1989 年南繁工作被迫停止。1990 年开始，在上级主管部门的支持下，南繁工作重新在云南省元谋县农场南繁基地开启。1990—1997 年开展水地及二阴区春小麦、旱地春小麦、裸燕麦、豌豆、胡麻等作物的南繁加代和新品系繁殖工作。在元谋县共繁殖各种作物新品系 60 多个，包括旱地春小麦新品系 7021、8338、8012、8556-5、8631，水地及二阴区春小麦新品系 806、8290、8540、8654，胡麻新品系 8716、8421、8710、868，豌豆新品系 8711-2、8750-5，小扁豆品系 C85、C86、C87，旱地莜麦新品系 8309-6、8309-2-2、8626-2、8652-3、84 南 30-9、8579-5、8607。生产种子 3000 多千克，选配杂交组合 1000 多个。育成的定西 35 号蛋白质含量达到 18.07%，水地春小麦 8654 蛋白质含量达到 15.68%，定莜 1 号蛋白质含量达到 20.56%，定莜 2 号蛋白质含量达到 19.91%，这些品种（系）成为国内及甘肃省内高蛋白品种之一。

由于北方作物是长日照作物，到元谋后有些作物对光照十分敏感，只进行营养生长不抽穗，对裸燕麦、旱地春小麦采用补光的措施，解决营养生长和生殖生长的矛盾，达到南繁加代的目标，解决北育南繁的问题。

定西地区旱农中心派出 24 批次 86 名科技人员克服经费紧张、交通不便、水土不服等困难，坚持做好南繁工作，1997 年是南繁的最后一年，由于经费原因，南繁工作暂停历时共 21 年。

八、种质资源研究

2019 年甘肃省中部地区主要农作物种质资源库项目通过甘肃省科技厅批复立项，2020 年依托定西市农业科学研究院建成。甘肃省中部地区主要农作物种质资源库主要对集中引进的特色优势农作物种质资源（马铃薯、中药材、小麦、燕麦、荞麦、食用豆类、蔬菜、果树、糜子、谷子、玉米、小黑麦等）以及培育的优质品种进行保存。甘肃省中部地区主要农作物种质资源库的建成为优质种质资源的利用，建立长期稳定保存利用库，拓宽地方主要农作物种质资源遗传背景，挖掘优异种质和培育优质、特色、专用型农作物新品种提供支撑，实现种质资源入库、登记、保存基础上的数据和信息共享功能，切实增强定西市农业科学研究院的科技创新能力和科技服务水平。同时，甘肃省中部地区主要农作物种质资源库的建成促进农作物种质资源的国内外合作交流，来自中国农业科学院、甘肃省农业科学院、西北农林科技大学等的专家亲临现场参观指导工作。

甘肃省中部地区主要农作物种质资源库总面积120平方米，建立中期库30平方米，温度控制系统范围（-4℃～4℃），可容纳1万份种质资源。中期库内购置摆放种质资源的移动密集架10组，密集架每层放置2个种子框、每个框放置铝箔种子袋20个，1组10层共3组，每组可放置资源1200份，接纳室20平方米。购置塑料种子筐600个，以供收集的种质资源存放的防潮铝箔自封袋1万个，标签纸1.2万张。完善相关信息网络和种质资源库管理系统，通过交流共享，提高种质资源利用效率。甘肃省中部地区主要农作物种质资源库共收集入库种质资源5499份，除马铃薯560份种质资源以试管苗的方式保存外，其余均以种子的保存方式保存，其中，小麦910份，小黑麦39份，荞麦566份，燕麦566份，豆类821份，亚麻420份，谷子1533份，糜子67份，中药材15份。种子资源库中约70%通过全国同类地区科研院所引进，30%为定西市农业科学研究院选育。

2021年7月12日，定西市种子研究院挂牌成立。

第五章 马铃薯研究所

马铃薯研究所主要从事马铃薯新品种选育研究、脱毒种薯生产技术体系研究、栽培技术集成研究等工作。

20世纪50年代，虽然没有成立马铃薯相关研究机构，但是，马铃薯作为非常困难时期的“救命薯”，定西专区农业试验站科研人员响应党的号召，实施马铃薯引种筛选鉴定、科研育种试验研究。新品种推广以及高产栽培技术应用研究，为解决定西专区人民的吃饭问题发挥巨大的作用。

通过引进试验研究，筛选出一些马铃薯新品种（系），这些品系虽然没有大面积推广应用，却是在马铃薯科研育种方面的大胆尝试。

1965年停止马铃薯的一切试验，1967年重新开始马铃薯试验研究，在各县建立科学试验站和农民试验点60多个，开展引种鉴定、筛选试验。1969年定西专区马铃薯播种面积达到98.19万亩，占耕地总面积的9.46%，马铃薯是全专区人民的主要粮食作物之一，种植品种主要有深眼窝、更生1号、反修1号、牛头、四斤黄、抗疫1号、白板等。为“向马铃薯退化作斗争”，总结出夏播留种、催芽栽培、高山留种等技术措施。由于推广的马铃薯品种、种薯质量及栽培技术的差异，马铃薯单产水平保持在250～1200千克。

1969—1978年墨德成从渭源县会川引进马铃薯品种（系）实施引种观察试验，在科研基地及通渭县华家岭等地建立马铃薯新品种选育研究及引种观察试验示范田，1970年7月墨德成参加全省洋芋杂交育种经验交流会议，1974年2月举办全专区公社农技干部“洋芋丰产栽培技术及育种”学习班。

1979—1981年再次停止马铃薯相关试验研究。1982年又恢复马铃薯试验研究，并在安定区唐家堡、景泉等地建立丰产栽培技术试验示范基地。

1988年重新实施马铃薯新品种选育项目，1996年地委、行署提出实施“洋芋工程”，1998年按照市场经济对科研提出的新要求以及定西地区马铃薯产业发展的需要，针对全区马铃薯产业化发展中存在的问题，开展脱毒苗快繁、原原种扩繁及病毒检测等研究工作，加快脱毒马铃薯研究开发的步伐。

定西地区旱农中心是国内较早从事马铃薯科研和产业化工作的科研机构之一，主任伍克俊通过甘肃农业大学戴朝曦教授，引进部分马铃薯育种中间材料进行筛选。1999年建成温室并投入生产，2000年开启全区脱毒马铃薯种薯大规模产业发展的先河，定西地区旱农中心和国家科技示范园区的50多座温室开始脱毒种薯生产，承担马铃薯脱毒苗生产的组培室被地区妇联评为定西地区“城镇妇女巾帼建功”活动十佳文明示范岗。2001年甘肃省马铃薯工程技术研究中心成立，中心主任、研究员伍克俊被聘为工程中心首席科学家。通过引进美国、加拿大、荷兰等国和我国台湾地区的薯条、薯片等专用型品种10多个，建成年产3000万株脱毒苗，5000万粒原原种的生产基地，成为全国最大的专用型马铃薯脱毒种薯生产基地。

2003年脱毒苗生产量达到每年5000万株，原原种的生产同步推进，基础设施有序建设，建成260平方米的组培室，800平方米的科研、病毒检测和品质分析测试实验楼，1000平方米的自然光照培养室，3万平方米的高效节能温室，600立方米的蓄水池和1万平方米雨水集流场，1000亩防虫网棚原种生产基地和5000亩一级种薯扩繁基地。

自行设计并安装的700平方米马铃薯脱毒种薯雾培生产线生产出原原种，从而建成集茎尖脱毒、病毒检测、脱毒苗快繁、原原种和原种生产的一整套技术体系，完善脱毒苗和原原种生产的技术规程。在脱毒苗生产中通过试验，筛选出适宜不同季节的各类培养基。在原原种生产中，改进不同生育期的营养液配方，基本解决雾培法生产原原种的烂薯等问题。通过采用马铃薯原原种无土栽培高效快繁技术与马铃薯产业化生产相结合的技术路线，建成集大规模工厂化生产原原种的产业开发模式，该项技术属国内领先，规模全国最大。

2002—2006年由杨俊丰主持马铃薯育种研究工作，实施人员有潘晓春、王瑞英、罗磊、李德明、王梅春。

2007年开始由李德明主持马铃薯育种研究工作，从北方各马铃薯育种研究单位及克山国家马铃薯种质资源库引进大量种质资源，创建马铃薯种质资源试管苗保存库，并通过各种途径引进国际马铃薯中心及欧美等国家的种质资源，现拥有种质资源600多份。

2008年农业部启动国家现代农业马铃薯产业技术体系项目，定西综合试验站依托定西市旱农中心成立，第一任定西综合试验站站长蒲育林。试验站经费从2008年至2010年的年度经费为30万元，以后增加至50万元。定西综合试验站马铃薯育种有了国家现代农业马铃薯产业技术体系固定经费支撑，马铃薯常规杂交育种规模持续扩大，育种水平显著提升。截至2020年，选育出并通过审定和登记的定薯系列马铃薯新品种定薯1号至定薯6号共6个新品种。

2008—2010年工程中心与阿勒泰地区行署合作，联合实施“科技援疆”工程，选派科技人员16人次，对新疆阿勒泰地区进行马铃薯脱毒种薯等全面的技术指导和服务工作，完成《阿勒泰地区马铃薯产业发展五年规划》，指导吉木乃县建立脱毒种薯生产技术体系，引入定薯1号及陇薯3号等脱毒基础苗，年生产脱毒苗20万株、原原种30万粒。

马铃薯研究所团队成员有刘荣清、潘晓春、王瑞英、罗磊、姚彦红、马秀英、汪仲敏、郸擎东、王娟、张小静、李亚杰、黄凯、董爱云、刘惠霞、李丰先、牛彩萍、范奕等。

一、机构沿革

1998年6月按照行署〔97〕68号文件，撤销原化验室、育种室和栽培室，成立粮油作物研究室、马铃薯研究室、综合栽培研究室、土壤肥料研究室、植物保护研究室等5个专业研究室。

1999年根据行署常务会议纪要和地委、行署两办1999年10月20日〔77〕号文件批复，2000年注册成立甘肃金芋马铃薯科技开发有限责任公司。

2008年根据定西市人民政府《关于定西市旱作农业科研推广中心内部机构设置及全员聘用制实施方案的批复》（定政函〔2008〕01号）及《关于调整旱农中心机构编制的批复》（定编委发〔2008〕13号）文件，成立马铃薯研究室，在编人员14人。

2019年12月马铃薯研究室更名为马铃薯研究所。

二、工作职能及范围

马铃薯研究所下设新品种选育研究和脱毒种薯技术体系建设课题组。主要开展马铃薯新品种选育研究、脱毒种薯快繁技术体系建设研究、马铃薯高产高效综合栽培技术研究、马铃薯病毒检测及品质分析、种薯及商品薯生产基地技术体系建立、马铃薯营养提升栽培及马铃薯加工增值新技术研究等工作。

2000年马铃薯新品种选育课题组成立，立足于甘肃中部干旱、半干旱气候特点和栽培条件，培育耐旱、优质、高产的中晚熟品种和各种专用型马铃薯新品种，研究配套栽培技术。建成种质资源试管苗保存库，保存国内外种质资源600余份。

2008年进入国家马铃薯产业技术体系平台，在育种创新方面与国内先进水平接轨，并通过引进国外智力成果，解决干旱区马铃薯杂交结实率低的瓶颈问题。

1992年开展马铃薯脱毒种薯快繁工作，通过引进国内外先进技术集成马铃薯脱毒种薯快繁技术体系，创建马铃薯脱毒种薯繁育基地，主要繁殖陇薯系列、青薯系列、冀张薯系列、定薯系列等品种以及国外专用型品种。年生产能力为脱毒苗3000万株，原原种4500万粒。

三、历任负责人

（一）马铃薯研究室

主　任　杨俊丰（1998年6月—2013年11月）

副主任　赵得有（1998年6月—2008年10月）

　　　　李德明（2008年11月—2013年11月）

（二）马铃薯研究室/所

主　任/所　长　李德明（2013年12月—）

副主任/副所长　袁安明（2013年12月—2015年10月）

　　　　　　　王　娟（2016年6月—）

四、从业人员

根据资料统计，定西市农科院从事马铃薯相关研究工作的从业人员有39人，其中，获得国务院政府特殊津贴人员5人，甘肃省优秀专家1人。马铃薯研究所在职人员18人，其中，高级职称11人、中级职称6人，初级1人；在读博士1人，硕士5人，本科5人，其他7人。

表2-5-1　马铃薯研究所从业人员一览表

姓名	学历	职称	从业时间	工作内容
墨德成	中专	农艺师	1969—1985年 1990—1992年	1969—1980年实施马铃薯育种试验研究及技术培训，1981年停止马铃薯相关试验。1982—1985年在定西县唐家堡、景泉乡实施进行马铃薯丰产栽培技术试验、示范。1990—1992年实施定西地区马铃薯水平沟和垄沟种植技术示范推广
蒲育林	博士	研究员	1984—2011年	1989年开始实施脱毒种薯繁育技术研究，2009年被聘为国家现代农业马铃薯产业技术体系定西综合试验站站长
伍克俊	本科	研究员	1982—2007年	从事农业科研育种及马铃薯脱毒种薯科研及推广工作。历任立文马铃薯公司经理、马铃薯工程技术研究中心主任、特聘首席专家等
杨俊丰	本科	研究员	1982—2017年	从事马铃薯种薯繁育脱毒技术体系建设、马铃薯新品种选育及栽培技术研究工作
李清萍	本科	农艺师	1997—2001年	1999—2001年从事脱毒苗生产工作

续表

姓名	学历	职称	从业时间	工作内容
王瑞英	中专	农艺师	1992—2017 年	1992—1995 年实施马铃薯供种脱毒种薯繁育技术研究，1997 年从事马铃薯新品种选育及脱毒苗生产工作
王梅春	本科	研究员	2000—2005 年	2000—2004 年在马铃薯脱毒种薯快繁中心从事脱毒苗生产工作
胡西萍	中专	助理农艺师	1997—2006 年	1997 年从事马铃薯新品种选育及脱毒苗生产工作
连荣芳	本科	研究员	2000—2003 年	从事脱毒苗生产工作
文殷花	本科	高级农经师	2000—2001 年	从事脱毒苗生产工作
马　宁	本科	研究员	1997—2004 年	从事马铃薯脱毒苗快繁及脱毒种薯生产工作
赵　荣	中专	农艺师	2000—2001 年	2000 年渭源县农技中心及院试验基地从事马铃薯育种工作
袁安明	本科	副研究员	1997—2015 年	从事马铃薯脱毒种薯快繁技术研究及生产工作，马铃薯品种引进及栽培技术研究工作，前期为马铃薯试验站成员
石建业	本科	研究员	2000—2002 年	马铃薯脱毒种薯快繁中心设计建设
孙思为	初中	高级技工	1999—2008 年	从事脱毒苗生产工作
赵得有	中专	农艺师	1998—2008 年	网棚扩繁马铃薯种薯
杨永明	初中	高级技工	2000—2016 年	在马铃薯脱毒种薯快繁中心从事电力维修工作
马秀英	中专	农艺师	1999—2014 年	在马铃薯脱毒种薯快繁中心从事脱毒苗生产工作
汪仲敏	中专	农艺师	1999—2016 年	1999—2007 年在马铃薯脱毒种薯快繁中心从事脱毒苗生产工作。2008—2016 年从事马铃薯种质资源工作
郸擎东	本科	副研究员	1998—2008 年	1998—2008 年从事马铃薯繁种及育种工作，2008 年至今为科技特派员
潘晓春	本科	副研究员	1998—2013 年	从事马铃薯种薯繁育脱毒技术体系建设、马铃薯新品种选育及栽培技术研究工作
罗　磊	本科	副研究员	2001 年—	从事马铃薯新品种选育及栽培技术研究工作
姚彦红	中专	高级农艺师	1999 年—	1999—2004 年从事脱毒苗生产工作，2005 年至今从事马铃薯新品种选育及栽培技术研究工作
孟红梅	中专	农艺师	1998 年—	从事马铃薯种薯繁育脱毒技术体系建设工作
边　芳	中专	农艺师	1998—2007 年	从事马铃薯种薯繁育脱毒技术体系建设工作
谭伟军	本科	副研究员	2006 年—	从事马铃薯种薯繁育脱毒技术体系建设工作
陈自雄	本科	高级农艺师	2001 年—	从事马铃薯种薯繁育脱毒技术体系建设工作
马海涛	本科	农艺师	1998 年—	从事马铃薯种薯繁育脱毒技术体系建设工作
李德明	本科	推广研究员	2003 年—	从事马铃薯新品种选育及栽培技术研究工作。2011 年被聘为国家现代农业马铃薯产业技术体系定西综合试验站站长
王　娟	研究生	研究员	2008 年—	从事马铃薯新品种选育研究、马铃薯种薯繁育脱毒技术体系建设及试验站相关工作。2020 年申请建立马铃薯脱毒种薯繁育技术市级创新团队
张小静	研究生	副研究员	2008—2018 年	从事马铃薯脱毒种薯快繁技术研究工作
徐祺昕	本科	农艺师	2009 年—	从事马铃薯种薯繁育脱毒技术体系建设工作
李亚杰	研究生	副研究员	2013 年—	从事马铃薯新品种选育及栽培技术研究及试验站相关工作
董爱云	大专	高级农艺师	2016 年—	从事马铃薯品质资源保存、马铃薯高代品系茎尖脱毒、高代品系繁殖等工作
刘惠霞	本科	农艺师	2016 年—	从事马铃薯品质资源保存、马铃薯高代品系茎尖脱毒、高代品系繁殖等工作

续表

姓名	学历	职称	从业时间	工作内容
马 瑞	在职博士	助理研究员	2017 年—	从事马铃薯新品种选育及栽培技术研究工作。2018—2021 年在甘肃农业大学开始作物遗传育种（马铃薯抗旱基因研究）博士研究生学习
李丰先	研究生	高级农艺师	2018 年—	从事马铃薯新品种选育及栽培技术研究及试验站相关工作
牛彩萍	中专	高级农艺师	2018 年—	从事马铃薯品质资源保存、马铃薯高代品系茎尖脱毒、高代品系繁殖等工作
范 奕	研究生	研究实习员	2020 年—	从事马铃薯新品种选育及栽培技术研究及试验站相关工作
陈小丽	研究生	农艺师	2020 年—	从事马铃薯种薯繁育脱毒技术体系建设工作

五、科研基础设施

研究所有电子天平等科研仪器 11 台（套），日光温室 13 座，科研用地 580.8 亩。现有 716 平方米组织培养室，1000 平方米光照培养室，3000 平方米日光温室和网室，1000 平方米恒温贮藏库。

表 2-5-2 主要实验仪器清单

编号	名称	型号	数量	用途
1	电子天平	FA2004	1	称量物品
2	光学显微镜	XTL-208A	1	茎尖剥离
3	海尔冰箱	BCD-206TCZL	1	储存药品、培养基
4	超净工作台	CBS-VS-1350T	1	茎尖剥离、无菌接种
5	超净工作台	CBS-CJ-1FD	1	茎尖剥离、无菌接种
6	立式压力蒸汽灭菌锅	LS-75HD	1	高压灭菌
7	光照培养箱	GZX400EF	1	培养马铃薯幼苗
8	光照培养架		4	培养试管苗
9	电热蒸馏水器		1	制作蒸馏水
10	电烤炉（空气炸锅）	KL-50G1	1	测试马铃薯口感
11	切片机		1	马铃薯薯片
12	培养基无菌分装线	GPF-II	1	培养基制备
13	无菌分装台	SW-CJ-2FS	1	培养基分装
14	反渗透纯净水机组	RO-800G	1	水过滤
15	蠕动泵	BT-600	1	增压
16	水平流净化工作台	HS2300	8	接种
17	无菌封口机	FKG-100I	10	封口
18	自动手消毒器	HSD-6000	2	消毒
19	便携式酸度计	PHBJ-260	2	Ph 值测定
20	培养基周转车	DXW-4	50	培养基周转

续表

编号	名称	型号	数量	用途
21	组培专用筐		4000	培养基码放
22	钢网层式周转车（接种车）	WTC-II-B	30	脱毒苗周转
23	标签打印机（组培专用）	C20-A	22	标签打码
24	温湿度记录仪	GSP-6	9	温湿度记录
25	移动自净器	ZJ-Y1	4	消毒
26	高低点温度计	SSGD-5040	30	温度记录
27	吊顶式双向流净化新风换气系统机	JT-ANWH045	5	温度控制
28	高效节能培养架	PYJ-7-2-TW	84	脱毒苗培养

六、科技创新

马铃薯研究所主持和协作完成国家及省地科研和建设项目50余项，技术人员在国内外核心期刊发表论文80余篇，申请专利11件，参与制定甘肃省马铃薯相关地方标准10项，获得省部级奖项11项，地厅级奖项12项，其他奖项1项。

（一）重点项目

“优质专用马铃薯脱毒微型种薯生产技术体系研究及产业化开发”项目，研究成果达国内领先水平，并获2001年甘肃省科技进步奖二等奖。

科技部国家科技园区项目“甘肃省定西地区专用型马铃薯脱毒种薯快繁中心建设”（2001EA860A18），2004年通过科技部验收。

定西市创新人才培养计划专项“专用马铃薯脱毒种薯繁育及贮藏技术体系研究”，2005年获定西市科技进步奖一等奖。

甘肃省科技厅科技攻关项目“专用马铃薯新品种选育”，2004年通过省科技厅组织的鉴定验收，水平达国内先进。

科技部国家重大科技专项“马铃薯脱毒种薯安全限量及控制技术标准研究”（2002BA906A80），2005年通过省科技厅验收，水平达国内领先。

与贵州省农业科学院协作完成的科技部科技攻关项目“专用马铃薯优质高效生产技术研究与示范”和“马铃薯多熟高效种植及配套技术研究”（2004BA520A16-05），分别于2003年和2005年通过科技部组织的验收。

协作项目科技部科技支撑项目“马铃薯优质高效配套生产技术研究与示范”（2006BAD21B05），2010年通过验收。

甘肃省科技攻关项目“旱地专用型马铃薯新品种选育”，2008 年通过验收。

（二）繁育体系

20 世纪 90 年代，围绕马铃薯产业发展的种薯繁育退化严重的问题，率先引进国外智力，通过引进吸收转化和提升，形成特有的技术体系，2000 年建立脱毒种薯生产技术体系及雾培生产线，建成国内最为先进的脱毒种薯繁育技术体系和脱毒种薯繁育基地，构建全市马铃薯脱毒种薯三级繁育体系，提供技术支撑和技术人才服务，培养大批科技人员和熟练技术工人，为全省马铃薯脱毒种薯繁育技术体系建设提供科技支撑，技术服务辐射到陕西、宁夏、青海和新疆等省（区）。

（三）引进品种

从 20 世纪 90 年代开始，引进筛选出适宜薯片加工品种大西洋，适宜薯条加工品种夏波蒂，适宜鲜薯食用品种费乌瑞它，高产鲜薯食用品种台湾红皮，适宜全粉加工品种布尔班克等，解决定西市当时马铃薯特种品种缺乏的问题。

（四）品种选育

创建马铃薯种质资源试管苗保存库，引进克山国家马铃薯种质资源库、国际马铃薯中心及欧美等国家的种质资源，现拥有种质资源 600 余份。选育出并通过审定（登记）的定薯系列马铃薯新品种有 6 个，分别为定薯 1 号、定薯 2 号、定薯 3 号、定薯 4 号、定薯 5 号和定薯 6 号，其中，定薯 3 号为国家审定品种，推广应用面积达到 100 万亩。

（五）地方标准

定西市农科院制定的马铃薯相关地方标准通过甘肃省市场管理局颁布实施，分别为《马铃薯脱毒种薯标准》《专用型马铃薯生产技术规程》《马铃薯产地环境条件》《无公害食品马铃薯商品薯标准》《无公害食品马铃薯生产技术规程》《马铃薯机械化种植规程》《马铃薯　定薯 1 号》《马铃薯　定薯 2 号》《马铃薯　定薯 3 号》《马铃薯　定薯 4 号》等。

第六章 中药材研究所

定西地区旱农中心自 20 世纪 80 年代中期以来就致力于定西市道地药材当归、黄芪、党参新品种选育及优质高产高效栽培技术研究工作。研究中药材的团队从最初的一个课题组逐渐发展为一个科室，2008 年成立中药材研究所。

定西市农科院中药材研究所结合项目研究，持续推进中药材新品种选育工作，通过采用系统选择法、集团选择法、人工杂交、离子束辐照等育种技术，选育药材新品种 15 个，全部通过甘肃省品种审定委员会认定定名。在中药材新品种选育研究中，突破了传统育种方法，率先应用重离子辐照技术选育出中药材新品种岷归 3 号、岷归 4 号、岷归 6 号、陇芪 3 号、渭党 3 号、渭党 4 号。开展太空搭载育种试验，将太空搭载技术应用于中药材育种实践中，加快育种进程。

一、科所沿革

2008 年在机构改革中“中药材（经济作物）研究室”成立。2000 年以前，以研究员徐继振、刘效瑞为代表的科技人员在中药材栽培技术研究方面作出了卓越贡献。2000—2015 年，以刘效瑞为首的团队在前人工作的基础上，选育中药材新品种独树一帜。2015 年以来，新一代团队以师肩为梯，接棒传承。

中药材研究所的前身是“作物栽培研究室”的中药材研究课题组。

2008 年 8 月—2013 年 3 月，定西市旱作农业科研推广中心中药材（经济作物）研究室。

2013 年 4 月—2019 年 11 月，定西市农业科学研究院中药材研究室。

2019 年 12 月—，定西市农业科学研究院中药材研究所。

二、工作职能及范围

定西市农科院中药材研究所主要开展药用植物新品种选育、种苗快繁和标准化栽培技术研究；解决当地中药材生产中出现的新问题、推广应用科技新成果，推进中药材产业持续发展；中药材试验示范基地建设和科普宣传活动；中药材种植技术培训及服务产业发展；负责中药材等经济作物加工技术研究。

三、历任负责人

（一）栽培室主任、中药材课题组

负责人　徐继振（1991 年 8 月—1998 年 3 月）

（二）中药材课题组

组　长　刘效瑞（1998 年 3 月—2008 年 7 月）

（三）中药材（经济作物）研究室

主　任　刘效瑞（2008 年 8 月—2013 年 11 月）

副主任　何宝刚（2008 年 8 月—2013 年 11 月）

（四）中药材研究室

主　任　王富胜（2013 年 12 月—2019 年 11 月）

副主任　马伟明（2013 年 12 月—2017 年 9 月）　尚虎山（2017 年 10 月—2019 年 11 月）

（五）中药材研究所

所　长　王富胜（2019 年 12 月—）

副所长　尚虎山（2019 年 12 月—）

四、在职人员

中药材研究所在职人员 9 人，其中，正高 2 人，副高 5 人，硕士 2 人。

所　长　王富胜　研究员

副所长　尚虎山　副研究员

成　员　荆彦民　研究员　　王兴政　副研究员　硕士

王春明　高级农经师　　马瑞丽　助理研究员　博士（2021.05 调出）

陈向东　高级农经师　　汪淑霞　高级农艺师

杨荣洲　农艺师　　李　丽　研究实习员　硕士

五、承担项目及主要科技成果

1986 年 1 月—1988 年 12 月，承担完成“定西半干旱区旱作土壤主要作物需肥技术体系研究”项目，主要研究涉及定西道地中药材栽培技术。

1988 年 1 月—1990 年 12 月，承担完成“中部半干旱地区主要旱农作物综合增产技术超前研究”项目，主要研究涉及定西道地中药材栽培技术。

1990 年 1 月—1993 年 12 月，承担完成“高寒阴湿区主要粮经作物高产高效综合栽培技术研究与示范应用”项目，主要研究内容涉及当归党参新品种选育技术。

1991 年 1 月—1993 年 12 月，主持完成“高寒二阴生态区农业综合试验示范基地建设”项目，主要研究内容涉及黄芪新品种选育工作。

定西市农科院中药材研究所团队还主持完成国家星火计划项目“十万亩优质当归栽培基地建设”、国家自然科学基金项目“甘肃当归提前抽薹防治与新品种选育研究”、国家科技惠民计划“甘肃省定西市道地中药材产业化推广及惠民示范工程”项目、甘肃省中药材科技攻关项目等国家、省、市科研项目 38 项。

获甘肃省科技进步奖二等奖 2 项，三等奖 9 项。市厅级及其他奖项 18 项。研究水平 1 项达国际先进，11 项成果水平达到国内领先。在 SCI 发表论文 5 篇，在国家级及省级刊物上发表学术论文 160 余篇，主编出版专著 2 部，作为编委出版专著 3 部，编写定西市道地中药材标准化栽培技术培训教材 3 部。主持或参与制定甘肃省地方标准 10 余项。取得发明专利 1 项，实用新型专利 3 项。

六、中药材新品种选育

截至 2017 年 5 月，全国有 90 家药用植物新品种选育单位，共选育药用植物新品种 230 多个。定西市农业科学研究院选育药用植物新品种 15 个，占全国的 6.5%。其中，当归新品种有岷归 1 号至 6 号，黄芪新品种有陇芪 1 号至 4 号，党参新品种有渭党 1 号至 4 号，板蓝根新品种有定蓝 1 号，中药材新品种全部通过甘肃省中药材新品种认定定名。

在药用植物新品种选育研究中，突破传统育种方法，率先应用重离子辐照技术选育出药用植物新品种岷归 3 号、岷归 4 号、岷归 6 号、陇芪 3 号、渭党 3 号、渭党 4 号。

第七章 油料作物研究所

定西市农业科学研究院油料作物研究所位于定西市安定区香泉镇西寨村河西社，其前身是 1959 年定西专区油料试验站，历经定西专区农科所西寨良种场、定西农学院水利系、定西地区油料试验站、定西地区旱作农业科研推广中心西寨油料试验站、定西市农业科学研究院油料作物研究室，2019 年 11 月更名为定西市农业科学研究院油料作物研究所。

1959—1986 年研究所内设科研管理、大田生产、农机操作、种养及后勤管理等岗位，1987—

1997年增设医务岗位，1998—2020年调整为管理、科研、驾驶、生产、水电机井管理、后勤岗位。

油料作物研究所主要从事胡麻新品种选育、栽培技术研究以及作物良种繁育等工作。胡麻新品种选育走过从胡麻资源搜集、引进、利用到自主选育的过程，搜集引进胡麻资源430多份，自主选育出定亚1号至25号等25个胡麻新品种通过国家、省级、地（市）级审定、认定或鉴定，其中，3个品种通过国家审（鉴）定。

至2021年拥有胡麻种质资源800余份，选育出“定亚系列”胡麻品种25个。开展胡麻播种期、亚麻生长发育、轮作、耕作、施肥、除草保苗、深耕保墒、合理选茬、密植除草保苗、选用良种以及胡麻高产高效综合等栽培技术研究工作。

20世纪80年代前大田以繁育胡麻、春小麦原种为主，种植冬小麦、谷子、糜子、玉米、燕麦、马铃薯、蔬菜等作物。90年代主要繁育胡麻、春小麦、马铃薯等作物原种。2000年后种植胡麻、马铃薯、各种蔬菜等作物。2001年前养殖有羊、猪、骡、马、驴、耕牛、奶牛等。

从1959年开始，“胡麻夫妇”俞家煌、丰学桂在一无设备、二无资料、三无人员、四无经费支持的情况下，全凭1把尺子、1根铅笔、1本记载本、2架破天平，坚持胡麻育种30多年，相继培育出定亚1号至16号等16个胡麻新品种。育成的品种在全市大面积种植的同时，并引种到全国胡麻产区推广种植。1963—1990年全市累计推广胡麻面积1100万亩，占全市累计总面积1223.62万亩的90%，仅1975年在全市推广面积46.6万亩。同时，他们引进的雁农1号、奥拉依艾津、维尔1650等胡麻品种在生产中得到广泛的推广应用。

一、科所沿革

1959年，定西专区油料试验站成立。

1963年，定西专区油料试验站和农科所合并，定西专区油料试验站改名为定西专区农科所西寨良种场。

1975年，定西专区农科所西寨良种场改名为定西农学院水利系。

1978年，定西专区农科所西寨良种场与定西农学院水利系分开，改为定西地区油料试验站。

1984年，定西地区西寨油料试验站，归属定西地区旱作农业科研推广中心，并更名为定西地区旱作农业科研推广中心西寨油料试验站。

2000年，定西地区旱作农业科研推广中心西寨油料试验站并入定西地区鑫地农业新技术示范开发中心，但定西地区旱作农业科研推广中心西寨油料试验站还独立存在。

2008年，定西市旱作农业科研推广中心西寨油料试验站恢复。

2013年，定西市农科院西寨油料试验站更名为定西市农业科学研究院油料作物研究室。

2019年，定西市农业科学研究院油料作物研究室更名定西市农业科学研究院油料作物研究所。

二、工作职责及范围

油料作物研究所主要承担胡麻新品种选育及综合栽培技术的研究，开展新品种、新技术、新成果试验示范，旱作高效农业综合技术推广应用，粮油作物原种繁育基地建设等工作。

三、历任负责人

（一）定西专区油料试验站（1959—1979年）

站长按任职前后顺序排列，无副站长。

站　长　王时忠（1959年4月）　席尚忠（1961年6月）

马玉惠　许金彪

于振岩　张乃清

（二）定西地区油料试验站（西寨油料试验站）

站　长　俞家煌（1979—1984年）　杨志俊（1984—1987年）

赵得有（1987年1月—1992年）　权有祥（1992—1997年）

石仓吉（1997—2000年）

副站长　章杰文（1979—1984年）　权有祥（1984—1986年）（1987年1月免去）

祁凤鹏（1988年8月—1992年）　权有祥（1990年9月—1992年）

石仓吉（1992年4月—1997年）　权有祥（1998年6月—2000年）

（三）定西地区（市）旱作农业科研推广中心西寨油料试验站

站　长　权有祥（2000—2008年）　陈永军（2008—2013年）

副站长　陈　英（2008—2013年）　令　鹏（2008—2013年）

（四）定西市农业科学研究院油料作物研究室

站长 / 主任　陈永军（2013 年 9 月—2018 年 8 月）

副站长 / 副主任　陈　英（2013 年 9 月—2018 年 8 月）

令　鹏（2013 年 9 月—2018 年 8 月）

（五）定西市农业科学研究院油料作物研究所

主任 / 所长　马伟明（2018 年 8 月—）

副主任 / 副所长　赵永伟（2018 年 8 月—）

李　瑛（2020 年 8 月—）

四、在职人员

在职专业技术人员 11 人，工勤人员 3 人。其中，高级职称 4 人，中级职称 6 人，未定级 1 人；中级农艺工 2 人，技师 1 人；具有硕士学历 4 人，大学本科 2 人；享受甘肃省正高级津贴人员 1 名；人民政协定西市第三届委员会委员 1 人。

五、科研平台

2008 年团队进入国家胡麻产业技术体系，成立国家油用胡麻现代产业技术体系定西综合试验站，2017 年更名为国家特色油料产业技术体系胡麻定西综合试验站。

2013 年建立甘肃省定西市国家级农作物品种区域试验站。

2014 年经定西市科技局批准，成立油料作物工程技术研究中心。

2020 年 8 月被定西科技局评为亚麻育种栽培科技创新团队。

六、科研基础设施

油料作物研究所占地面积 592.68 亩，其中，办公及仓储用地 30.76 亩，科研水浇地 561.92 亩。

1984 年建成二层办公楼 380 平方米。1981 年建成 200 平方米的化验室。1979 年建成 200 平方米的风干室、155 平方米的仓库、160 平方米的车库、760 平方米的晒场。2001 年建成马铃薯窖 1067.5 平方米，后又建成 117 米深机井 1 眼、库房 487 平方米、简易网棚 252 平方米、晾晒棚 288.3 平方米，门房、职工食堂等后勤服务区 150 平方米。

各类农机具 19 台套（区域试验站 12 台套、研究所 7 台套）。

七、主要科技成果

通过常规选育、杂交、化学诱变、重离子辐照等育种手段，选育出“定亚系列”胡麻品种 25 个（定亚 1 号至 25 号），其中，定亚 17 号、定亚 21 号、定亚 23 号、定亚 25 号为国家审定登记品种。选育的新品种抗病性强、丰产性好，在甘肃、河北、山西、内蒙古、宁夏、新疆等地广泛推广应用。创新旱地胡麻全膜覆盖栽培、胡麻主要病虫草害无公害防控、全膜胡麻一膜两用免耕等栽培技术。

主持、参与完成各级各类科研项目 52 项，荣获国家、省、市科技奖励 14 项；在省级以上期刊发表学术论文 34 篇；参与出版专著 3 部；获得国家实用新型专利 2 项。

八、党建工作

从 1959 年成立定西专区油料试验站到 1983 年之间无资料查证。

1984 年筹建成立西寨油料试验站党支部委员会。俞家煌任支部书记，杨志俊任支部副书记，马福禄、王禄山任支部委员（定旱党发〔1984〕001 号和定旱党发〔1985〕014 号），支部共有党员 10 名。后由赵得有、马福禄、王禄山组成支部委员会，赵得有任支部书记（定旱党发〔1987〕008 号），孟敬祖任定西地区旱农中心西寨油料试验站党支部书记（定旱党发〔1989〕11 号）。西寨油料试验站支部委员会由曹志荣、王禄山组成，曹志荣任支部专职副书记（定旱农发〔1994〕006 号）。

2013 年支部更名为油料作物研究室党支部，曹志荣任支部书记，支委由曹志荣、刘宝文、张青组成，2013 年 12 月，何宝刚任油料作物研究室党支部书记，支部委员李瑛、赵永伟，支部党员 7 名。

2019 年支部更名为定西市农业科学研究院科研第三党支部，支委由何宝刚、李瑛、马伟明组成，何宝刚任支部书记，支部党员 5 名。

2021 年 3 月，支部被中共定西市委宣传部评为 2020 年度“学习强国”学习平台学习运用先进集体。

第八章 设施农业研究所

2013 年 4 月成立设施农业研究所，其前身为定西地区农业科学研究所农业组（成立于 1951 年），是定西市农科院科技成果应用和转化基地，围绕科研服务，主要开展原种繁育和奶牛畜牧养殖两大主业。原种繁育是将选育的农作物新品种首先进行扩繁，然后再供应农业生产，促进科技成果尽快转化为生产力。繁育的原种供应甘肃、青海、宁夏、陕西等省（区），形成西北半干旱区重要的旱地作物原种供应基地，累计繁育良种 300 多万千克。

为配合作物科研育种，科研种植和原种繁殖提供充足的有机肥，配套建设畜牧养殖基地，开展奶牛、种猪、种鸡养殖和繁殖。研究所的牛奶是 20 世纪中后期定西城区牛奶供应的主要来源之一，累计向市民提供优质新鲜的牛奶 267.5 万千克。

1987 年扩大奶牛养殖规模，购进西德种公牛 1 头，扩大后备母牛的选留数量，保证每头牛日饲养 4 千克以上，使年递增 0.75 万千克，增收 5381.6 元。猪场引进瘦肉型良种猪，选用配合饲料，改善饲养方法，使养猪业扭转连年亏损的局面，第一次实现盈利。鸡场实现盈利 21185 元。1993 年实验农场奶牛存栏 34 头，产仔母猪 17 头，商品猪 14 头。

养殖基地引进繁育种猪、种鸡，从事种猪繁殖近 30 年，养殖规模达到 300 头以上，良种母猪存栏 50 头以上，累计向社会提供良种仔猪 1.2 万头。养鸡场以繁殖推广种鸡为核心，引进一次孵化 1 万只鸡蛋的孵化器，累计繁殖种鸡 520 万只。养殖基地同时开展农副产品加工，兴建淀粉坊、豆腐坊和麸醋坊，累计加工淀粉 40.05 万千克，加工生产豆腐 28 万千克，生产麸醋 18.25 万千克，加工产品供应城乡市民和机关，加工副产品用于养殖，累计生产青贮饲草 2500 吨以上，向科研育种提供有机肥 1.5 万立方米，有力配合了农业科研工作。

农科所奶牛场在 20 世纪中后期是定西城区建设最早、规模最大奶牛养殖场，向几代定西人提供优质新鲜的牛奶，农科所牛奶成为定西城区家喻户晓的品牌产品；养殖基地还引进繁育种猪、种鸡，向社会提供良种仔猪和仔鸡。养殖基地每年向科研育种提供充足的有机肥。逐渐发展形成以科研种植为核心的“种植—养殖—有机肥—种植”和“种植—加工—养殖—有机肥—种植”种加养销一条龙的两大循环发展链条，其发展模式是倡导的绿色农业发展之路，形成的旱作农业研究生态系统，是旱作循环生态农业和可持续发展的重要探索（详见附图 2-8-1）。

进入 21 世纪，由于科研环境和管理体制变革，养殖基地的作用逐渐弱化，2016 年 11 月停办。定西市旱农科研推广中心实验农场逐渐发展果树、蔬菜、菊芋等高效种植，同时开始园艺作物新品种引进、种苗繁育、设施栽培等技术研究工作。实验农场土地逐渐转变为作物育种和科研试验用地，实验农场工作重点向反季节蔬菜、果树栽培等现代高效农业转变，由为科研育种服务向新技术研发机构转变。

设施农业研究所几代科技人员从最初的马铃薯良种扩繁，开始蔬菜探索性栽培，到陆续开展杏树、草莓、葡萄、枣树、辣椒、甘蓝、葱、韭菜、花菜等新品种引进选育及设施蔬菜周年生产栽培技术研究。

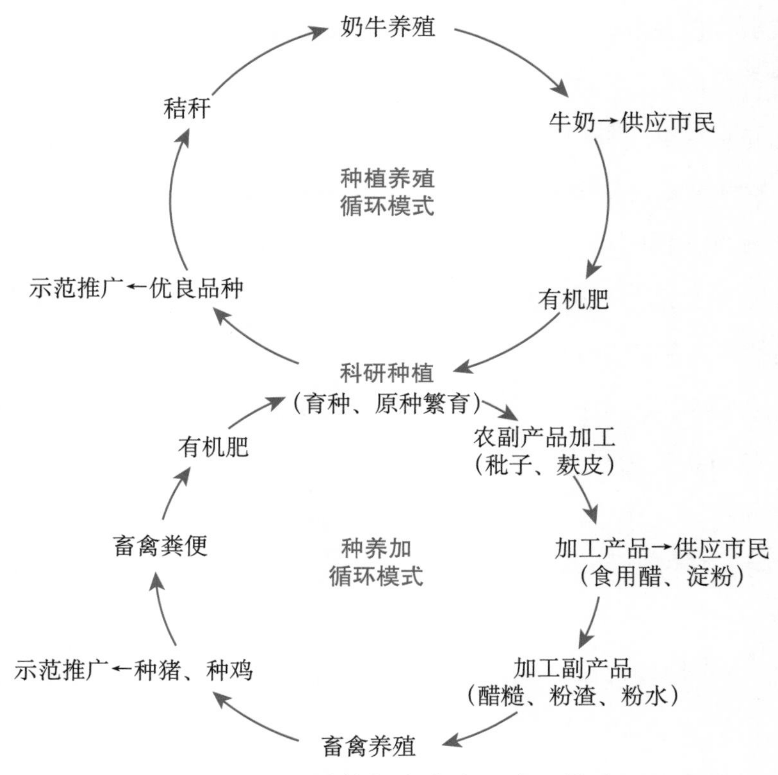

图 2-8-1　种养加生态农业发展模式

2013 年正式变更为定西市农业科学研究院设施农业研究室，下设蔬菜、食用菌、设施栽培 3 个研究组，以研究所为依托，成立集食用菌种保藏、蔬菜品质检测、草莓脱毒快繁及菊芋新品种选育为一体的定西—福州综合实验室、定西市设施农业工程技术研究中心和菊芋工程技术研究中心。

一、科所沿革

1963 年，定西专区农业科学研究所生产科。

1963 年 11 月，定专办选字〔1963〕第 271 号文件批复成立“定西专区农业科学研究所”，内设生产科。

1965 年 12 月，专区农科所内设中川良种繁殖试验场。

1984 年 4 月，定编发〔1984〕28 号文件批复中川实验农场为定西地区旱作农业科研推广中心下属机构，财务独立核算。

2000 年，并入定西地区鑫地农业新技术示范开发中心。

2008 年，根据定编委发〔2008〕13 号文件，中川实验农场并入定西市旱作农业科研推广中心。

2013 年，根据定机编委发〔2013〕57 号文件通知，实验农场划入定西市农业科学研究院，更名为设施农业研究室。

2019 年，设施农业研究室更名为设施农业研究所。

二、工作职责及范围

主要从事蔬菜、食用菌、草莓、菊芋等新品种育繁推一体化和技术推广、咨询服务与科技培训等产学研相结合为一体的公益性科研机构；以传统育种和现代分子育种相结合为手段，进行蔬菜、食用菌、草莓、菊芋等新品种选育工作；开展高产、优质、低成本绿色产品生产技术研究，主要围绕蔬菜绿色增效集成技术研究，开展食用菌品种筛选及菌种、草莓品种筛选及脱毒种苗三级繁育体系建立和设施栽培集成技术研究工作，重点进行高原夏菜新技术集成创新与产业化基地建设。

三、历任负责人

（一）中川农场

场　长　孟敬祖（1984—1986 年）

副场长　马玉惠（1984—1986 年）

（二）中川实验农场

场　长　徐继振（1987—1989 年）　　杨克忠（1989—1990 年）

副场长　杨志俊（1987—1989 年）

（三）实验农场

场　长　潘秉荣（1991—2003 年）

副场长　杨志俊（1991—2003 年）

副场长　石建业（1998—2003 年）

（四）农业新技术示范开发公司

经　理　王廷禧（2000—2007 年）

副经理　潘秉荣（2000—2007 年）　　石建业（2000—2007 年）

　　　　石仓吉（2000—2007 年）

（五）实验农场

场　长　石建业（2008—2013 年）

副厂长　张　旦（2008—2013 年）　　谢淑琴（2008—2013 年）

（六）设施农业研究室/所

主　任/所　长　谢淑琴（2013年—）
副主任/副所长　曹力强（2013年—）
马彦霞（2013—2016年）（2016年考入甘肃省农业科学院）
周东亮（2019年—）

四、在职人员

设施农业研究所现有专业技术人员17人，工勤人员2人，其中，高级职称5人，中级职称8人，初级3人，未定级1人；具有硕士学历4人，大学本科6人；政协定西市委员1人。

五、科研基础设施

有酶标仪等科研仪器45台（套），日光温室13座，面积4960平方米（日光温室12座，面积4660平方米，简易日光温室1座，面积300平方米，主要用于设施果树新品种引进栽培、蔬菜育苗、大葱日光温室加代育种、草莓新品种引进及栽培技术研究等工作），科研用地580.8亩。

表2–8–1　实验仪器清单

编号	名称	型号	数量	用途
1	垂直流洁净工作台	SW-CJ-2F	1	无菌接种
2	水平流洁净工作台	SW-CJ-2FS	1	无菌接种
3	超净工作台	SW-CJ-IBU	1	无菌接种
4	光照培养箱	HGZ-400	1	茎尖、花药培养
5	光照培养箱	HGZ-250	1	茎尖、花药培养
6	生化培养箱	LRH-250F	1	培养病毒
7	医用低温保存箱	MDF-25H300	1	食用菌菌种保藏
8	生化培养箱	SPX-250B-Z	1	食用菌菌种培养
9	生化培养箱	SPX-250B-Z	1	食用菌菌种培养
10	药品保存箱（星星冷柜）		1	原种保藏
11	医用冷藏箱	BYC-250	1	食用菌菌种保藏
12	倒置生物显微镜	NIB-100	1	透明介质外观察
13	生物显微镜	N-180M	1	茎尖剥离
14	连续变倍体视显微镜	SZ680	1	观察细胞
15	体式显微镜	BM-300W	1	观察细胞

续表

编号	名称	型号	数量	用途
16	医用离心机	TG16-Ⅱ	1	细胞分离
17	分光光度计	7200	1	利用波长观察
18	酶标分析仪	HR801	1	分析细胞
19	控温仪	GM-05	1	
20	电热鼓风干燥箱	GZX-9070MBE	1	干燥物体
21	电子天平	LQ-C30002	1	称量物品
22	分析天平		1	称量物品
23	电子天平	Jm^2-102	1	称量物品
24	磁力加热搅拌器	Jan-78	1	搅拌加热液体
25	电热恒温水浴锅	DK-98-Ⅱ	1	
26	pH 计	PHS-3C	1	测定液体 pH 值
27	立式压力蒸汽灭菌锅	LS-75LJ	1	高压灭菌
28	卧式圆形压力蒸汽灭菌锅	JIBIMED	1	高压灭菌
29	电泳仪	JY600C	1	定性定量分析
30	叶面仪	MCYM-B	1	测定植物叶面积
31	叶绿素检测仪	YLS-C	1	测定植物叶绿素
32	光合仪	MC-1020	1	测定光合速率
33	多功能粉碎机	1000C	1	粉碎秸秆等
34	高智能土壤肥料养分检测仪	JN-GT3	1	检测土壤 N.P.K 等
35	自动螺旋装袋机		1	香菇装袋
36	臭氧消毒机	FH-CYJ1510A-W	1	接菌室消毒
37	湿膜增湿机	SCH-D2	1	实验室增湿
38	数显卡尺		3	测量长度
39	单道可调移液器		2	

六、科技创新

选育出的定芋 1 号和定芋 2 号两个菊芋新品种，分别于 2011 年和 2013 年通过，甘肃省品种审定委员会认定定名。

设施农业研究所是定西市全市范围内率先开展食用菌菌种保藏和育种的科研机构，拥有定西—福州食用菌联合实验室，实验仪器 45 台（套），建立香菇菌种三级繁育体系。

主要开展高寒蔬菜新品种引进及绿色增效、蔬菜化肥减量配施微生物肥及中量元素协同增效机制、干旱胁迫对大葱生长的影响、盐胁迫对芹菜生长的影响等试验研究，同时，进行草莓茎尖剥离和花药培养，建立草莓脱毒种苗三级繁育体系，集成总结出草莓种苗快繁技术规范。

七、主要科技成果

主持和协作完成国家及省地科研和建设项目20余项，国内外核心期刊发表论文40余篇，选育新品种2个，获省科技进步奖1项，市科技进步奖8项，省农牧渔业丰收奖1项，申请专利10项。

2007年主持完成“抗旱经济植物菊芋栽培技术研究及示范”获定西市科技进步三等奖；2010年“干旱半干旱区菊芋资源引进及无公害栽培集成技术研究”获甘肃省科技进步奖三等奖；“夏季高原蔬菜新品种引进及无公害栽培技术研究”获甘肃省农牧渔业丰收奖三等奖；2011年“定芋1号选育”获定西市科技进步奖一等奖；“特色花卉关键生产技术研究与开发”获定西市科学技术进步奖二等奖；2013年“甘肃半干旱区设施农业关键技术研究与示范”获定西市科学技术进步奖二等奖；2014年“菊芋新品系B5选育”获定西市科技进步奖一等奖；“甘肃半干旱区设施农业关键技术研究与示范”获甘肃省农牧渔业丰收奖三等奖；2019年“日光温室草莓新品种引进及关键技术研究应用”获定西市优秀科技成果一等奖；2020年“日光温室蔬菜高效育苗技术及栽培技术研究与推广”获定西市优秀科技成果二等奖。

第九章 旱地农业综合研究所

旱地农业综合研究所紧紧围绕定西地区自然条件和气候特点等因素，在栽培技术研究方面始终将抗旱耐瘠作为最主要的科研任务，在传统抗旱栽培技术方面老一辈农科人研究总结出“伏雨春用、春旱秋抗”“早耕深耕蓄底墒，秋后及时耙磨保好墒，冬春镇压来提墒”的旱作农业栽培技术。

定西地区旱作农业科研推广中心成立以来，发扬“开拓、创新、求实、奉献”的定西农科精神，持续开展现代抗旱栽培技术探索研究，1988—1990年组织实施的“中部半干旱地区主要农作物综合增产技术超前研究”项目，首次在蚕豆、玉米及洋芋等作物应用地膜覆盖方法进行抗旱栽培技术研究，同时开展抗旱保水剂等新材料在栽培中的应用研究。

一、科所沿革

20世纪90年代初开始旱农栽培研究，开展地膜抗旱栽培技术研究，重点开展节水灌溉高效农业方面的技术研究。2008年根据定西市农科院内部机构设置的要求和旱农栽培研究的需要，组建成立旱地农业综合研究室，2019 年更名为旱地农业综合研究所。

二、工作职责与范围

旱地农业综合研究所主要开展旱作农业栽培技术研究，通过降低地表水蒸发，提高自然降水的利用效率，集成土壤结构调优改良、土壤快速增碳培肥技术及新型抗旱保水材料的应用等措施，实现抗旱目标，同时采用抗（耐）旱品种、少耕（或免耕）、地表覆盖等栽培方式减少田间水分的蒸发散失，并通过滴灌、渗灌等节水灌溉方式，实施水分高效利用，从而达到各类作物高产高效栽培技术；农业新技术引进试验示范推广项目；承担病虫害防治、新型农药引进及研究工作；建立农村高新技术及区域化农业产业开发基地。

三、历任负责人

主　任　王亚东（2008—2015 年）　　罗有中（2016—2018 年）
副主任　罗有中（2008—2015 年）　　袁安明（2016—2018 年）
所　长　袁安明（2019 年—）
副所长　张小静（2019 年—）

四、在职人员

旱地农业综合研究所在职人员 6 人（专业技术人员 5 人，工勤人员 1 人），其中，高级职称 3 人，中级职称 1 人，未定级 2 人；具有硕士学历 2 人、大学本科学历 2 人。

五、主要科技成果

旱地农业综合研究所自成立以来，主要围绕马铃薯产业开展工作，完成各类科研项目 12 项，其中获省市级科技奖 7 项，在国内外学术期刊发表论文 31 篇，申请专利成果 4 项。

2008—2011 年开展马铃薯脱毒原种扩繁及生产技术研究，主持完成“干旱半干旱区马铃薯超高产技术集成研究与示范”获定西市科技进步奖二等奖，“高山隔离区马铃薯低成本原种扩繁试验示范”获甘肃省农牧渔业丰收奖三等奖，开创高山自然隔离原种扩繁的先河。

2012—2014年根据定西市马铃薯产业发展的变化，针对马铃薯专用品种匮乏的问题，开展马铃薯品种引进筛选工作，从国内马铃薯主栽区引进各类新品种（系）100多份，连续3年进行品比试验，筛选出适合定西种植的马铃薯新品种7个。

2014—2018年从荷兰、加拿大、乌克兰等国内外引进专用型品种100多个，筛选出14H-3、14W-1、14W-5等适宜定西及周边地区种植品种；实施国家外专局重点人才、示范推广项目3项，获定西市科技进步奖二等奖1项，实施完成甘肃省科技厅重点研发项目和甘肃省自然科学基金项目各1项；2017年获国家知识产权局授权《马铃薯脱毒原原种土壤培养方法》发明专利1项。

2019年开展品种及资源的引进筛选工作，同时针对重茬迎茬引起的土壤质量下降及农田秸秆无害化处理试验研究等问题，开展抗旱栽培模式及新型抗旱材料应用的研究。通过水肥一体化、农田废弃秸秆腐熟还田、节水减肥减药等改土增碳培肥技术研究。组织实施甘肃省重大专项子课题“马铃薯专用品种综合栽培技术研究与示范推广”和甘肃省重点研发计划项目“引洮灌区马铃薯膜下滴灌水肥一体化提质增效关键技术研究与示范”。

六、交流合作

依托国家和省级外专引智平台和项目的支持，从加拿大、乌克兰、荷兰等国家引进亚仕都、沃路代穆尔、奥尼奇克等多位国外马铃薯专家对定西市马铃薯种薯繁育方面的茎尖脱毒、病毒检测，脱毒苗快繁、基础种薯繁育质量控制技术方面进行全方位的指导和培训，在马铃薯新品种选育、田间栽培及土传病害、田间病虫害综合防治等方面进行技术培训。引进具有优良品质的马铃薯育种资源50多份，拓展新品种选育的亲本选择的范围和扩大亲本基因型的亲缘关系，筛选出性状优异的材料。2020年申请获批“马铃薯种质资源引进筛选及示范推广”甘肃省引才引智基地。

第十章 土壤肥料植物保护研究所

2013年土肥植保所成立，由化验室和土壤肥料研究室合并而成。1963年筹建定西专区农业试验站化验室，主要承担实施土壤检测分析、土肥技术推广、肥料试验示范研究和农业有害生物发生机理、科学监测预警、咨询服务等。

1980—1986 年为第一次全国土壤普查分析土样 5132 个、有效数据 66716 个，累计为社会各有关部门分析样品 11928 个、有效数据 119592 个。1987 年为各科研课题组化验分析样品 452 个、3748 项次，分析营养诊断项目样品 156 个、624 项次，并通过 300 多次反复试验，优化筛选出土壤、植株中氮的最佳测定条件，同时面向社会服务，承担陇西铝厂、定西县糖业公司等化验土样 126 个，收入 1260 元。化验室附属的涂料厂共生产涂料 65 吨，在试剂、仪器价格上涨，经费不足的情况下办好涂料厂，以厂养室，取得了较好的效益。

一、科所沿革

1963 年由姚晏如开始筹建化验室。1964 年 4 月建成，编制 3 人，是定西专区唯一的农业科学实验室。1966 年 5 月开始，一部分人被下放原籍，一部分人去“五七”干校，化验室工作处于停顿状态。直到 1984 年被定西地区编制委员会定编发〔1984〕110 号文件批复为中心化验室，主要承担内外化验任务，事业编制、企业管理、独立核算、自负盈亏的试行管理机制，由事业管理向企业经营、经济实体过渡。为充分发挥科技、化验人员的专业特长，积累资金，扩大服务范围，筹建淀粉糨糊、涂料综合加工厂。1990 年取消企业管理，恢复事业管理。

1963 年土壤肥料研究课题组（简称土肥组）开始研究工作，主要开展作物施肥技术研究、菌肥试验研究等工作，其间由于人员变动，研究工作曾一度中断，1980 年恢复研究。1981—1998 年实施的氮、磷、钾有机肥、无机肥长期定位试验，主要研究在不同施肥条件下土壤养分、土壤物理性状的变化状况，由于没有经费支持，工作开展至 1998 年结束。1984 年后工作由伍克俊具体负责，除继续开展定位试验外，还开展盆栽试验、定西地区主要农作物需肥规律研究、豌豆根腐病综合防治研究等。

团队成员 柴树潜、马德、伍克俊、王景才、谢正团、李秀君、王瑞萍等。

2008 年 1 月，根据定西市人民政府《关于定西市旱作农业科研推广中心内部机构设置及全员聘用制实施方案的批复》（定政函〔2008〕01 号）及《关于调整旱农中心机构编制的批复》（定编委发〔2008〕13 号）文件，调整为土壤肥料研究室。因业务拓展和工作需要，2013 年 9 月，根据定机编委发〔2013〕57 号文件通知更名为土壤肥料植物保护研究室。2019 年更名为土壤肥料植物保护研究所。

二、工作职责及范围

主要从事土壤养分的检测分析、肥料试验示范、土肥技术推广、科学施肥技术指导、咨询服务、农业有害生物发生机理及监测预警、农作物新品种病害鉴定工作、农药残留分析等方面的研究工作；开展科研项目有关分析测试工作。

三、历任负责人

主　任　姚晏如（1963—1994年）　　梁淑珍（1995—2007年）
　　　　马　宁（2008—2013年）　　王景才（2014—2017年）
　　　　令　鹏（2018—2019年）
副主任　梁淑珍（1991—1995年）　　刘效瑞（1995—2007年）
　　　　王景才（2008—2013年）　　潘晓春（2014—2019年）
所　长　令　鹏（2019年—）
副所长　潘晓春（2019年—）

四、在职人员

在职职工5人，其中，推广研究员1人，副研究员3人，助理研究员1人；硕士1人，本科4人。

令　鹏　副研究员
潘晓春　副研究员
王景才　研究员
魏玉琴　副研究员
何万春　助理研究员

五、科研基础设施

实验室面积约350平方米，仪器设备有80台（套），按功能分为办公室、更衣间、理化室（土壤养分检测）、中药材质量检测室（中药材品质分析）、病理室（植物病理检测）。

表2-10-1　仪器设备清单

序号	仪器或设备名称	型号规格	数量（台/套）	用　途
1	液相色谱	LC-5510	1	检测分析高沸点不易挥发的、受热不稳定的和分析量大的有机化合物

续表

序号	仪器或设备名称	型号规格	数量（台/套）	用　途
2	全自动凯氏定氮仪	SDK-5000	1	样品全氮量测定过程中进行蒸馏、滴定
3	近红外农产品品质分析仪	S400	1	谷物、油料、食品、动物饲料、纺织品、药品、化工产品等的分析测定
4	陶瓷纤维马弗炉	MFLC-7/12D	1	样品高温处理
5	火焰光度计	FP640	1	土壤、植株等样品中钾、钠含量的测定
6	超纯水机	UPD-I-20T	1	制备试验用超纯水
7	数显鼓风干燥箱	GZX-9140ME	1	样品烘干
8	电热鼓风干燥箱	WGLL-230BE	1	样品烘干
9	数显恒温油浴锅	HH-S	1	样品保温、蒸馏干燥、浓缩
10	电热恒温两用箱	HG75-4	1	样品保温、蒸馏干燥、浓缩
11	团粒分析器	Ft-3	1	土壤团粒结构分析
12	自动电位滴定仪	ZD-2	1	按照事先设定的电位自动调节滴定速度，终点时自动停止，测定土壤蛋白质、全氮、速效氮
13	自动旋光仪	Wzz-2s	1	测定样品的淀粉、糖、维生素 C 等含量及样品浓度和纯度
14	土肥测试仪	YN-2000C	1	快速检测化肥或土壤中的水解氮、铵态氮、速效磷、速效钾
15	土壤水分温度速测仪	ECA-SW1	1	快速测定土壤一定深度的水分和温度
16	土壤专用磨土机	CLM4-1L	1	样品研磨
17	万分之一电子天平	6110	1	样品称量
18	万分之一电子天平	PX224ZH	1	样品称量
19	千分之一电子天平	PX224ZH	2	样品称量
20	千分之一电子天平	PX223ZH/E	1	样品称量
21	光学读数分析天平	TG328A	1	样品称量
22	光学读数分析天平	TG328B	1	样品称量
23	阻尼分析天平	TG528B	1	样品称量
24	阻尼分析天平	TG528A	1	样品称量
25	阻尼分析天平	TG530B	1	样品称量
26	往返振荡器	HY-8A	1	测定土壤速效钾和速效磷时摇匀，制备提取液
27	消化炉	QSL-08	1	检测样品中的蛋白质、全氮及速效氮含量
28	紫外可见分光光度计	752N	1	检测叶绿素、全氮、土壤磷的含量等
29	原子吸收分光光度计	3200	1	检测叶绿素、全氮、土壤磷的含量等
30	OLYMPUS 生物显微镜	BX51	1	观察微生物、细胞、细菌、组培苗等在培养液中的繁殖情况
31	OPTEC 连续变倍体视显微镜	SMZ 系列	1	观察微生物、细胞、细菌、组培苗等在培养液中的繁殖情况

续表

序号	仪器或设备名称	型号规格	数量（台/套）	用　途
32	连续变倍体视显微镜	XTL-165-VT	1	
33	半自动凯氏定氮仪	QSY-Ⅱ	1	检测样品中的蛋白质、全氮及速效氮含量时用来蒸馏
34	自控型蒸馏水器	YA.ZD-20	1	制备试验用蒸馏水
35	冰箱	BCD-335WLDPC	1	样品低温存放
36	电冰箱	阿里斯顿	1	存放标准溶液
37	电泳仪	DYY-BC 型	1	用来分离核酸和蛋白质，测定血清蛋白中各电泳区带蛋白质的百分含量
38	光能电子滴定器	Solarus，50ml	1	滴定
39	光学读数分析天平	TG328	1	样品称量
40	烘箱	WGL-230	1	样品烘干保温
41	洁净工作台	SW-4J-2FD	1	可用于组织培养，包括植物组织培养和微生物接种
42	晶体管式自动恒温控制台	SRJX	1	测定样品中全钾含量时用来熔融样品
43	连续变倍体视显微镜	XTL-165-VT	1	用此显微镜可开展动物学、植物学、昆虫学、组织学等方面的研究
44	耐腐蚀瓶口分配器	CERAMUS-classic 2-10ml	1	样品分取
45	浓硫酸专用耐磨型瓶口分配器	CERAMUS-classic 10-60ml	1	样品分取
46	水浴锅	DK-98-IIA	1	样品保温、蒸馏干燥、浓缩处理
47	酸度计	PHS-3C+	1	检测样品的 pH 值
48	台式高速离心机	TG16-WS	1	将悬浮液中的固体颗粒与液体分开
49	叶面积指数测量仪	ECA-GG05	1	测定不同时期植物的叶面积指数
50	远红外消煮炉	LNK-80A	1	测定样品中蛋白质、氮、磷等指标时用来消煮样品，获得提取液
51	真空数粒（置种）仪	ZL-2000D	1	作物育种中测千粒重或百粒重是用来数粒数
52	智能光照培养箱	GPA-300A	1	快速、精准控温，可用于组培苗的培养，也可用来培养微生物，开展病虫害方面的研究
53	低温冷却循环泵	YRDLSB-6\20	1	对发热部分进行冷却和温度控制
54	冷藏冷冻箱	BCD-312J	1	样品冷冻贮藏
55	变温食品冷柜	BD/BC-518C	1	样品冷冻贮藏
56	中央试验台		2	常用试剂摆放及试验操作平台
57	边台		8	实验仪器摆放及操作
58	通风橱		2	实验过程中有毒气体排出
59	药品柜		2	实验试剂的存放
60	天平台		5	保证天平的精准性和抗干扰性
61	分析天平		4	样品称量
62	鼓风干燥箱	GD65-1	1	样品烘干
合计			80	

六、主要科技成果

主持完成省市科研项目24项，其中，获省科技奖励5项、市级奖励5项，发表论文34篇。

1985—1988年主持的“定西半干旱地区主要作物施肥技术体系研究”项目，通过开展定西地区主栽农作物（小麦、谷子、豌豆、胡麻、糜子等）需肥规律及体系研究，总结提炼出干旱地区施肥技术规程，1989年获甘肃省农业厅技术改进二等奖。

1988—1991年主持完成“豌豆根腐病综合防治研究”项目，主要通过开展不同品种、不同播期、不同栽培方式、不同土壤、不同地域等豌豆根腐病的发病状况规律研究，构建起豌豆抗根腐病综合防治体系，1994年获甘肃省科技进步奖三等奖。

1989—1990年主持的“定西地区重要农业土壤中13种元素自然背景值研究”项目，通过对环境质量监测、检测分析及综合评价，对土壤环境保护具有深远的意义和较高的利用参考价值，被定西地区广播电台、甘肃省广播电台报道，该成果被南京土壤研究所收录，获甘肃省农业技术改进二等奖。主持完成的“定西半干旱地区主要作物施肥技术体系研究”获甘肃省农业技术改进二等奖。“定西地区农业土壤中微量元素分布规律研究”“小麦、胡麻、党参等复合肥研制及应用研究”“高寒二阴区粮食持续增产综合配套技术大面积示范推广”“定西地区中药材产地环境条件评价”均获定西市科技进步奖三等奖。“定西市中药材GAP基地环境质量检测与评价”获甘肃省“环境杯”三等奖。“中部半干旱区石灰性土壤提高磷肥利用率研究”获定西地区行署农业处农业科学技术成果奖二等奖。协作完成的“北方高原山地区氮磷化肥投入阈值及面源防控技术研究与示范”，2019年获甘肃省科技进步奖二等奖。

第十一章 农产品加工研究所

2016年11月农产品加工研究室成立，定西市农科院加工历史可以追溯到20世纪60—70年代。农产品加工研究所以当地特色优质农产品开发和加工利用为宗旨，主要以马铃薯、特色杂粮、道地药材等优势作物主副产品为资源，通过农产品产后加工技术的改良革新，完善当地特色优质农产品加工技术体系，促进传统种植业的转型升级，通过产后综合加工技术成果的转化应用，为农产品加工中小企业提供科技支撑，同时承担当地主要农产品产后预处理、贮藏、保鲜和精深加工技术研发，促进加工产业链提质增效，发掘出当地特色农产品的加工潜力，解决产业链发展的瓶颈问题，提高农产品附加值。

目前，研究所主要开展马铃薯系列产品精深加工研究、副产物绿色综合利用研究、中药材加工储藏和质量安全控制研究、青蚕豆机械化剥粒保鲜研究以及杂粮新产品开发应用研究，同时，研究开发农产品精深加工技术，提高特色作物的综合利用水平，高效推进科研成果快速转化。

一、科所沿革

从20世纪60年代开始，定西专区农科所就开启农产品加工与产品开发工作，主要开展农产品初加工及产品提质增效等研究。1979年实验农场开始用小麦加工面粉、麸皮酿造食醋，用豌豆加工淀粉。1992年实验农场开始把鲜牛奶通过乳酸发酵制作酸奶。1993年定西地区旱农中心开始燕麦片加工研究。1996年实验农场开展鲜牛奶消毒、装袋、储藏、运输、销售等工作。

2016年定西市农科院根据产业发展职能需要，申请成立农产加工研究所，2016年11月16日经定西市编委批复，定西市农科院增设农产品加工研究所。

二、工作职责及范围

主要立足马铃薯、中药材、杂粮等特色优势作物，开展农产品产后加工，完善农业产业链、增加农业附加值，同时研究特色农产品精深加工和储藏保鲜技术，制定农产品加工地方标准，创制营养与健康功能食品。

三、历任负责人

主任/所长　罗有中（2017年—）

四、在职人员

专业技术人员4人，其中，高级技术人员2人，中级人员1人，初级人员1人；硕士研究生学历1人，本科学历3人；专业技术人员专业涵盖农业、食品科学与工程。拥有高层次人员中有甘肃省“333科技人才工程”第二层次入选人员1人，定西市第七批、第八批市管拔尖人才1人，市首批领军人才1人，市科技领军人才1人。

五、科研平台

现有全国马铃薯主食化联盟副理事长单位（2015 年）和定西市马铃薯主食化理事长单位（2015 年）两个科研合作平台。

六、科研基础设施

实验室使用面积 200 平方米，专用实验工作台 40 平方米，化玻仪器 100 件（套）等。

表 2-11-1 实验仪器清单

编号	仪器设备名称	型号	数量	用途
1	多功能气调包装机	V-280	1	产品气调包装
2	普通包装机	ANTI	2	颗粒、粉状产品包装
3	电热恒温干燥箱	202-00 型	1	生化培养
4	电热恒温培养箱	DHP-260	2	干燥
5	箱式电阻炉	SX-4-10A	1	燃烧灰化
6	黏度测定仪	DV- Ⅱ -P60	1	黏度测定
7	数控冷藏柜	海尔牌	2	低温贮藏
8	消毒柜	美的牌	1	消毒
9	精密白酒过滤器	欣顺牌	2	白酒催陈
10	台式离心机	800B	1	离心
11	数显恒温水浴锅	HH-4	2	水浴加热
12	数控酸度计	PHS-25	1	PH 测定
13	台式电炸炉	EF-101V-2	1	食品炸制
14	多功能粉碎机	2500A	2	物体粉碎
15	电子天平	BH-V8-600	1	称量
16	低温储存柜	星星牌	1	农产品贮藏

七、主要科技成果

农产品加工研究所完成各类研究项目 4 项，其中，科技部星火计划项目 1 项，甘肃省科技民生项目 1 项，定西市科技计划项目 2 项；完成科技成果登记 2 项，获得定西市优秀成果二等奖 2 项；发表论文 17 篇，授权实用新型专利 4 件；开发出燕麦黄芪酒、马铃薯营养米、马铃薯复合面粉等产品。

第三编　人才队伍

定西市农科院建院70年来，贯彻落实“人才兴国”战略，始终坚持“人才强院”，重视人才第一资源，特别是改革开放以来，加强人才队伍建设，坚持党管人才原则，用心用力培养优秀人才，推动科研事业的发展。在定西市委、市政府的大力支持下，定西市农科院人才队伍建设工作围绕不同历史时期的中心工作，抓好专业人才的“引、育、用、留”关键环节工作，拥有稳定的专业人才队伍。树立“人才资源是第一资源”的观念，把人才培养作为一项战略任务和头等大事常抓不懈，在不同时期提出人才培养规划，把“人才强院”列入建院发展规划，推动人才队伍建设。

第一章 人才现状

截至2021年7月，全院在职职工135人，其中，专业技术人员117人，占全院职工总人数的86.7%。其中，正高职称16人，副高职称49人，中级职称36人，初级以下专业技术人员16人，高级、中级、初级专业技术人员数所占比例分别为55.5%、30.8%、13.7%，高级职称人数占总人数的48.1%，职称结构趋于合理。

从学历结构来看，现有博士研究生1人，在读博士研究生2人，硕士研究生36人，本科48人，本科及以上学历人员占全院职工总人数的64.4%，基本实现高学历技术人员的代际转移，加快了干部队伍的素质建设，基本满足科研工作的需要。

从年龄结构来看，35岁及以下的专业技术人员30人，36～40岁的专业技术人员20人，41～45岁的专业技术人员14人，46～50岁的专业技术人员15人，51～55岁的专业技术人员22人，55岁以上的专业技术人员32人，45岁以下的专业技术总人数为64人，占全院总人数的46.7%，人才队伍趋于年轻化，年富力强、朝气蓬勃。

享受国务院政府特殊津贴专家5人，国家现代农业产业技术体系综合试验站站长4人，入选甘肃省领军人才第二层次人选2人，甘肃省优秀专家2人，享受甘肃省正高级专业技术人员津贴专家8人，持有甘肃省陇原人才卡专家16人，定西市科技领军人才7人。全国科普先进工作者1名，甘肃省“三八”红旗手1名，甘肃省科技工作先进个人1名，甘肃省第十三次党代会代表1名，定西市政协委员3名。

第二章 发展历程

人才的培养是一个队伍长远发展的重中之重，人才相当于一个队伍的新鲜血液，只有不断注入新鲜血液，队伍才能发展壮大。定西市农科院建院70年来，不断建设高素质人才队伍，培养和吸引高层次的急需人才，在党的领导下，定西市农科院在不同时期从制度、体制、机制上进行人才队伍建设方面的改革，结合专业技术人才队伍建设实际，专业技术人才队伍规模不断扩大，结构不断优化，初步形成一支规模宏大、结构合理、素质优良，具有一定开拓创新能力的专业技术人才队伍。

70 年来，人才队伍建设大体经历艰苦创业阶段、“文化大革命”时期、快速发展时期、科技创新时期 4 个阶段。

一、艰苦创业阶段
（1951 年 9 月—1966 年 4 月）

1950 年 9 月，柴树潜、吴国盛负责筹建定西专区农业繁殖场，1951 年定西专区农场建成，全场有水地 302.5 亩，科技人员 2 名，工人 6 人（1952 年农场调查表）。科技人员数量少、设施基础差、技术底子薄。定西专区十分重视农业科技人才的培养，多次组织在职专业技术人员到各地培训和参观学习。1956 年，职工增加到 35 人，其中，专业技术人员增加到 10 人，管理岗位人员 3 人，工人 22 人，初步形成一支学科结构较齐全的农业科技人才队伍。

1958 年，随着定西专区农业试验站的成立，技术人员外出参观学习人数逐年增加，对提高科技队伍的整体水平起到良好的促进作用。1960 年，职工增加到 52 人，其中，专业技术人员增加到 27 人。

1961 年国家大规模精简机构、下放人员，定西专区试验站除部分科研骨干外，大部分科技人员被遣返原籍或下放农村，试验站职工由 1961 年的 50 人锐减到 1962 年的 12 人，同时提出“干部就是工人”的口号，人才队伍严重削弱，致使科研工作受到很大程度的影响。

党的八届十中全会上，中央提出发展国民经济“调整、巩固、充实、提高”的八字方针，决定加强农业科研工作，试验站工作又开始新的发展，部分科技人员被召回重新上岗，专业技术队伍得到一定充实和加强，1963 年 11 月成立定西专区农业科学研究所之后，增配干部、增加项目经费，农业科研工作得以逐步恢复。1965 年底，研究所职工 53 名，其中，专业技术人员 23 名（中级以上专业技术人员 4 名，初级 19 名），工人 30 名。

二、“文化大革命”及拨乱反正初期
（1966 年 5 月—1978 年 2 月）

1966 年，“文化大革命”开始后，定西专区农业科学研究所人才队伍受到影响。1968 年定西专区农业科学研究所更名为定西专区农业科学研究所革命委员会，1975年一度成为定西农学院的基地，科技人员的变动较大。粉碎“四人帮”以后，党中央制定一系列的方针政策，人才队伍逐渐得以恢复。1976年底，定西农学院革命委员会拥有职工45名，专业技术人员19名（中级以上专业技术人员4名，初级15名），工人26名。

三、快速发展时期
（1978年3月—1997年12月）

党的十一届三中全会以来，随着全国科学大会的召开，党的各项方针政策和知识分子政策得以贯彻落实，为农业科技带来新的发展机遇，大部分科技人员返回到工作岗位，人才队伍得到恢复壮大。

“六五”规划以来，随着科技体制改革的深化和对外开放，定西专区农业科学研究所非常重视对科技人员的培养，邀请国内外专家、学术团体来研究所讲学传授技术并开展合作研究。通过开展合作研究和学术交流活动，不仅引进大量品种资源、技术资料和先进的管理经验，而且使专业技术人员的学术水平和科研创新能力得到进一步提升，为研究所人才队伍建设注入新的活力。

1983年年底，农科所拥有职工68名，专业技术人员28名（无高级职称人员，中级专业技术人员6名，初级及以下22名），工人40名。从科技人员的职称和结构来说，仍然不能满足当时承担的工作与任务的需要。因此，重点培养研究型人才，构建一支老、中、青结构合理的科研队伍，之后通过“派出去、请进来”的方式，加强科技人员的知识量和提升科研工作能力。

1984年4月“六五”规划后期，为加强旱作区农业科研工作，甘肃省“两西”建设指挥部决定成立“定西地区旱作农业科研推广中心”（以下简称定西地区旱农中心）。截至“六五”末期，共有职工82人，其中科技人员增加到32人。

定西地区旱农中心把人才培养作为一项战略任务列入“七五”规划中，为使专业技术人员的学术水平和科研创新能力得到进一步提高，1986年，甘肃省职称改革工作领导小组组织实施职称评定改革，实行专业技术职务聘任制，科技人员的敬业精神空前高涨，科技成果不断增多，队伍发展的基础不断增强。到“七五”末，定西地区旱农中心共有职工114名，其中专业技术人员49名（高级专业技术人员5人，中级专业技术人员10名，初级34名），工人65名。全院专业技术人员高、中、初比例由1983年的0∶6∶22增加到5∶10∶34，与“六五”规划时期相比，高级职称和中级职称人员增加幅度较大，科技人员的各级职称比例也趋于合理。

随着农业科技体制改革不断深入，在地委、行署及上级主管部门的直接领导下，定西地区旱农中心出现争取项目、主动承担课题的良好局面，有力促进了科研工作开展和科技队伍建设。到“八五”末，定西地区旱农中心共有职工147名，其中专业技术人员69名（高级专业技术人员8名，中级专业技术人员 15 名，初级 46 名），科技人员迅速增加；大学学历人员达到 39 人，占职工总数的 26.5%；高级、中级、初级比例为 8 ∶ 15 ∶ 46，科技人才队伍不断壮大，人才结构不断优化。

四、科技创新时期

（1997 年 12 月—2021 年 6 月）

1997 年年底，根据国务院关于“九五”期间《深化科学技术体制改革的决定》《甘肃省深化科研体制改革》等有关文件精神以及定西地区行署《关于深化定西地区旱农中心内部改革》的相关意见，定西地区旱农中心持续深化改革，实行主任负责制，推行全员聘任制。定西地区旱农中心有各类专业技术人员 73 名，其中高级专业技术人员 13 人，占科技人员总数的 17%；中级专业技术人员 19 名，占科技人员总数的25%；初级41 名，占科技人员总数的53.9%；大学及以上学历达43 人。这一重大改革措施的落实，使各级各类人才资源得到合理配置，人才结构得以优化，人才整体素质得到较大提高，调动了广大专业技术人员的积极性，为建设高素质专业技术人才队伍、推动各项事业发展发挥重要作用。

到“十五”规划末期，定西市旱农中心共有职工 136 名，集聚各类专业技术人员 85 名，其中高级专业技术人员 20 人，占科技人员总数的 23.5%，中级专业技术人员 25 名，占科技人员总数的 29.4%，初级 40 名，占科技人员总数的 47.1%；大学及以上学历达 55 人。各级各类人才资源得到合理配置，人才结构得以优化，人才整体素质得到较大提高。“十一五”规划以来，定西市旱农中心大力实施“人才强所”战略。坚持以人为本，抓人才、促创新，树立“人才是第一资源和人人都可成才的理念”。坚持以人为本，充分发挥各类人才的创造活力。争取项目、主动承招课题，促进科技队伍建设和科研工作的开展。

2013 年 4 月，经甘肃省委编办批准，定西市旱作农业科研推广中心更名为定西市农业科学研究院。根据全市重点产业发展的需要及全院“两大四小”科技创新工程需求，加强与市内相关技术及县区农业技术部门的联合，整合各类资源，在全市范围内构建起马铃薯、中药材、设施农业、小杂粮、高原蔬菜、旱作农业等科技创新团队，着力提升科技服务产业发展的综合能力，强化科技创新队伍建设。

“十二五”规划期间，大力实施人才强院战略，坚持自主培养为主，启动实施院创新人才培养工程，努力打造科研、开发和管理 3 类人才。截至“十二五”期末，全院职工共有 132 人，其中，专业技术人员 100 人，占全院职工总数的 75.8%，高级职称技术人员 44 人，占全院总人数的 33.3%，中级职称技术人员 44 人，占全院总人数的 33.3%；本科及以上学历 88 人，占全院总人数的 66.7%，比“十五”时期大学及以上学历人员翻一番；博士 1 人，硕士 17 人。享受国务院政府特殊津贴专家 9 人，省优专家 3 人，省“333”“555”科技创新人才 5 人，市管拔尖人才 10 人。有 14 名科技人员获得国家“三区”人才专项计划扶持。

“十三五”规划实施以来，定西市农科院坚持“科研立院、人才强院、产业兴院、开放办院”方针，以服务全市现代农业发展和助力脱贫攻坚为使命，突出以研为本的理念，加强科技创新，加快人才培养，开展科技服务和技术培训，引进、培养农业科技高精尖人才，创新型人才日益增多，创新文化日益浓厚。

第三章 人才队伍建设

定西市农科院是现代农业科技创新的主要研发基地和示范基地，也是地方农业科技高端人才聚集地。“十二五”规划以来，根据中央、省、市委对人才工作的要求和新时期全市农业科技发展的需求，提出人才驱动发展战略，按照“科研立院、人才强院、产业兴院、开放办院”的建院方针，全面实施科技创新人才计划，初步形成马铃薯、中药材、设施农业、小杂粮、高原蔬菜、旱作农业、加工业等“两大五小”农业科研创新体系和创新团队，逐步建立一支高层次、创新型的科技骨干队伍，造就一批懂管理、善经营的行政管理队伍。

一、优化结构

专业技术人员从建院时的2名到2020年年底的119名，增加59.5倍，占全院职工总数的87.5%，高级职称达到59人，中级职称达到42人，初级以下专业技术人员18人，高级职称人数占总人数的比例达到43.3%。现有博士1人，在读博士2人，硕士38人，在读硕士2人，本科51人，本科以上学历人员占职工人员总数的69.1%，成为科研骨干和中坚力量。

二、人才培养

定西市农科院党委始终将科技人才队伍建设作为促进全院各项事业发展的首要任务，坚持“人才工作为根本出发点，大力推进人才强院”战略，根据科研发展和人才需求，重用年轻优秀人才，委以重任，放手使用，大胆选用年轻干部主持或承担科研项目，通过压担子、搭平台、出成果等措施，持续加强培养锻炼干部。

三、人才引领

“十二五”以来，定西市农科院持续推进人才培养工程建设，以专业科技人才为主体，组建各类专业团队，帮助贫困地区和基层一线集聚创新资源、突破关键技术、优化产业结构、培养急需人才，培育本土人才，实施“三区人才”“十百千万”“双百四联”“科技特派员”“精准扶贫”等国家级、省级、市级人才项目，创造人才发展提升的良好环境。

开展高层次人才知识更新培训，通过承担实施定西市中药材、马铃薯人才培养项目，举办人才培养主题培训班 3 期，培训市、县农技人员 200 多人次、培训农民 1000 多人次，促进定西市中药材、马铃薯人才培养。

开展精准扶贫行动，“十二五”规划以来，根据省委、市委对“精准扶贫”行动的具体要求，定西市农科院派出 8 名农业科技人员驻村帮扶、60 多名农业科技人员前往深度贫困县（包含岷县 1 个镇 2 个村）进行科技对口帮扶行动，根据贫困户的不同情况，对症下药、精准施策，着手解决贫困户群众最急需、最迫切的现实问题，并送去大量的农用物资，及时为贫困户宣传解读和跟踪落实惠农政策。从事精准帮扶工作以来，定西市农科院累计入户帮扶 600 余次。

开展“双百四联”活动，实施“三区人才”“科技特派员”科技服务，按照甘肃省、定西市委的文件要求，定西市农科院将“双百四联”活动，“三区人才”“科技特派员”服务作为人才效能建设、发挥人才作用的重要科技扶贫行动的载体和平台，每年选派 60 名农业科技人员及其团队深入脱贫攻坚一线、农业生产一线，帮助农民群众解决生产中遇到的技术难题。

选派科技人员挂职服务地方发展，“十二五”规划以来，选派 5 名具有中级以上职称人员挂任科技副镇长，发挥科技专长和优势，服务当地农业发展、脱贫攻坚和乡村振兴。

四、交流培养

“十二五”规划以来，通过“派出去、请进来”提升科技人员的科研水平和业务能力。依托各级各类人才培养计划、重点学科及科研设施建设，选派科技骨干外出培训学习研修。截至 2020 年年底，派出 26 人次学科带头人及其后备人才赴加拿大、乌克兰、以色列、俄罗斯、荷兰等国科研机构交流学习先进技术，同时选派 1 名访问学者赴中国农业科学院开展为期 1 年的访学交流。

五、骨干培养

依托国家、省、市列科研项目，培养科技创新团队、独立争取项目并主持开展项目的骨干人才。鼓励各专业优秀人才承担重点项目，参与课题研究，发挥优秀人才示范引领作用，同时实施院列青年基金项目培养人才计划，通过项目实施科技人才培养工程，支持并鼓励青年人才争取项目。截至 2020 年底，院内累计立项青年基金 35 项。

六、能力提升

培养科技人员，提升科研水平。坚持党建、业务并重的原则，对青年科技人员有针对性地进行实用性业务培训，充分利用农科院在全市的综合试验示范基地的有利条件，缺什么补什么、需什么学什么，做到学以致用。把项目、基地、人才培养有机结合，充分发挥老专家的“传帮带”作用，以老带新，切实把人才培养和项目基地有机结合起来，引导青年科技人员树立正确的人生观和价值观，培养出一批有水平、有能力、有作为的高层次人才。

培养工勤人员，提升工勤技能。工勤技能人才是人才结构中的基础队伍，为有效提升工勤人员的操作技能和整体素质，开展业务培训强化自身工作能力和业务素质。

造就一批管理服务人才。坚持德才兼备、以德为先，造就一支素质优良、结构合理、堪当重任、保障有力的管理服务人才队伍。

七、继续教育

根据国家人力资源社会保障部《专业技术人员继续教育规定》《甘肃省专业技术人员继续教育规定》及《定西市专业技术人员继续教育规定》，将各类人员的继续教育工作纳入人才队伍建设总体规划，按岗位分层次对干部职工进行继续教育培训，利用网络平台，采取线上线下集中培训和个人自学相结合等方式。2020 年全院 119 名专业技术人员参加甘肃省人力资源和社会保障厅组织的专业技术人员继续教育，每位专业技术人员都保质保量完成规定学时。

八、人才工程

专业技术人才队伍建设坚持高端引领，吸引、培养、造就一大批高水平的创新型领军人才。为落实贯彻国家“百千万人才工程”、甘肃省“333 科技人才工程”“甘肃省领军人才培养工程”“五个一批”创新人才工程、“全区跨世纪学术技术带头人”以及“全区优秀知识分子拔尖人才”的要求，依托重点学科、重大项目、重点实验室和工程技术中心，加强高层次人才培养。到 2020 年年底，入选“百千万人才工程”人员 3 人，入选甘肃省跨世纪学术技术带头人“333 科技人才工程”第二层次人员 4 人，全区跨世纪学术技术带头人 12 人，全区优秀知识分子拔尖人才 10 人。

九、紧缺人才

“十二五”规划以来，根据《甘肃省事业公开招聘人员暂行办法》，对新进人员全面实行公开招聘，严格按照用人申报、人事处汇总审核、院务会议审定、向人社局申报计划网上报名、资格初审、资格复审、笔试、面试、体检、考察、拟聘公示、聘用审批、院内聘用的程序，公开招聘技术人才31人，其中，硕士以上学历25人。开展柔性引才，设立柔性引才专项，制定出台《定西市农科院柔性引进高层次人才实施办法》，从引进条件、工作方式、管理服务、优惠待遇等方面做出详细的规定，支持、鼓励用人采取聘用制、雇员制、助理制等形式开展智力引进，通过兼职、讲学、科研攻关与技术合作等方式柔性引进人才来定西市农科院工作。引进急需学科专业技术人才5人，与国内外高校、科研院所20多名专家长期进行合作研究。

第四章　人物简介

定西市农业科学研究院自成立以来，一代代农科人身在黄土地，心系农业，艰苦创业，潜心钻研，致力于农作物新品种选育和区域农业关键技术攻关。经过半个多世纪的风雨洗礼，培育造就一支实力雄厚的农业科研队伍，涌现出许多省内外享有盛誉的优秀人才。

1990年以前退休及调走的副高职称人员、学科带头人及享受国务院政府特殊津贴的人员简介如下。

唐瑜（1938年10月—2001年11月），四川省成都市人，研究员，1961年毕业于西南农学院农学系，同年分配到定西地区农科所工作，在旱地小麦育种工作中，育成定西19号、定西24号、定西27号、定西32号、定西33号、定西35号等旱地小麦新品种30多个。截至1992年年底，旱地春小麦新品种定西24号累计在定西地区推广种植850万亩，以每亩平均增产20千克计，为当地增产粮食1.7亿千克。尤其定西33号、定西35号在省内外享有盛名，年推广面积达100万亩以上。1974年被评为“先进工作者”，1978年获甘肃省委、省政府“干旱地区春小麦品种选育”成果奖；1982年获“甘肃省农作物品种资源征集”先进个人、“定西地区农牧科研推广”个人一等奖以及“定西24号”推广奖；1986年、1987年分别获农牧渔业部、国家科委“全国大区级小麦良种区试‘六五’成果及应用”科技进步奖二等奖；1989年参与“春小麦需水规律及抗旱性鉴定”获甘肃省农业厅二等奖，被评为“甘肃省劳动模范”；1991年被地区科协评为“先进个人”，同年成为定西地区第一个享受国务院特殊津贴的专家。1993年5月主持完成的“旱地春小麦新品种定西33号”获甘肃省科委科技进步奖三等奖；1994年“旱地春小麦新品种定西33

号大面积示范推广”获甘肃省农业厅技术改进三等奖，同年被授予“甘肃省第二批优秀专家”称号；1995年被评为“优秀女科技工作者”，“中部干旱地区春小麦良种示范推广”成果获甘肃省星火科技进步奖三等奖；1996年“定西35号选育”成果获甘肃省科委科技进步奖二等奖。“小麦妈妈”这个普通而亲切的称号，就是定西人民对她的最高赞誉。

俞家煌（1929年9月—2012年3月），南京人，中国共产党党员，副研究员。

丰学桂（1929年9月—　），四川人，中国共产党党员，副研究员。

1954年两人同期毕业于四川大学农学系，统一分配到甘肃省农业试验总场工作，1956年又一同调入定西地区农科所，1959年、1963年调至西寨油料试验站主持胡麻育种课题直到退休。累计主持完成科研项目30多项，荣获省、市级科技奖励7项。从20世纪60年代到1985年共选育出定亚系列胡麻新品种16个，其中定亚10号、定亚12号、定亚14号仅在定西地区推广面积达40多万亩，占油料总播面积的50%。丰学桂1984年被评为“省级劳动模范”“全国三八红旗手”“甘肃省第六届人大代表”。俞家煌、丰学桂两人为定西地区农业生产建设作出卓越贡献，被群众赞誉为“胡麻夫妇”。

黄芬（1930年3月—2017年12月），四川成都人，中国共产党党员，副研究员。1950年秋考入国立西昌技艺专科学校，攻读农学专业，1957年3月调入农科所，从事育种工作，选育燕红、定西3号、定西5号、定西19号、定丰1号、7616等小麦新品种。1974年、1977年在农科所被评为“先进工作者”，1979年受到定西地直机关党委的表扬，1979年获“甘肃省科技大会先进工作者”奖励，并被选为甘肃省第五届人大代表。

赵华生（1929年4月—2005年3月），四川潼南人，中国共产党党员，副研究员。1952年7月毕业于国立西昌技艺专科学校农艺科，自1957年以来，一直组织领导本所科研工作，曾主持过春小麦、玉米育种和栽培技术等课题，并深入农村调查研究，20世纪60年代在中川蹲点搞样板田，70年代初在定西大坪蹲点8年，与群众同甘共苦，普及科学种

田知识，在旱农研究方面享有盛名。被邀请参加甘肃省、西北区、北方农业现代化和北方旱区农业等学术讨论会。在不同学术会议上发表宣读有关旱农方面的论文12篇，编写《旱地小麦技术》通俗读本，对之后旱作农业科研、生产极具参考利用价值。1980年任农科所副所长，1981年加入中国共产党，1984年定西地区旱农中心成立任中心副主任、甘肃省农学会常务理事、定西地区农学会副理事长，定西地区技术职称评定委员会委员等职。

周易天（1935年— ），上海人，1961年毕业于兰州大学生物系，同年分配到定西地区农业科学研究所。主要从事春小麦种质资源抗旱性研究工作，为春小麦品种定西24号提供智利肯耶父本。1968—1971年在定西地区商业局农副科工作，1979年9月归队回到农科所，组建作物栽培生理实验室，开展春小麦抗旱生理研究，主持申报完成国家自然科学基金（原中国科学院基金）项目，对春小麦水分生理、抗旱性指标进行研究探讨。为解决夫妻长期两地分居问题，于1984年10月调回上海。

姚仕隆（1926年10月—1990年8月），男，四川资中人，高级农艺师。1948年秋考入国立西昌技艺专科学校三年制农艺科。1952年秋毕业分配到甘肃省农业试验总场工作，1956年调定西与俞家煌等8位同志建立专区农业试验站，从1952年参加工作以来，一直从事旱作农业方面的研究工作，曾主持过胡麻、糜、谷品种选育，“旱作栽培试验示范推广”课题，引进筛选育成的品种有雁农1号、甘粟1号、甘粟2号、通渭黄腊头、青苗猫爪等良种，撰写《旱农技术》论文6篇，1980—1983年在甘谷永安、安定唐家堡主持“大面积丰产栽培示范”，连续3年增产15%以上。1982年荣获定西地区“农牧科技推广”先进个人奖励。

姚晏如（1939年— ），陕西洋县人，高级实验师，曾任中心化验室主任。1963年创建定西地区第一个农业科研化验室。主持完成科研项目3项，获甘肃省农业厅技术改进三等奖1项，定西地区科技进步三等奖2项。1989年被评为“定西地区三八红旗手”，1993年被评为“定西地区科技先进代表”。

徐继振（1936年11月—　），河南南阳人，中国共产党党员，推广研究员，原甘肃省定西地区旱作农业科研推广中心栽培室主任。1961年毕业于甘肃省定西农业专科学校。从事种子、农技推广、农业科研等工作。共主持参加国家、省、市科研项目12项，获甘肃省科技进步一等奖1项，农牧渔业部丰收一等奖5项，获得国务院、省、市颁发的各类荣誉称号19项；在国家、省、市各级各类期刊上发表科技论文50余篇，其中《钼、锌、锰、铁在党参栽培中的应用效果》1996年被美国柯比尔科技文化中心评为优秀医药学论文，获选进入国际电脑网络的全球信息网；《定西地区党参高效栽培数学模型》入选“中国医药卫生学术文库”并被《中国药学文摘》1995年第12卷12期摘录收藏。为全市农技干部培训班编写《定西地区主要中草药栽培技术》教材1部。1992年享受国务院政府特殊津贴。

曹玉琴（1945年9月—　），甘肃定西人，中国共产党党员，推广研究员。1967年毕业于甘肃农业大学农学系，曾为定西地区旱农中心育种室主任、育种支部书记、科研部副主任。是甘肃省作物学会第三、第四届理事。培育出莜麦新品种4个。1992年主持完成“定莜1号选育”获定西地区科技进步奖三等奖，主持完成“旱地莜麦大面积丰产栽培技术研究”获甘肃省农业厅技术改进奖三等奖；1995年主持完成“定莜2号选育”获甘肃省科技进步奖三等奖，主持完成“定莜3号”获定西地区科技进步奖三等奖，主持完成“定莜4号”获定西地区科技进步二等奖，共获得各级奖励7项；发表学术论文26篇。1993年10月享受国务院政府特殊津贴；1994年中共定西地委授予“优秀知识分子拔尖人才”荣誉称号。

伍克俊（1946年7月—2018年9月），甘肃陇西人，中国共产党党员，研究员。甘肃农业大学农学系77级毕业生，1982年1月分配到定西地区农科所从事土壤肥料研究工作，1985年为中心副主任。1997年担任中心主任后，组建成立甘肃金芋马铃薯种业有限责任公司，把马铃薯脱毒微型种薯规模化、工厂化、无土栽培生产与产业化开发结合起来，进行成果转化，建成全国最大的马铃薯脱毒种薯生产基地，获甘肃省科技进步奖二、三等奖10余项，受到科技部朱丽兰部长等领导视察时的好评和国内外同行专家的赞誉；1996年享受国务院政府特殊津贴；2001年获“全国优秀科技推广工作者”称号，并受到时任中共中央总书记江泽民的亲切接见。2001—2007年被甘肃省人事厅、科技厅聘为甘肃省马铃薯工程技术研究中心特聘科技专家。

刘荣清（1963年3月—　），甘肃靖远人，中国共产党党员，研究员。1983年7月毕业于甘肃农业大学农学专业，一直从事农作物新品种选育及旱作农业栽培等研究工作。主持完成国家及省、市重点科研项目15项，其中获甘肃省科技进步奖二等奖2项，三等奖4项，定西市科技进步奖一等奖2项，二等奖3项，三等奖4项；1987年、1990年两次获“甘肃省优秀大学毕业生”荣誉称号；1996年获国家科委颁发“振华科技扶贫”服务奖；1997年享受国务院政府特殊津贴；入选“甘肃省跨世纪学术带头人”；在省级以上学术刊物发表论文16篇。编写《甘肃中部半干旱区主要旱农作物高产栽培技术规程及模式图》《甘肃省高寒阴湿区主要粮经作物高产高效综合栽培技术规程及模式图》等著作。1987年、1991年两次参加在中国兰州召开的黄土高原农业系统国际学术会议，交流发表《甘肃中部农作物布局与轮作倒茬探讨》《甘肃中部地区旱农作物综合丰产》等学术论文。

李定（1954年10月—2015年5月），甘肃会宁人，中国共产党党员，推广研究员。一直从事水地小麦品种选育工作，主持完成科研项目20多项，获得甘肃省科技进步奖二等奖1项，全国农牧渔业丰收奖三等奖1项、定西市科技进步奖一等奖2项。特别是定丰3号、定丰9号等品种的育成，为甘肃省及周边省区的农业生产解决小麦新品种短缺等重大问题，增加农民收入作出重要贡献。1992年，《定西日报》作“因为是农民的儿子”的事迹报道。1996年，甘肃科技情报一期作《丹心谱写种子情》的事迹报道。研究选育的春小麦新品种定丰9号、定丰10号、定丰11号、定丰12号在生产应用中取得显著的经济效益和社会效益。1998年享受国务院政府特殊津贴。

刘效瑞（1955年5月—　），甘肃渭源人，中国共产党党员，推广研究员。一直致力于潜心研究中药材新品种选育及标准化栽培技术。在中药材生产实践中，采用单株选择、集团选择、人工有性杂交选育、重离子、快中子、航天搭载等育种技术，选育出新品种当归6个，党参4个，黄芪4个，板蓝根1个，全部通过甘肃省农作物品种审定委员会认定定名。1999年享受国务院政府特殊津贴。2000年被科技部、农业部授予“有突出贡献的农业专家”，2005年获得“香港科技振华科技”扶贫奖，2014 年获得科技部“中药材基地建设”先进个人奖项。获得甘肃省科技进步奖二、三等奖 8 项，定西市科技进步奖一、二等奖 11 项。主编出版专著 1 部，参编专著 2 部，撰写发表学术论文 101 篇。

王廷禧（1958 年 6 月—　），甘肃临洮人，中国共产党党员，推广研究员。1998 年 9 月任定西地区旱农中心副主任、党委副书记。自 1994 年起，以科技项目为依托，选择贫困村亲自蹲点取得突出效果后，1996 年在全区最贫困的通渭县李店乡常坪村挂职帮扶，带动当地干部群众终于走出一条适合当地特点的“梯田和水窖打基础、地膜高粱和膜侧冬小麦增粮食、草编加工和劳务出增收入、小额信贷促发展、村办企业强建设”的脱贫致富新路子。使该村面貌焕然一新，由原来的落后村一跃成为全区有名的先进村，被通渭县委授予“先进基层组织”和“先进党支部”称号，多次作为先进典型组织全区相关人员观摩交流，为全区扶贫开发树立榜样，被当地群众称为几十年未见到的好干部、实干家。2000 年享受国务院政府特殊津贴。

周谦（1957 年 7 月—　），甘肃定西人，中国共产党党员，推广研究员，主要从事冬小麦新品种选育及良种基地建设推广工作，选育出冬小麦新品种 5 个，其中，国审品种 1 个，国家发明专利 1 项。共获得各类科技成果奖 24 项，其中，甘肃省科技进步奖一等奖 1 项，二等奖 2 项，三等奖 4 项。依托国家科技合作基地与俄罗斯、乌克兰、白俄罗斯等国外科研院校合作，引进国外冬小麦种质资源 661 份，引进俄罗斯、乌克兰、白俄罗斯高端人才 20 人次，签订科技合作意向书 12 项（次），联合研发自育冬小麦品种 6 个，乌克兰杂交品系 2 个。在《干旱地区农业研究》等刊物上发表专业学术论文 34 篇，其中，国家级 4 篇，省级 30 篇，出版专著 2 部。荣获科技部、宣传部、中国科协联合授予的“全国科普工作先进工作者”“甘肃省优秀共产党员”“全省星火科技先进个人”“全省农业技术推广标兵”多项荣誉称号，并受到国家、省、市各级新闻媒体宣传报道，2015 年《中国梦：凡人善举天天看》微纪录电影在“金色陇原”栏目播放；2013 年《甘肃日报》头版头条以《最美基层干部周谦：让旱地变粮仓》为题进行报道。2001 年享受国务院政府特殊津贴。

杨俊丰（1958 年 6 月— ），甘肃会宁人，中国共产党党员，研究员。1982 年毕业于甘肃农业大学，分配到甘肃省定西地区旱农中心从事农业应用科研工作，参加和主持完成国家及省部级项目 10 多项，其中获奖 4 项；编写《专用马铃薯栽培及初加工技术》；主持制定《定西地区无公害农产品马铃薯产地环境条件》《定西地区无公害农产品马铃薯质量安全》《定西地区无公害马铃薯生产技术规程》《定西地区无公害农产品专用型马铃薯生产技术规程》等 4 个甘肃省地方标准。2003 年享受国务院政府特殊津贴。

王梅春（1961 年 2 月— ），山东莱州人，出生于吉林长春，中国共产党党员，研究员，国家现代农业产业技术食用豆体系定西综合试验站站长。1982 年 7 月毕业于甘肃农业大学农学系，同年分配到定西地区农业科学研究所，从事农作物抗旱生理及抗旱性鉴定方法研究，春小麦品种资源抗旱性鉴定，豌豆、小扁豆新品种选育及马铃薯脱毒苗组织培养、快繁等研究及科研管理等工作，参加、主持完成国家、省、市科研项目 20 多项，获省、市科技进步奖 21 项，其中甘肃省科技进步奖一、二等奖 5 项，发表论文 60 余篇。主编《箭筈豌豆》等专著 3 部，参编《饭豆、小扁豆生产技术》等 3 部，主持制定地方标准 3 项。曾任甘肃省第七届品种审定委员会经济作物委员会委员，国家第四届小宗粮豆品种鉴定委员会委员。2004 年享受国务院政府特殊津贴，中共甘肃省第十次党代会代表，定西市第二次、第三次党代会代表。

何小谦（1960 年 3 月— ），陕西杨凌人，中国共产党党员，推广研究员，原定西市旱作农业科研推广中心副主任。主持并参与农业科研项目 16 项，获奖 13 项，其中，省部级奖 5 次，地厅级奖 8 项，在国家级刊物发表专业论文 3 篇，在省级刊物发表专业论文 11 篇；2000—2002 年连续 3 年被定西地直机关工委和行署农业处党组授予“优秀共产党员”称号，2005 年被确定为甘肃省农作物品种审定第六届委员会委员和定西市市管拔尖人才。2006 年被甘肃省种子管理总站授予“甘肃省种子行业先进工作者”称号，被甘肃省农牧厅授予“全省种子管理工作先进个人”称号，被甘肃省委、省政府评为省级优秀专家。2018 年享受国务院政府特殊津贴。

第四编　科研平台

定西市农科院科研创新平台是提高科研人员创新和实践能力，提升科研机构创新水平的重要载体。利用科研创新平台聚集先进的实验设备、优秀的科研人员、精湛的创新团队、良好的科研项目、科学的运行管理机制和开放的学术氛围，为孕育科学灵感、催生原创成果提供优越条件。利用科研创新平台提高科研人员创新能力，创新管理机制，提高管理运行水平，强化科研评价体系建设，注重人才团队建设，激发创新活力。

定西市农科院现有各类科技创新平台 29 个，其中，国家引进外国智力成果示范基地、中国农业科学院作物科学研究所与定西市农科院合作建立的旱作农业联合研究中心等国家级科技创新平台 9 个，甘肃省马铃薯工程技术研究中心、甘肃省国家科技合作基地等省级科技创新平台 11 个，定西市优势作物工程技术研究中心、东西部协作定西—福州食用菌联合实验室等市级科技创新平台 9 个。这些平台成为甘肃中部重要的农业科技创新基地、新产业培育发展的重要源泉、农业科技创新队伍的主要载体。

第一章 国家级科技创新平台

一、国家引进国外智力成果示范推广基地

2001年，经国家外国专家局批复，依托定西地区旱作农业科研推广中心科研基础，成立“国家引进国外智力成果—马铃薯脱毒种薯繁育”示范推广基地。

主要通过筛选推广国内外主栽马铃薯品种，并引进推广三大类型10多个品种：第一种类型是高淀粉品种，主要为淀粉加工企业提供原料。第二种类型是食品加工型品种，包括麦当劳薯条、上好佳薯片等专用品种。第三种类型是鲜薯外销型品种，薯形外观整齐、口感好、内在品质优良。在全市范围内建成市、县、乡、村、户五级联网配套的优良种薯繁育体系，实现马铃薯种薯优质化、科学化、规模化生产。

截至2020年年底基地从国际马铃薯中心、加拿大新斯科舍农学院、乌克兰苏梅农业大学等国外科研院校引进世界通用的马铃薯种质资源38份，收集整理马铃薯种质资源材料430多份。全市拥有马铃薯加工企业443户，精淀粉及其制品的年生产能力达到35万吨，以马铃薯为原料的加工产品由原来的粗淀粉、粉条（丝）发展到精淀粉、精粉皮、变性淀粉、全粉、薯条、薯片等10多个品种。2005—2006年定西马铃薯市场连续向广州、上海、天津等地发送马铃薯及精淀粉专列，连续两年保持在150万吨左右。

2004年5月24日和10月26日，定西马铃薯脱毒种薯基地分别被确定为“上海全球扶贫大会”和“联合国亚太社会残疾人扶贫国际研讨会”考察观摩点，来自全球20多个国家的官员和专家进行现场观摩和交流。世界扶贫大会官员参观基地后，认为引进和推广马铃薯脱毒种薯生产技术是中国运用现代先进科学技术实现贫困地区整体脱贫的全球典范案例之一。

2001—2006年，在国家、省、市引智部门的大力支持下，基地引进接待加拿大、荷兰、美国等

国际马铃薯技术专家30多人次，并选派科技人员、管理人员、企业家组团4次赴加拿大、荷兰、以色列等国进行培训、考察和交流。加拿大马铃薯专家亚仕都4次来定西，帮助解决马铃薯产业发展过程中的技术问题，使定西市旱农中心的脱毒种薯繁育中心从最初的“小作坊”生产变成全国最大生产基地，把“小土豆”做成“大产业”。定西的老百姓亲切地称这位黑人专家为“老黑子”。

基地探索出新的模式，采用延伸马铃薯脱毒种薯生产基地链条，建立脱毒种薯生产专业乡、专业村、专业户，直接将脱毒马铃薯技术扩散服务到千家万户。定西全市发展脱毒种薯生产专业乡23个，专业村164个，专业户3万余户。举办各类培训班，培训种植大户、农民技术员。举办马铃薯高级研修班4期，各类培训班20多期，培训农民技术骨干8000多人次。

2002年9月12日，国家外专局局长万学远到定西主持基地揭牌仪式时提出要求和希望，要把该基地建成引进消化示范国外高新技术的一流科技平台，成为一个科技亮点工程。通过多年努力，这个目标已经基本实现。基地接待省部级以上领导检查指导工作30多人次，国家发展和改革委员会、科技部、农业部、财政部、水利部、民政部、扶贫办、外专局领导及甘肃省历任书记、省长来基地检查指导工作，10多个省（区）专家来基地观摩和交流经验。从2004年开始，定西每年举办一届马铃薯经贸洽谈会，而每届会议都要参观“马铃薯脱毒种薯生产基地”。

定西基地受到党和国家领导人的关注。2007年2月17日（农历大年三十），中共中央总书记、中央军委主席、国家主席胡锦涛视察定西马铃薯脱毒种薯生产基地，参观基地的脱毒苗组培室、自然光照培养室和微型种薯生产温室，详细询问脱毒种薯生产技术流程和在解决农民增产增收、促进特色产业发展中的作用。总书记希望脱毒种薯繁育中心要尽快扩大规模，扩大制种产业，建成西部地区的快繁中心。视察结束时，总书记说：“你们做得很好，为当地马铃薯产业作出了重要贡献，代向科技人员问好！”

2004年7月25日，中央政治局常委、中纪委书记吴官正视察基地。2007年2月4日，国务院副总理回良玉视察指导基地工作。2005年4月13日，全国政协副主席张梅颖来基地考察。

2006年，定西马铃薯种植面积达到318.57万亩，总产500万吨以上，种植面积和总产分别占全省的39%和59%，全市马铃薯产业实现总产值16亿元，农民人均从中获得收入480元，占农民人均纯收入的28.7%，有些地方甚至高达50%。其中，定西市安定区种植面积达到90万亩，成为中国马铃薯种植第一县区。马铃薯从过去农家的“土蛋蛋”变成城乡人民生活不可缺少的“金蛋蛋”，成为地方经济发展的“黄金产业”。

二、甘肃省旱作优质小麦良种繁育基地

2002年，由甘肃省种子管理局和定西地区旱作农业科研推广中心共同申报、农业部立项批复“甘肃省旱作优质小麦良种繁育基地建设项目”。试验基地由甘肃省种子管理局负责建设，地点在定西地区旱农中心。2007年基地建成后，一直由定西市农科院承担项目的运行和资产设施的使用管理。由于甘肃省种子管理局直接管理的运行维护成本高、资产管理难度大，2017年4月，基地资产全部移交农科院入账管理并负责项目运行，基地内有种子检测检验室、展览室、挂藏室、加工车间、晒场及辅助道路等土建工程3621.55平方米，有检测检验设备、种子加工设备、田间生产设备等仪器设备29台（套），文件柜、计算机、复印机等办公设备21台，2018年，新建晾晒棚288.3平方米，晒场760平方米。

三、国家现代农业产业技术体系——马铃薯定西综合试验站

2008年，经农业部批复，成立国家现代农业产业技术体系——马铃薯定西综合试验站，首任站长蒲育林，现任站长李德明。

国家现代农业产业技术体系由产业技术研发中心和综合试验站两个层级构成。主要开展马铃薯新品种选育，马铃薯综合关键集成技术研发，试验示范基地建设及新品种、新技术推广，减灾救灾应急服务，科技助农扶贫等方面，在定西市安定区、渭源县、通渭县、临洮县、岷县等地，建立试验示范基地10个，育成马铃薯新品种8个，其中定薯3号为国家审定品种，定薯1号为淀粉及鲜薯食用型品种，定薯2号为鲜薯食用型品种，定薯3号为全粉及淀粉加工型品种，定薯4号为淀粉及鲜薯食用型品种，定薯5号为炸片加工型品种，定薯6号为淀粉及鲜薯食用型品种，定薯7号与定薯8号正在申报成果登记。

试验站引进品种193个，筛选品种16个，示范种植面积1793.8亩，平均亩增产304.3千克，推广示范应用面积77.4万亩，经济纯收益15.48亿元。集成研发出旱地机械覆膜节水高产高效栽培技术，水肥药一体化膜下滴灌栽培技术，马铃薯病害全程防控技术，抗旱减灾轻简化栽培集成技术等，通过科企联合，与甘肃百泉马铃薯有限公司、甘肃爱兰马铃薯种业有限责任公司、甘肃凯凯农业科技发展股份有限公司、定西华岭毕昌农民专业合作社、安定石泉吕坪农民专业合作社、安定区宏泰马铃薯农民专业合作社等联合，采用“成果转化+企业+基地”合作模式，运用新品种、新技术、

新模式建立示范基地 46.9 万亩，平均亩产 1893.3 千克，较对照增产 30.6%，增效 12.1%，辐射面积 769.2 万亩，平均亩产 1721.6 千克，较对照增产 25.3%，增效 10.7%，构建“良种良法＋合作社＋农户＋基地”科技服务体系。

试验站举办技术培训班 87 期，培养专业技术骨干 28 人，培训专业技术人员 492 人，新型经营主体 11 人，农民 6918 人。发放技术资料 16380 份。获各类科技奖 10 余项，其中“旱地马铃薯新品种定薯 1 号选育”获 2012 年甘肃省科学技术进步奖三等奖，“定薯系列马铃薯新品种选育及大面积推广”获 2019 年全国农牧渔业丰收奖二等奖，“优质专用型定薯系列马铃薯新品种选育及产业化应用”获 2020 年甘肃省科技进步奖三等奖，“马铃薯新品种定薯 3 号选育与示范推广”获 2020 年甘肃省农牧渔业丰收奖一等奖，完成甘肃省地方品种标准 4 项。

四、国家现代农业产业技术体系
——食用豆定西综合试验站

2008 年，食用豆研究项目组进入国家食用豆产业技术体系，借助国家现代农业产业技术体系建设平台，改善依托单位的科研基础条件，稳定一支研发团队，提升专业研究水平，为当地食用豆产业的发展、耕地质量的改善、农产品质量的提升及精准扶贫提供品种保障和技术支撑。围绕定西及周边地区食用豆产业发展需求，与农技推广部门、农民专业合作社、加工企业及种植大户等合作，在 6 个示范县建立试验示范基地 10 多个，在示范基地的核心示范区重点开展蚕豆、豌豆等食用豆新品种及绿色增产增效关键技术集成与示范。综合试验站充分发挥职能作用，以县乡农技人员为线条，重点示范村、农技骨干为节点，建成辐射县区、乡镇、村社直至农户的联动式、全覆盖科技服务网络，从而使各种应急、突发事件的咨询服务得到早发现、早决策、早处理。

以会议、现场讲解等方式开展各类技术培训 100 余次，培训技术骨干、企业合作社、种植大户、农民等各类人员 1.2 万多人次，发放各类技术资料 5 万余份。在作物生长的关键时节深入田间地头，现场解决农民群众在生产中遇到的实际问题。

科技人员通过试验做给农民看，通过示范、科技培训带领农民干，通过电话、短信、微信等办法，及时回复种植户在生产中遇到的问题，使蚕豆种植面积逐年增加。豌豆由收获干籽粒转为生产鲜食豌豆，收益稳定。加强与企业合作，为企业出谋划策，提供技术服务，加快科研成果转化，延

伸产业链，提高社会经济效益。通过科技培训以及《定西日报》、定西电视台、微信等信息社交平台进行科技宣传报道。

五、国家现代农业产业技术体系——燕荞麦定西综合试验站

2008年农业部批准成立国家燕麦产业技术体系定西综合试验站，2011年将荞麦加进燕麦体系，成为燕麦荞麦综合试验站。

2008—2010年（“十一五”期间）农业部启动50个国家现代农业产业技术体系。依托定西市旱农中心批准成立国家燕麦产业技术体系定西综合试验站，刘彦明任站长，国家财政每年支持经费30万元，选择5个县建立5个示范基地，主要开展各种技术示范试验、技术集成、技术培训、产业需求调研以及突发事件的应急处理等工作。

2011—2015年（“十二五”期间）农业部把燕麦、荞麦合并一起，成立国家燕麦荞麦产业技术体系定西综合试验站，刘彦明任站长，国家财政每年支持经费50万元，选择5个县建立6个示范基地，主要开展各种技术示范试验、技术集成、技术培训、产业需求调研以及突发事件的应急处理等工作。

2016—2020年（“十三五”期间）燕麦荞麦定西综合试验站，刘彦明任站长，国家财政每年支持经费50万元，选择5个县建立10个示范基地，主要开展各种技术示范试验、技术集成、技术培训、产业需求调研以及突发事件的应急处理等工作。

引进筛选适宜当地种植的燕麦品种有白燕7号、白燕2号、本德燕麦、冀张燕5号等，制定出各种质量标准7项。推广的技术有荞麦大垄双行种植技术、燕麦氮磷钾配比施肥技术、燕麦种籽包衣技术、裸燕麦全膜覆土抗旱播种技术、裸燕麦膜侧沟播种植技术、燕麦抗倒穴播种植技术、燕麦裹包青贮生产技术、燕麦青干草种植生产技术等。

刘彦明获得“十二五”“十三五”体系优秀试验站站长荣誉称号。

进入课题组成员有：姚永谦、王景才、余峡林、边芳、何玉林、马秀英、任生兰、何小谦、马宁、陈富、贾瑞玲、南铭、景芳、张成君等。

六、国家现代农业产业技术体系——特色油料作物定西综合试验站

2008年，农业部批准成立国家油用胡麻产业技术体系定西综合试验站，2017年更名为国家特色油料产业技术体系胡麻定西综合试验站。该试验站依托定西市旱作农业科研推广中心，重点建设定西市安定区、通渭县、陇西县、临洮县、漳县5个示范县（区）。试验站共有团队成员20人，其中高级职称8人、中级职称12人，是一支集胡麻育种、栽培、植保、土肥等多专业融合、科研、农技、种子推广等多部门参与的科研队伍。试验站承担的主要职能培育丰产、高抗、高油、广适的胡麻新品种；示范推广胡麻实用型新技术；监测区域内产业生产和市场异常变化；开展重大突发性事件应急服务；推动胡麻科技成果转化，加强技术研究与企业、专业合作社的紧密联系；开展胡麻高产、高效种植技术培训等。

试验站共选育出高产、优质、抗病定亚系列胡麻新品种4个。在市、县、乡农技推广部门、种子管理部门、民营种子企业、农民合作社的配合下，每年在5个示范县各主产乡镇建立规模化、标准化示范基地20多个，累计示范定亚22号、定亚23号、陇亚10号等胡麻优良品种及配套栽培技术40多万亩，开展技术培训50多场，培训新型职业农民30余人、农村实用人才2500余人，印发各类培训资料3500余份。

七、全国马铃薯主食加工产业联盟副理事长单位

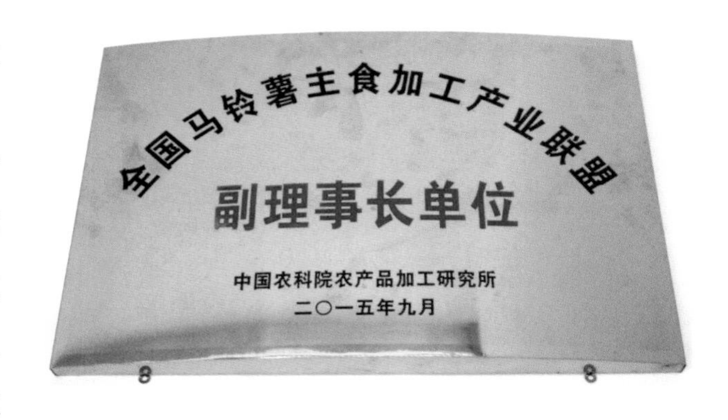

2015年9月21日，为推进马铃薯主食产业发展，由中国农业科学院农产品加工研究所牵头，组建全国马铃薯主食加工产业联盟，确定定西市农科院为全国马铃薯主食化加工产业联盟副理事长单位并在定西举行成立大会。产业联盟采用主食加工业一头连农民、一头连市民，一头连农业、一头连服务业，以加快农产品加工增值、促进农民持续增收、满足城乡居民消费需求和营养均衡为目标，引领主食加工水平再上新台阶。

八、国家自然科学基金依托单位

国家自然科学基金依托单位是科学基金制运行的重要枢纽，是组织实施科学基金项目的重要依托。2010 年 1 月，按照“国家自然科学基金委员会注册依托单位”的相关要求，由定西市旱作农业科研推广中心申请。2011 年，新增科学基金依托单位即可独立向国家自然科学基金委员会申请国家自然科学基金项目后，补充完善条件，2016 年定西市农科院获批成为国家自然科学基金依托单位。

九、中国农业科学院作物科学研究所
定西市农业科学研究院旱作农业联合研究中心

2017 年 6 月，中国农业科学院作物科学研究所所长刘春明带领作科所一行 13 人到定西市农科院开展“科技对接、党务交流”活动，双方签订 2017—2022 年合作协议，并为“中国农业科学院作物科学研究所、定西市农业科学研究院旱作农业联合研究中心”揭牌。定西地区是西北地区干旱半干旱农业的代表区域，种植的主要作物有马铃薯、冬小麦、春小麦、胡麻、燕麦、荞麦、蚕豆、豌豆、小扁豆等作物。中国农业科学院作物科学研究所与定西市农科院围绕上述作物建立所地科技联盟和科技协同创新，并签订合作协议。作为协议的重要内容，旱作农业联合研究中心将主要从科研项目申报、骨干人才培养、科技资源共享等方面，发挥作科所的先天优势，提升定西市农科院的科技创新能力，促进定西区域经济发展。

第二章 省级科技创新平台

一、甘肃省马铃薯工程技术研究中心

2001 年经甘肃省科技厅批复，依托定西地区旱作农业研究推广中心，成立甘肃省马铃薯工程技术研究中心。

研究中心立足技术优势、区位优势和资源优势，围绕限制全省马铃薯产业发展的主要因素，组织申报项目，开展适宜旱地种植的马铃薯新品种选育，搭建旱地马铃薯新品种选育平台。建成工厂

化、规模化生产马铃薯脱毒种薯繁育配套基础设施，建立脱毒种薯繁育基地，开展研究优质高效马铃薯生产技术和机械化、规模化栽培研究，采用优质高效机械化、规模化生产技术规程，建立脱毒种薯和商品薯生产基地，为全省马铃薯种植业的发展提供优质种薯，也为加工业提供优质商品薯，更为全省马铃薯产业的发展培养人才、提供技术储备。

研究中心是甘肃省马铃薯新技术研究、对外展示科技平台，更是马铃薯示范推广科技的亮点工程和培训人才的重要基地，成为马铃薯产业优良品种的引进、培育繁殖基地和优质种薯、专用型商品薯的生产供应基地，是甘肃省马铃薯产业发展的源头——种薯生产对外开放的“窗口”。

二、甘肃省马铃薯工程研究院

2013 年经甘肃省发改委批复成立，研究院依托定西市农业科学研究院和甘肃国丰科技股份有限公司，联合国家马铃薯产业技术体系、中国农业科学院蔬菜花卉研究所、甘肃农业大学、青海省农林科学院等建设而成，主要从事马铃薯高产高效专用型新品种选育，马铃薯种植、加工、贮藏等产业各环节的关键技术研发工作。

三、甘肃省引进国外智力成果示范推广基地

2016 年，定西市农业科学研究院冬小麦种质资源和品种创新示范推广基地，被甘肃省外国专家局列为甘肃省第三批引进国外智力成果示范推广基地。基地主要在甘肃、宁夏、青海等省（区）开展俄罗斯冬小麦种质资源引进鉴定、新品种示范及国外科技人才技术交流等工作。

四、甘肃省农业科技创新联盟副理事长单位

2016 年 11 月 1 日，甘肃省农业科技创新联盟由甘肃省农业科学院牵头发起。定西市农业科学研究院被推选为甘肃省农业科技创新联盟副理事长单位。

创新联盟主要开展加强长期性、基础性科技工作，推进产学研用深层次合作，加快科技成果转化。承接国家农业科技创新联盟工作任务，申报和承担国家、省列重大科技项目，联合培养高水平农业科技创新人才。组织开展甘肃现代农业重大问题调研，提出重大战略咨询报告和政策建议，瞄准产业发展关键，联合实施“甘肃省现代农业科技支撑体系建设”项目。

五、甘肃省科普教育基地

2017年4月，经定西市科协推荐、专家评审，由甘肃省科学技术协会批复成立，2020年3月，被定西市科协评为先进科普基地。

六、甘肃省国际科技合作基地——冬小麦种质资源和品种创新示范推广

2017年由甘肃省科技厅批复成立，主要通过引进俄罗斯种质资源研究筛选717份，筛选出丰产性、抗旱、抗寒、抗病冬春作物优异种质资源168份，在甘肃定西、白银、天水、庆阳，宁夏固原，青海贵德等38个贫困村建立引智示范基地，为当地农业增产增收，农民脱贫致富起到科技引领示范作用。

引进俄罗斯、乌克兰育种专家11人次，开展国际科技合作交流8项次，技术培训6期，培训人员500人次，发放技术材料及科普手册2000份。

七、甘肃省特色科普基地

2018年9月，按照《“十三五”国家科技创新规划》《甘肃省科学技术普及条例》《甘肃省“十三五”科普发展规划》等要求，定西市农业科学研究院经过申报、评审、决定，最终授权成立。

甘肃省特色科普基地面向社会开放，主要以“农作物种子样本及实验标本展示”为载体，以科普传播、科普活动、科普展示、对外宣传农业科普知识为主线，采用室内影像、实物样品、宣传展板、田间观摩种植等形式，让参观者进一步了解农业新品种、新技术、新方法。以创新模式展示现代农业，反映农业科技内涵和科技成就，通过参观者亲身体验种植、田间管理、收获等生产劳动，为全市中小学生接受农业实践教育提供第二课堂。

至2021年接待省（市）领导、农科院科所、农技部门、乡镇、合作社和大专院校及中小学等67次，1.5万余人。

八、甘肃省科技创新服务平台——甘肃中部地区主要农作物种质资源库

2019年开始筹建，2021年通过科技厅评估验收。服务平台紧紧围绕农业科技创新和现代种业发

展的重大需求，立足甘肃中部、面向全省，依托定西市农业科学研究院，以地方特色农作物种质资源的收集、鉴定、保存、评价、利用为主，重点发掘、筛选和创制能够满足甘肃中部农业科技需求或具有特色利用价值的优异种质，实现资源共享，加快资源利用效率。

九、定西市马铃薯协同创新基地（专家工作站）

2020 年创建定西市马铃薯协同创新基地（专家工作站），由定西市农业科学研究院与甘肃省农业科学院马铃薯研究所协同建设而成。双方在提高马铃薯科研育种、培养产业发展创新人才、推动科技成果转移转化等方面展开全方位合作，为持续丰富定西马铃薯种质资源、提高定西马铃薯综合竞争力、共同助推科技成果零距离、高效率落地生根发挥了重要作用。

十、甘肃省引才引智基地

2020 年经甘肃省科学技术厅评审认定，定西市农业科学研究院实施创建甘肃省引才引智基地，由定西市科学技术局归口管理，有效期限为 2020 年 7 月至 2024 年 7 月。

引进加拿大、乌克兰马铃薯育种、栽培及病害专家 4 人次。通过对马铃薯病毒病血清学检测、土壤及田间病害的综合防治、茎尖脱毒及马铃薯育种等技术给予指导和培训，提高定西市农科院在马铃薯脱毒种薯质量控制和土传病害防治方面技术水平。引进荷兰、乌克兰、加拿大及越南马铃薯品种（系）及种质资源 50 多份，通过观察品比筛选，筛选出 14W-1 和 14W-5 两个品系参加省区域试验。

十一、甘肃省山黧豆产业技术创新战略联盟

经兰州大学、西北农林科技大学、天水师范学院、陕西理工大学等多家的专家学者提议，成立甘肃省山黧豆产业技术创新战略联盟。定西市农科院为副理事长单位之一。

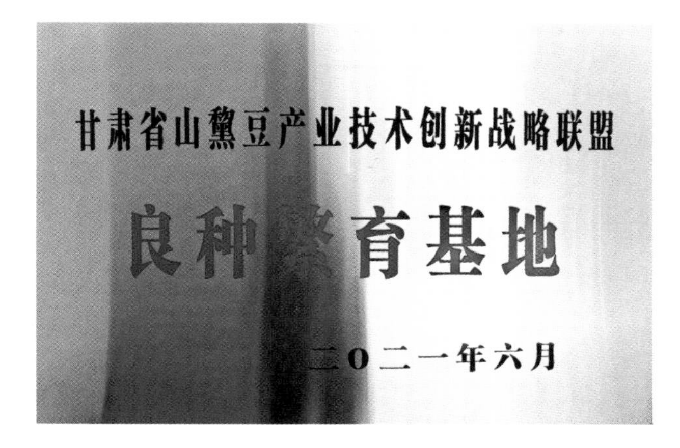

山黧豆是国内外重要的耐旱性、粮草兼用型作物。在西部干旱、半干旱地区形成稳定的种植规模与产量，同时集轮作倒茬、推广绿肥等方面研究成果形成适合于地域特色的种植模式。

联盟旨在研究解决山黧豆加工产业技术瓶颈，提升山黧豆加工技术，加快科技成果转化，搭建

企业与科研的合作平台，为山黧豆相关产业技术创新、新产品研发、产品质量安全、产业化及贸易提供高效服务和支撑。

2021 年 7 月 15 日，联盟良种繁育基地在定西市农科院挂牌。

第三章 市级科技创新平台

一、定西—甘肃农业大学科研教学基点

1980—1981 年甘肃农业大学农学系投资基建经费 19037 元，建设砖木结构建筑 190 平方米，其中，宿舍 7 间，会议室兼教室 1 大间，1982 年投入使用，确保甘肃农业大学农学系每年生产实习等教学科研使用。1980—1986 年甘肃农业大学农学系、临洮农校农学专业 6 批 106 人在定西地区农科所（旱农中心）毕业实习。

二、定西市优势作物工程技术研究中心

定西市优势作物工程技术研究中心以服务“三农”为目标，构建科技创新、服务创新和成果转化体系，增强农业科技对现代农业发展的支撑力，凝炼学科方向、探索管理创新、建设人才队伍、改善科研条件、加强项目建设、注重成果培育、加强交流合作。

2008 年食用豆、燕麦等进入国家产业技术体系，面向生产一线开展新品种培育、引进种植、栽培技术研究、病虫草害防治等。

三、定西市菊芋工程技术研究中心

2008 年由定西市科技局批复成立菊芋工程技术研究中心，以定西市旱农中心下属鑫地农业新技术示范开发中心（公司）为依托，在原有菊芋课题研究组的基础上组建而成。中心宗旨是为更有效地将人、财、物、技术等资源在菊芋产业发展中得到科学合理配置，推进菊芋产业进入优化发展新阶段，快速跃上一个新台阶。中心人员按照课题工作需要，实行人员聘用制，省内外不同的专业技术人员 30 多人次参与菊芋项目的研究，中心有正高职称 3 人，副高 9 人，享受国务院政府特贴专家

1 人，市管拔尖人才 3 人。

主要开展菊芋新品种选育、栽培技术研究及成果的转化，从国内外引进争取项目（成果、技术、人才、资金）合作开发，以项目为纽带，组织相关联合攻关，在菊芋资源引进与鉴定利用、良种筛选与栽培研究、无公害生产与基地建设、技术培训与示范推广、引进开发与产品转化等方面开展全方位的合作攻关，形成“菊芋工程中心＋菊芋加工企业＋菊芋种植户”为一体的产业模式。

四、定西市党参工程技术研究中心

2010 年经定西市旱农中心与渭源县鑫源药业科技有限公司联合申请，由定西市科技局批复成立“定西市党参工程技术研究中心”。

中心主要以解决当地党参生产中出现的新问题、推广应用科技新成果为目标，重点开展党参新品种选育、党参标准化栽培、试验示范基地建设、技术培训及产业开发等研究，为全市党参新品种选育及产业化开发提供专业化、规范化、社会化的优质服务，推动党参产业发展。

五、定西市设施农业工程技术研究中心

2010 年经定西市科技局批准，成立设施农业工程技术研究中心。主要研究内容包括旱作设施作物新品种引进筛选、旱作设施农业关键技术研究、设施农业装备及新结构温室研发等，现有设施配备齐全且布局合理的研究基地 120 平方米和试验场所 600 平方米。主要从事新产品、新技术研发且专业造诣深厚的技术人员共 12 名，占企业总人数的 26% 以上。

研究中心实行经理负责制，下设管理部、技术研发部、推广部、销售部，各部门职责分工明确、各司其职、互相配合，以立项开发为目标，通过企业技术创新战略制定和推进实施，为企业提供最前沿的技术咨询与服务；实施人才队伍建设与绩效考核，制定完善规章制度等措施。

加强与西北师范大学、甘肃农业大学、甘肃省农业科学院蔬菜研究所、甘肃省农业科学院生物技术研究所、甘肃省大樱桃工程技术研究中心等科研院所合作交流，签订产学研合作协议和共同研究开发项目，其中与西北师范大学共同开发“半干旱区设施栽培大樱桃品种引进筛选”及“聚乳酸可降解地膜试验”项目，自主研发“无后墙组装式生态型日光温室”项目。引进 1 位西班牙专家和 2 位高校教授，为中心的研究与开发提供技术咨询服务平台。

2020 年经定西市科学技术局批准，成立定西市农科院设施农业作物栽培科技创新团队。

六、定西市油料作物工程技术研究中心

2014年经定西市科技局批复，以定西市农科院为依托，成立定西市油料作物工程技术研究中心。主要面向定西胡麻产业方面的需求，重点开展高产、稳产、可逆性强、含油率高等胡麻新品种的选育及高产高效栽培技术等研究工作。

引进胡麻品种资源100多份，配置杂交组合500多份，培育中间材料2000～4000多份，稳定优良品系491份，选育出高产优质胡麻品种2个；开展地膜穴播胡麻追肥、生长状况测定分析、氮肥密度互作效应、氮磷的积累规律及其代谢、覆膜栽培模式对胡麻根系分布、产量和水分利用效率影响等试验研究。

七、定西市马铃薯主食化产业开发联盟

2015年经定西市民政局批准成立定西市马铃薯主食化产业开发联盟，以企业为主体、市场为导向，创设马铃薯主食产业技术创新和产学研结合的研发平台，重点开展马铃薯主食产业标准化及产业化，负责收集、分析马铃薯主食产业产品及其技术发展动态与信息，提供咨询和信息服务，实现创新成果和知识产权共享，加快定西马铃薯主食化创新成果的迅速转化。

八、东西协作定西—福州食用菌联合实验室

2017年8月31日福州市科技局与定西市科技局签订《科技扶贫合作框架协议》，重点从支持食用菌联合实验室建设等6个方面进行扶持，2017年定西市农科院筹建以菌种引进、扩繁、品种选育、研发为主的东西协作定西—福州食用菌联合实验室。2018年6月28日福州市科技局、定西市科技局与定西市农科院联合举行了定西—福州食用菌联合实验室揭牌仪式。

建成基础实验区和生产试验区620平方米，其中，基础实验区120平方米，生产试验区500平方米，通过东西协作引进香菇、滑菇、双孢菇、鸡腿菇、草菇、秀珍菇菌种30个，其中香菇品种22个，并与定西福泉食用菌农民专业合作社、渭源县莲峰镇绽坡村康荣中药材专业合作社联合开展食用菌品种栽培试验示范等。

2017—2019年定西市农科院选派6名研究人员赴福州培训交流，邀请福州市农科所等科研院校专家来定西市农科院举办食用菌专题培训会3场次，培训技术人员100人次，发放技术资料300份。

九、定西市农村实用人才实训基地

定西市农村实用人才实训基地依靠科研创新和科技人才驱动，围绕全市农业主导战略产业、区域特色产业和新型富民产业，按不同专业领域组建专家服务团，依托定西市农科院在各县（区）建设的特色作物科技综合示范基地，集中举办高端专题讲座，重点对基层科技特派员、农技人员和科技示范户进行培训，再通过基层农村科技人才对农村实用人才的“传、帮、带”作用，带领农民增收致富。

基地按照定西市委组织部统一安排，由农业局牵头，定西市农科院、市农广校承办，市科技局、市畜牧兽医局、市委党校配合，组织开展全市农村科技人才助推精准扶贫培训班 3 期，共计培训人员 446 人，其中，科技特派员 215 人，农技人员 145 人，农村实用人才 86 人。发放培训教材 892 本，印发宣传资料 1300 余份。培训班采取集中培训、理论辅导、现场指导相结合的方式，培训后，各县（区）根据安排进一步组织开展多种形式的培训及现场指导活动，共计培训 9798 人，发放各类培训资料、宣传资料 9000 余份。开展农村实用人才带头人和大学生村官培训。甘肃省委组织部、甘肃省农牧厅安排定西市大学生村官创业班、家庭农场、美丽乡村、农民合作社 4 个班的培训任务，下达培训指标 55 人，分批次赴张掖市甘州区前进村、青海省互助县小庄村和陕西省户县东韩村参加培训。培训美丽乡村班和大学生村官班 30 名学员。

第五编　科研基础设施

定西市农科院将重大科技基础设施建设作为深化科技体制改革的重要抓手，针对重大科技基础设施的基础性、公益性特征，建立完善高效的投入机制、开放共享的运行机制、产学研用协同创新机制以及科学协调的管理制度，提高设施建设和运行的科技效益，形成持续健康发展的良好局面。

1951 年 9 月，定西专区农业繁殖场成立，土地 157.5 亩，全部为租种私人土地，有步犁 2 部及其他简易农具。1952 年春季国家开展土改运动，租种土地划归专区农场，增加土地 132.5 亩，土地总面积达到 290 亩，并明确土地权属。1953 年通过整合，土地面积增加到 560.72 亩，实有耕地达到 490 亩。有房屋 12 间，土窑洞 4 眼，马舍 5 间，草棚 2 间，牲畜 8 头，新步犁 13 部，铁轮大车 3 辆，其他生产工具 123 件。

1955 年年底，土地面积达到 526.8 亩（其中，水浇地 511 亩，旱地 5.4 亩，生活住宅区 10.4 亩），有牲畜 10 头，房屋 29 间。1959 年年底，耕地面积 664 亩，拖拉机 2 台，马拉畜力农具 1 套，已经达到半机械化程度。养猪 87 头，养鸡 85 只，附设粉房 1 座。

1960 年秋，临洮专区撤销后，农业科研人员合并到当时的定西专区农业试验站。图书、仪器设备约价值 3 万元。有办公用房 28 间，职工宿舍 15 间，其他用房 18 间。

1963 年 11 月，定西专区农业试验站与西寨油料试验站合并，成立定西专区农业科学研究所，科技队伍、基本建设、仪器设备、科研业务都有较大的发展，土地面积增加到 875 亩。其中，水浇地 480 亩；旱地 395 亩。1963 年 8 月，建成定西专区第一家奶牛养殖场，开启种植、养殖相配套的农业科研模式。

1978 年 4 月，定西农学院和定西专区农业科学研究所分设。农科所土地恢复到 490 亩（耕地 460 亩，住房基地 30 亩），平房 4593.4 平方米，马车 2 辆，各种仪器设备 257 台（件），牲畜 32 头，奶牛 40 头，大卡车 1 辆，自行车 15 辆。到 1983 年，农科所房屋建筑增加到 3562 平方米，其中，生产用房 1715 平方米，生活用房 290 平方米，水泥晒场 1557 平方米。养殖马骡 9 匹，奶牛 31 头，种猪 48 头。

“六五”期间（1981—1985 年），定西地区农业科学研究所的科研条件得到改善，增加仪器设备，由 3 万元增加到 60 多万元，其中，万元以上的设备有谷物品质分析仪、半微量定氮仪、原子吸收光度计、中子水分测定仪、pH 离子仪等 10 台（套）。科研、生产、办公用大小车辆 8 辆，大小拖拉机 5 台，精选机 2 台，脱粒机 7 台，小型脱粒机 3 台。

1984 年 4 月，为整合资源，实现“三年停止破坏、五年解决温饱”的目标，在定西地区农科所的基础上合并定西地区农业技术推广站和西寨油料试验站，成立定西地区旱作农业科研推广中心。甘肃省“两西”农业建设指挥部支持建设办公楼、试验楼、家属宿舍楼、伙房、饭厅、门房、厕所、锅炉房、水塔等基础设施，总面积达到 5225.41 平方米，1986 年 10 月全部投入使用。

1991 年，定西地区旱农中心房屋建筑面积为 13864.3 平方米（主要为办公楼、化验楼、住宅楼、库房、风干室等），农业科研用地 135 亩（其中，旱川地 100 亩，梯田 20 亩，水地 15 亩）。原种繁育用地 755 亩（实验农场 348 亩，西寨油料试验站 407 亩）。其中，水地 548 亩，旱梯田地 120 亩，山坡地 87 亩。

1999 年，定西地区旱农中心实行行政领导负责制，全员聘任制，组建成 3 个科技型企业和 1 个服务中心。在马铃薯研究室的基础上组建甘肃金芋马铃薯科技开发有限责任公司，建成 260 平方米的组培室，1036.8 平方米的自然光照培养室，3 万平方米的高效节能温室、1 万平方米的钢架网棚，600 立方米的蓄水池和 1 万平方米雨水集流场，1.5 万亩各级种薯扩繁基地。购置超净工作台等仪器设备 500 多台（套）。2001 年依托定西地区旱农中心成立甘肃省马铃薯工程技术研究中心。

在实验农场、西寨油料试验站基础上，合并组建定西市鑫地农业新技术示范开发中心。建成年生产 600 多万株脱毒苗的 180 平方米组培室。年生产 1000 万粒微型薯的三代新型日光温室 22 座，玻璃温室 1 座，面积 20 亩。年生产 1500 吨原种薯的钢木架混合型网棚 1000 多个，面积 800 亩。能容贮 600 万粒微型薯的恒温库（室）2 个，能容贮 1500 吨种薯的钢混半地下贮藏窖 2 个，面积 1811.5 平方米。有喷灌设施 8 套，保灌面积 600 亩，机械设备及变压器等 7 套。为适应定西市马铃薯产业发展及马铃薯科研工作的需要，2009 年 9 月建成 781.29 平方米的马铃薯种薯恒温贮藏库，10 月建成 3437.16 平方米的岷县种畜场马铃薯原种贮藏库。

截至 2020 年末，定西市农科院总占地面积 1143.19 亩，资产总额达到 1661.88 万元，净资产 1369.12 万元。

第一章 土地资源

定西市农科院现有土地共计 1143.19 亩。其中，科研用地 1066 亩，办公区、仓储用地 62.71 亩，住宅用地 14.48 亩。

一、科技创新基地

位于安定区永定西路 6 号，占地面积 550.51 亩。其中，科研用地 504.08 亩，办公用地 14.35 亩，原实验农场办公区用地 17.60 亩，住宅区用地 14.48 亩。

二、良种繁育基地

位于安定区香泉镇西寨村河西社，总占地面积 592.68 亩。其中，原种繁育用水浇地 561.92 亩，办公及仓储用地 30.76 亩。

第二章 固定资产

至 2020 年年底，定西市农科院各类固定资产原值为 1617.91 万元。其中，房屋及构筑物原值 846.59 万元，通用设备原值 323.71 万元，专用设备原值 364.35 万元，办公家具、用具、装具及动植物原值 82.89 万元，图书档案原值 0.36 万元，智能温室原值 228.17 万元。

一、建筑及构筑物

（一）综合办公楼

定西市农科院现用的办公楼为 1984 年 10 月由甘肃省“两西”农业建设指挥部拨款建设，1986 年 7 月竣工，10 月投入使用。办公楼共 4 层，总建筑面积 2615.09 平方米（农科院使用 1、2、4 层 1961.32 平方米，定西市农产品质量安全检测站使用 3 层 653.77 平方米）。2020 年更换窗户、暖气管道、暖气片并改造电路，将水房、卫生间、内外墙体粉刷，进行了楼顶防水处理等维修。

（二）科研设施建筑物

化验楼于 1986 年 12 月建成投入使用，建筑面积 835 平方米，共两层。一楼为农产品加工研究所实验室和马铃薯种质资源库，二楼为土壤肥料植物保护研究所实验室。

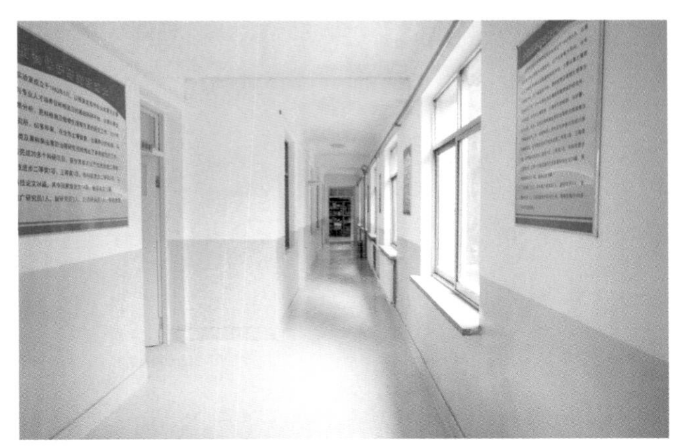

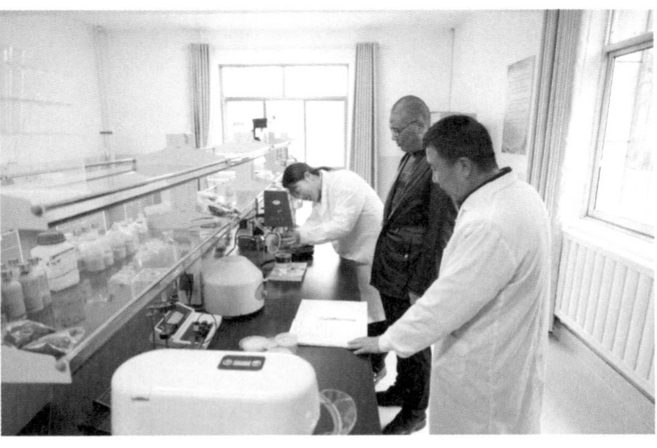

1996 年建成设施农业创新园，日光温室 12 座，总面积 6176 平方米。2020 年 10 月建成智能连栋温室，面积 2764.8 平方米。

组织培养室

1997年组建专用马铃薯脱毒种薯快繁中心，现有1036.8平方米的自然光照培养室，716平方米组织培养室，1套全自动培养基制备流水线，9座合计8000平方米的高效节能温室，1万平方米的钢架网棚，781.29平方米恒温储藏库，600平方米的蓄水池和1万平方米雨水集流场，1.5万亩各级种薯扩繁基地。

2002年建成甘肃省旱作优质小麦良种繁育基地，基地内有种子检测检验室、展览室、挂藏室、加工车间、晒场及辅助道路等土建工程3621.55平方米，有检测检验设备、种子加工设备、田间生产设备等仪器设备29台（套），文件柜、计算机、复印件等办公设备21台。2018年，定西市农科院新建晾晒棚288.3平方米，晒场760平方米。

2008年建成马铃薯种质资源库，总面积83.78平方米，包括种质资源库45.5平方米，接种室19.14平方米，实验室面积19.14平方米。

2017年建成定西—福州综合实验室，实验室总面积260平方米，由原马铃薯脱毒快繁中心组培室改建而成，起初为定西—福州食用菌联合实验室，属于东西部扶贫协作实验室。

2020年建成甘肃省中部地区主要农作物种质资源库，面积120平方米，其中，中期库建设面积约25平方米，可容纳1.2万份种质资源，配置温度、湿度控制系统。

（三）仓储设施

1998—2009年，建成马铃薯种薯通风贮藏库7372.55平方米，种薯贮藏能力达到6000吨以上。其中，在科研创新基地建设通风贮藏库3座，面积2086.6平方米，贮藏能力2000吨，在油料研究所建成马铃薯贮藏库1座，面积1067.5平方米，贮藏能力1000吨。在岷县种畜场马铃薯原种繁育基地建设马铃薯种薯通风贮藏库 3437.16 平方米，贮藏能力 3000 吨以上，建设马铃薯种薯恒温贮藏库，建筑面积 781.29 平方米。

（四）后勤保障建筑物

住宅楼 1 号楼 2001 年由职工集资建设 6 层 4 个单元 40 户的住宅楼，建筑面积 5857.4 平方米，2003 年建成投入使用。2 号楼 1984 年 10 月，甘肃省“两西”农业建设指挥部拨款建设 4 层 3 个单元 36 户的住宅楼 1 栋，建筑面积 2037.17 平方米，1986 年 10 月建成投入使用。

职工食堂 2020 年 8 月新建 358.98 平方米职工食堂，包括餐厅 6 间、操作间 1 间。

锅炉房 1986 年 10 月建成 190 平方米的锅炉房。2018 年，安定区集中供暖开始，锅炉房改建为换热站。

职工之家 2017 年 10 月，利用原职工食堂改建成 91 平方米的职工活动室 2 间。

科技展览馆 2017 年 10 月建成 165 平方米的科技展览馆 1 座。

（五）良种繁育基地办公及仓储

位于安定区香泉镇西寨村河西社，1984 年建成二层办公楼 380 平方米，化验室 200 平方米。1979 年建成风干室 200 平方米、仓库 155 平方米、车库 160 平方米、晒场 760 平方米，2001 年建成马铃薯窖 1067.5 平方米。后又陆续建成 117 米深机井 1 眼、库房 487 平方米、简易网棚 252 平方米、晾晒棚 288.3 平方米，门房、职工食堂等后勤服务区 150 平方米。

二、仪器设备

（一）科研仪器

为适应农业科学研究需要，陆续购置、更新科研仪器设备。截至2020年年底，全院拥有近红外农产品品质分析仪、液相色谱仪、全自动凯氏定氮仪、自动电位滴定仪、OLYMPUS生物显微镜、OPTEC体视显微镜、叶面积指数测量仪、酶标仪、基因扩增仪、光合仪、智能光照培养箱、种子加工成套设备等科研仪器设备607台（套），总价值765.56万元。

表5-2-1 专用科研仪器设备清单（1981—1989年）

序号	资产名称	价值（元）	取得日期	数量
1	阿贝折射仪	700.00	1989-07-22	1
2	显微镜	1 500.00	1989-06-05	1
3	超净工作台	2 400.00	1989-05-25	1
4	拖拉机	8 030.00	1989-04-01	1
5	冰柜	3 930.00	1989-04-01	1
6	电冰箱	2 269.00	1989-04-01	1
7	电冰箱	7 445.00	1989-02-23	1
8	海拔仪	372.90	1988-06-10	1
9	海拔仪	365.00	1988-06-10	1
10	海拔仪	365.00	1988-06-10	1
11	电泳仪	500.00	1987-08-28	1
12	电子自动数粒仪	1 151.04	1987-08-07	1
13	海拔仪	392.60	1987-04-09	1
14	牵引式联合收割机	1 357.00	1986-07-01	1
15	光照培养箱	5 980.00	1986-06-26	1
16	电导率仪	1 000.00	1986-06-20	1
17	电导率仪	451.50	1986-06-20	1
18	培养箱	350.00	1986-05-26	1
19	颗粒计数仪	1 069.20	1986-05-02	1
20	电离消毒器	2 700.00	1986-04-30	1
21	切片机	300.00	1986-04-24	1
22	饱和式稳压器	150.00	1986-04-10	1
23	叶绿素测定仪	65.40	1986-04-09	1
24	回转式振荡机	700.00	1986-03-23	1
25	穴播机	500.00	1986-03-01	1

续表

序号	资产名称	价值（元）	取得日期	数量
26	原子吸收分光光度计	38 000.00	1986-02-15	1
27	大豆脱粒机	1 800.00	1986-02-11	1
28	脱粒机	7 890.00	1985-09-26	1
29	空气压缩机	650.00	1985-09-18	1
30	电热恒温两用箱	800.00	1985-07-29	1
31	手提式高压消毒器	200.00	1985-07-19	1
32	三行畜力播种机	480.00	1985-06-25	1
33	光电比色计	1 400.00	1985-06-20	1
34	红外线加热板	131.25	1985-05-20	1
35	双目体视显微镜	763.00	1985-05-20	1
36	电子分析天平	11 100.00	1985-05-17	1
37	快速天平	2 452.50	1985-05-17	1
38	糖量折光仪	800.00	1985-04-19	1
39	单穗脱粒机	1 350.00	1985-04-05	1
40	速测定仪	1 550.00	1984-10-01	1
41	压滤器	766.29	1984-10-01	1
42	单泵	494.50	1984-10-01	1
43	电烘箱	48.88	1984-10-01	1
44	喷雾器	300.00	1984-10-01	1
45	扩大器	406.00	1984-10-01	1
46	油脂抽提器	290.00	1984-10-01	1
47	粮食精选器	5 318.76	1984-10-01	1
48	生物显微镜	1 200.00	1984-10-01	1
49	二等分析天平	212.00	1984-10-01	1
50	镇压器	300.00	1984-10-01	1
51	干燥箱	541.00	1984-10-01	1
52	生物培养箱	1 200.00	1984-10-01	1
53	解剖镜	1 179.28	1984-10-01	1
54	恒温仪	400.00	1984-10-01	1
55	扭力天平	114.00	1984-10-01	1
56	电子脱粒器	1 500.00	1984-10-01	1
57	电子天平	550.00	1984-10-01	1
58	粮食水分测定仪	169.60	1984-10-01	1
59	100 克粗天平	48.00	1984-10-01	1
60	分析天平	350.00	1984-10-01	1

续表

序号	资产名称	价值（元）	取得日期	数量
61	超低量喷雾器	300.00	1984-10-01	1
62	种子清选机	9 565.00	1984-09-01	1
63	高速捣碎机	300.00	1984-08-19	1
64	铡草机	700.00	1984-08-01	1
65	粉碎机	892.00	1984-07-01	1
66	磁力搅拌器	80.00	1984-06-22	1
67	液体快速混合器	290.98	1984-05-20	1
68	电子继电器	200.00	1984-05-12	1
69	高速离心机	876.22	1984-04-23	1
70	种子容重器	306.84	1984-03-16	1
71	种子容重器	306.84	1984-03-16	1
72	种子容重器	268.00	1984-03-16	1
73	气瓶	552.00	1984-02-05	2
74	单株脱粒机	300.00	1981-03-01	1
75	脱粒机	500.00	1981-03-01	1
合计		144 236.58		76

表 5-2-2 专用科研仪器设备清单（1990—2020 年）

序号	资产名称	价值（元）	取得日期	数量	使用部门	规格型号
1	光照培养箱	32 600.00	2020-11-02	1	马铃薯研究所	GZX-400EF
2	净水机	4 699.00	2020-09-10	1	农产品加工研究所	HRO400-4C
3	高智能土壤肥料养分检测仪	5 800.00	2020-06-20	1	定西福州综合实验室	JN-GT3
4	酶标仪	25 800.00	2020-06-04	1	定西福州综合实验室	HR801
5	基因扩增仪	25 100.00	2020-06-04	1	定西福州综合实验室	GM-05
6	光照培养箱	12 500.00	2020-05-08	1	定西福州综合实验室	HGZ-250
7	生化培养箱	7 600.00	2020-05-08	1	定西福州综合实验室	LRH-250F
8	低温冰箱	5 300.00	2020-05-08	1	定西福州综合实验室	MDF-25H300
9	药品柜	2 410.00	2020-04-22	1	马铃薯研究所	1200 × 450 × 1800
10	药品柜	2 602.00	2020-04-22	2	马铃薯研究所	900 × 450 × 1800
11	水池柜	1 800.00	2020-04-22	1	马铃薯研究所	1000 × 750 × 810
12	叶绿素测定仪	9 980.00	2020-01-13	1	马铃薯研究所	SPAD-502+PLUS
13	排风罩 10	5 800.00	2019-12-19	1	农产品加工研究所	1000 × 750 × 400
14	通风柜 13	27 258.00	2019-12-19	2	土壤肥料植物保护研究所	1800 × 850 × 2350
15	转角柜 7	6 100.00	2019-12-19	2	农产品加工研究所	1000 × 1000 × 810
16	小型包装机	9 160.00	2019-11-25	1	农产品加工研究所	A 款

续表

序号	资产名称	价值（元）	取得日期	数量	使用部门	规格型号
17	气调包装机	66 000.00	2019-11-20	1	农产品加工研究所	
18	耐腐蚀瓶口分配器	5 380.00	2019-07-15	1	土壤肥料植物保护研究所	
19	浓硫酸专用耐磨瓶口分配器	5 680.00	2019-07-15	1	土壤肥料植物保护研究所	
20	移液枪	1 650.00	2019-07-15	1	土壤肥料植物保护研究所	
21	电冰箱	3 720.00	2019-07-15	1	土壤肥料植物保护研究所	BCD-335WLDPC
22	烘箱	4 000.00	2019-07-15	1	土壤肥料植物保护研究所	WGL-230
23	纯水机	1 800.00	2019-02-25	1	定西福州综合实验室	RO-50G
24	智能光照培养箱（HGZ-400）	17 000.00	2019-02-25	1	定西福州综合实验室	（HGZ-400）
25	超净工作台（SW-CJ-2A）	5 500.00	2019-02-25	1	定西福州综合实验室	（SW-CJ-2A（（1500））
26	生化培养箱	6 630.00	2019-01-17	1	定西福州综合实验室	
27	食用菌扎口机	1 500.00	2018-10-15	1	定西福州综合实验室	
28	香菇装袋机	3 100.00	2018-04-18	1	定西福州综合实验室	
29	电热鼓风干燥箱	4 080.00	2018-04-18	1	定西福州综合实验室	
30	药品保存箱	4 300.00	2018-04-18	1	定西福州综合实验室	
31	生化培养箱	8 580.00	2018-04-18	1	定西福州综合实验室	
32	电加热立式蒸汽灭菌器	7 000.00	2018-03-29	1	定西福州综合实验室	
33	卧式压力蒸汽灭菌设备	34 000.00	2018-03-29	1	定西福州综合实验室	WS-400YDA
34	超净工作台	9 400.00	2017-04-20	1	小麦良繁基地	SW-CJ-2FD
35	真空数粒置种器	2 750.00	2017-04-20	1	小麦良繁基地	ZL-2000D
36	数粒仪	2 250.00	2017-04-20	1	小麦良繁基地	PME-1
37	电热鼓风干燥箱	2 800.00	2017-04-20	1	小麦良繁基地	9140ME
38	快速水分测定仪	2 800.00	2017-04-20	1	小麦良繁基地	PM8188
39	净度仪	3 200.00	2017-04-20	1	小麦良繁基地	FJ-1
40	种子幼苗培养室	65 000.00	2017-04-20	1	小麦良繁基地	FYZ-8
41	生化培养箱	5 500.00	2017-04-20	1	小麦良繁基地	SP-250A
42	稳流稳压电泳仪	2 314.00	2017-04-20	1	小麦良繁基地	DYY-8C
43	种子加工成套设备	381 000.00	2017-04-20	1	小麦良繁基地	5XTD-5
44	立式不锈钢压力蒸汽灭菌锅	9 900.00	2016-09-22	1	马铃薯研究所	LS-75LD
45	超净工作台（双人）单面	5 800.00	2016-08-03	1	马铃薯研究所	VS-1350-S 垂直风
46	超净工作台（单人）	3 500.00	2016-08-03	1	马铃薯研究所	CBS-CJ-1FD
47	马铃薯种薯设备	710 000.00	2012-04-01	1	马铃薯研究所	

续表

序号	资产名称	价值（元）	取得日期	数量	使用部门	规格型号
48	电热恒温培养箱	1 950.00	2016-04-01	1	油料作物研究所	DH500
49	电冰箱	2 099.00	2016-03-17	1	油料作物研究所	312J
50	电冰箱专用生产设备	2 980.00	2016-03-17	1	油料作物研究所	
51	火焰光度计	7 500.00	2015-04-16	1	油料作物研究所	
52	土肥测试仪	9 800.00	2015-04-16	1	油料作物研究所	
53	酸度计	2 500.00	2015-04-16	1	油料作物研究所	
54	自控型蒸馏水器	2 500.00	2015-04-16	1	油料作物研究所	
55	净水器	1 900.00	2014-09-30	1	油料作物研究所	
56	电冰箱	2 020.00	2014-09-30	1	油料作物研究所	
57	净水器	6 600.00	2014-09-25	1	油料作物研究所	
58	电导仪	1 880.00	2014-05-01	1	油料作物研究所	DDS307
59	专用仪器仪表	830.00	2011-07-18	1	科研管理科	
60	干燥箱	2 000.00	2012-03-06	1		
61	炸条机	930.00	2011-12-31	1	土壤肥料研究室	
62	台式干燥箱	2 907.71	1996-06-30	1	化验室	
63	红外线快速干燥箱	149.10	1996-06-25	1	化验室	
64	手提式偏压消毒锅	404.00	1996-05-26	1	化验室	
65	鼓风干燥箱	706.20	1996-05-25	1	化验室	
66	电热恒温水浴锅	150.00	1995-06-26	1	化验室	
67	鼓风干燥箱	450.00	1995-06-17	1	化验室	
68	电泳槽	270.00	1995-05-26	1	化验室	
69	红外线消毒炉	1 790.00	1995-05-07	1	化验室	
70	银坩埚	172.00	1992-02-15	1	化验室	
71	离心机转子	4 750.00	2020-11-05	1	定西福州综合实验室	12*1.5
72	种子冷藏柜	1 280.00	2020-11-20	1	小麦良繁基地	
73	光合仪	29 000.00	2020-09-14	1	定西福州综合实验室	MC-1020
74	其他机械设备—叶绿素检测仪	4 200.00	2020-09-14	1	定西福州综合实验室	YLS-B
75	其他机械设备—电泳仪	3 800.00	2020-09-14	1	定西福州综合实验室	
76	叶面仪	9 000.00	2020-09-14	1	定西福州综合实验室	MCYM-8
77	冷风机	3 000.00	2020-08-19	1	科研管理科	DD30
78	分光光度计	4 600.00	2020-05-08	1	定西福州综合实验室	7200
79	离心机	8 200.00	2020-05-08	1	定西福州综合实验室	TG16- Ⅱ Ⅱ
80	生物显微镜	5 300.00	2020-05-08	1	定西福州综合实验室	N-180M
81	倒置生物显微镜	24 500.00	2020-05-08	1	定西福州综合实验室	NIB-100

续表

序号	资产名称	价值（元）	取得日期	数量	使用部门	规格型号
82	星星卧式冷柜	4 980.00	2019-11-11	1	定西福州综合实验室	BD/BC-718B
83	便携式抗倒伏测定仪	4 500.00	2019-10-09	1	科研管理科	YYD-1A
84	光能电子滴定器	32 600.00	2019-07-15	1	土壤肥料植物保护研究所	
85	千分之一天平	3 860.00	2019-07-15	1	土壤肥料植物保护研究所	PX223ZH/E
86	万分之一天平	9 800.00	2019-07-15	1	土壤肥料植物保护研究所	PX224ZH
87	土壤专用磨土机	22 700.00	2019-07-15	1	土壤肥料植物保护研究所	CLM4-1L
88	分析仪器—数显恒温油浴锅	2 480.00	2019-07-15	1	土壤肥料植物保护研究所	HH-s
89	超纯水机	17 500.00	2019-07-15	1	土壤肥料植物保护研究所	UPD-I-20T
90	窑炉电炉—马弗炉	13 800.00	2019-07-15	1	土壤肥料植物保护研究所	陶瓷纤维 MFLC-7/12D
91	全自动凯氏定氮仪	146 500.00	2019-07-15	1	土壤肥料植物保护研究所	K1100
92	分析天平	7 600.00	2019-02-25	1	定西福州综合实验室	BSA124S
93	电子显微镜	8 860.00	2019-01-13	1	马铃薯研究所	XTL-208A
94	粉碎机	1 580.00	2018-11-30	1	土壤肥料植物保护研究室	
95	烘箱	5 100.00	2018-11-30	1	土壤肥料植物保护研究室	
96	烘箱	5 100.00	2018-11-30	1	土壤肥料植物保护研究室	
97	冷却水循环机	8 000.00	2018-11-30	1	土壤肥料植物保护研究室	SY2000 配套
98	旋转蒸发仪	12 500.00	2018-11-30	1	土壤肥料植物保护研究室	SY-2000
99	液相色谱仪	133 000.00	2018-11-30	1	土壤肥料植物保护研究室	LC-5510
100	切片机	3 000.00	2018-11-30	1	土壤肥料植物保护研究室	
101	高压清洗机	6 000.00	2018-11-30	1	土壤肥料植物保护研究室	
102	星星冷柜	5 355.00	2018-10-18	1	定西福州综合实验室	
103	立柜式空调柜机	5 600.00	2018-10-18	1	定西福州综合实验室	2 匹冷暖
104	湿膜加湿器	2 080.00	2018-10-15	1	定西福州综合实验室	SCH-D1
105	臭氧消毒机	898.00	2018-09-15	1	定西福州综合实验室	

续表

序号	资产名称	价值（元）	取得日期	数量	使用部门	规格型号
106	电子秤	1 750.00	2018-07-14	1	土壤肥料植物保护研究室	
107	电子秤	500.00	2018-04-18	1	定西福州综合实验室	
108	体视镜	4 800.00	2018-04-18	1	定西福州综合实验室	
109	电子显微镜	4 500.00	2018-04-18	1	定西福州综合实验室	
110	高速离心机	6 600.00	2017-04-20	1	定西福州综合实验室	ZL-2000D
111	生物显微镜	60 600.00	2017-04-20	1	小麦良繁基地	BX-51
112	变倍体视显微镜	2 900.00	2017-04-20	1	小麦良繁基地	SMZ-B2
113	电子天平（百分之一）	5 200.00	2017-04-20	1	小麦良繁基地	BS2202S
114	电子天平（千分之一）	4 400.00	2017-04-20	1	小麦良繁基地	BS223S
115	电子天平（万分之一）	7 900.00	2017-04-20	1	小麦良繁基地	BS224S
116	洗眼器	780.00	2018-01-16	1	定西福州综合实验室	
117	HP 一体机	1 950.00	2017-11-03	1	定西福州综合实验室	启天 M4600
118	HP 一体机	1 950.00	2017-11-03	1	定西福州综合实验室	启天 M4600
119	冷藏柜	4 770.00	2017-10-13	1	油料作物研究所	
120	容重器	2 789.00	2017-08-02	1	小麦良繁基地	
121	潜水电机	6 300.00	2017-04-23	1	油料作物研究所	
122	粉碎机	1 800.00	2017-05-16	1	定西福州综合实验室	
123	电子分析天平	2 499.00	2016-09-22	1	马铃薯研究所	
124	电子天平	1 200.00	2016-09-22	1	马铃薯研究所	
125	温室自控应用软件	32 000.00	2016-05-11	1	旱地农业综合研究室	
126	自动电位滴定仪	4 500.00	2015-04-16	1	土壤肥料植物保护研究室	
127	叶面积指数测量仪	28 000.00	2015-04-16	1	土壤肥料植物保护研究室	
128	紫外可见分光光度计	8 000.00	2014-04-16	1	土壤肥料植物保护研究室	
129	土壤水分温度测速仪	6 000.00	2015-04-16	1	土壤肥料植物保护研究室	
130	自动旋光仪	11 000.00	2015-04-16	1	土壤肥料植物保护研究室	
131	近红外农产品品质分析仪	115 000.00	2015-04-16	1	土壤肥料植物保护研究室	
132	电子解剖显微镜及配件	15 000.00	2015-04-16	1	土壤肥料植物保护研究室	
133	实验室出线柜	10 000.00	2014-11-01	1	土壤肥料植物保护研究室	

续表

序号	资产名称	价值（元）	取得日期	数量	使用部门	规格型号
134	实验室综合无功柜	14 000.00	2014-11-01	1	土壤肥料植物保护研究室	
135	实验用电冰箱	2 749.00	2012-05-01	1	土壤肥料研究室	
136	天平秤	950.00	2011-12-31	1	土壤肥料研究室	
137	曲管温度表	2 790.00	2010-06-30	1	油料作物研究所	
138	潜水泵	1 400.00	2010-05-31	1		
139	电子天平	1 146.00	2009-12-31	1		
140	其他质量计量标准器具	37 000.00	2009-12-31	1	科研管理科	
141	其他端度计量标准器具	985.00	2009-07-31	1	土壤肥料研究室	
142	仪器仪表	1 986.50	2008-06-21	1	土壤肥料研究室	
143	电子天平	220.00	2008-06-20	1	土壤肥料研究室	
144	天平	188.00	2007-10-21	1	化验室	
145	装袋机械	34 798.92	1996-02-01	1		包装机
146	吸尘器	283.00	1995-09-21	1	化验室	
147	生物显微镜	500.00	1995-08-06	1	化验室	
148	电沙浴	672.00	1995-05-23	1	化验室	
149	酸度计	630.00	1990-05-26	1	化验室	
合计		2 637 140.43		152		

表 5-2-3　马铃薯脱毒快繁中心仪器设备明细

名　称		数量	名　称		数量
卧式矩形蒸汽压力灭菌器	台	1	消毒车	辆	1
搬运车	台	2	小型高压灭菌锅	台	1
自动灌装机	台	1	电子天平（1/100）	台	1
酶联仪	台	1	离心机	台	1
手消毒器	台	1	解剖镜	台	1
单人超净工作台	台	15	卧式空调	个	5
立式空调	个	1	电磁炉	台	1
净水器	台	1	中央实验台	组	1
实验边台	组	3	药品柜	个	4
内遮阳系统	套	1	原原种数粒机	台	1
培养基无菌分装线	台	1	无菌分装台	台	1
反渗透纯净水机组	套	1	蠕动泵	台	1
水平流净化工作台	台	8	无菌封口机	台	10
自动手消毒器	台	2	便携式酸度计	台	2
培养基周转车	辆	50	钢网层式周转车（接种车）	辆	30

续表

名 称		数量	名 称		数量
不锈钢接种枪镍	把	65	弯剪	把	70
标签打印机（组培专用）	把	22	温湿度记录仪	台	9
紫外线灯具	套	40	紫外线灯管	支	60
移动自净器	台	4	高低点温度计	只	30
吊顶式双向流净化新风换气系统机	台	5	合 计		455

注：主要由定西金芋马铃薯公司购置。

二、农机设备

各类型拖拉机、旋耕机、铧犁、喷药机、播种机、种子脱粒机、收割机、穴播机、清选机、施肥机、柔丝粉碎机、点播机、小型中耕机、中耕培土机等农机具91台（套）。

三、其他设备

电脑、打印机、照相机、摄像机、投影仪等自动化办公设备224台，办公家具830件，其他公用设备60台（件），公务用车3辆（轿车2辆，19座面包车1辆），电动三轮车6辆。

第六编 科技创新

创新是一个民族进步的灵魂，是国家文明发展的不竭动力，定西市农科院走过的道路，是一条不断开拓创新、励精图治的道路。按照“着眼于道地性，做好试验工作；着眼于优质性，做好示范工作；着眼于良种性，做好推广工作；着眼于技术性，做好提升工作”的要求，围绕全市农业和农村经济社会发展的需要，着力做好项目建设、品种引育、科研示范、技术创新等工作。未来的定西市农科院，将建设成为“定位准确、布局合理、协同创新、运行高效”的省内一流乃至国内有一定影响力的科研院所，自主创新能力和当地产业支撑引领能力显著提升，科技平台建设管理进一步加强，院内外协同创新取得突破，科技管理体制机制创新沿着遵循科技发展规律的方向不断深化，创新活力和创新效率大幅度提升，在作物育种和关键技术方面取得一批重大成果，形成一批针对典型区域产业瓶颈问题的综合性技术体系，培育一批卓越团队，打造博士站、专家工作站、学术委员会等农业智库，建设开放的科研公共平台和联合实验室，为培植当地支柱产业、服务地方经济提供强有力的科技支撑。

定西市农科院坚守“开拓、创新、求实、奉献”的农科传统，立足当地特色优势产业，结合旱作农业发展实际，发挥人才和技术优势，以农业科学化、产业化为先导，加强新品种培育、旱作农业新技术研发，探索定西农业由解决生存温饱到持续健康发展的道路；坚守农业基础应用研究和新品种新技术示范推广两大主业，从起步时的小面积良种繁殖、示范展示到如今的产业化综合示范基地打造，选育出大批优良品种，并对栽培技术组装配套集成推广，探索总结出农业科技服务和成果转化模式，形成职能较强、特色鲜明的育繁推一体化的格局定位。

20世纪50—70年代，定西种植的所有农作物新品种几经换代，90%以上由定西市农科院引进和培育而成，这些新品种对定西粮食的增产和农民的增收发挥了重要作用。作为特色优势育种研究项目，小麦育种科研曾在20世纪70—90年代是定西乃至西北的一张“名片”，定西24号和定西35号的育种专家唐瑜，曾在《甘肃日报》的头版头条以“小麦妈妈”为题被刊登报道。定西市农科院选育出的定西24号、定西35号、定西40号，陇中3号、陇中5号、陇中6号，定丰3号、定丰9号、定丰12号等春（冬）小麦系列新品种60多个，累计推广面积8000万亩以上，亩增产30%以上。育成定亚系列胡麻优良品种25个，其中，定亚14号、定亚17号通过国家审定，在全国胡麻主产区年推广面积保持200万亩以上，亩产由30多千克增加到100多千克，产量提高3倍多；育成马铃薯优良品种6个，其中定薯3号为国审品种，“定西马铃薯脱毒种薯”曾一度成为享誉国内马铃薯产业领域的一大品牌；选育出当归、党参、黄芪等新品种15个，打破中药材无品种的传统观念，在国内属首创；育成定豌、定莜、定燕、定荞等“定字号”杂粮品种30多个，在全国同类生态地区进行推广种植，推广面积保持在200万亩以上。

集成并应用旱作农业、脱毒快繁、病害防控、综合管理等一大批农业技术，有力地加快定西农业及产业发展的步伐。定西市农科院各类科研成果在适种区累计推广面积近1.5亿亩，新增粮食36亿千克，新增社会效益约28亿元。

涌现出“小麦妈妈”唐瑜，“胡麻夫妇”俞家煌、丰学桂等国内知名专家，冬小麦良种“奠基者”周谦、道地中药材品种选育的“开拓者”刘效瑞等享誉省内外的育种专家，王梅春（食用豆）、刘彦明（燕麦荞麦）、李德明（马铃薯）、陈永军（胡麻）等现代农业产业技术体系专家。基层农业技术推广专家马占川（漳县农技中心）、基层农技推广工作者陈效珍（陇西县福星镇农技员）及杨文毕（定西华岭毕昌农产品农民专业合作社）、强彩霞（定西市吕坪农产品购销农民专业合作社）等农民科技致富带头人。依托甘肃省级重点人才项目、“三区人才”科技专项、产业发展项目等平台，开展农村实用人才培训。

定西市农科院累计承担完成各类科研及成果转化项目510多项，获地（厅）级及以上科技奖励266项。通过国家及省级审（认）定农作物品种195个。获授权专利53项，制定地方标准30余项，出版专著20多部，发表论文1600多篇。

第一章 起步探索 初步发展（1951—1962 年）

1951 年秋，定西专区农场耕地面积 157.5 亩，科研工作主要以种植粮食作物为主。1952 年耕地面积扩增到 290 亩，其中，夏粮面积 218 亩，主要种植小麦、豌豆。秋粮面积 22 亩，主要种植谷子和糜子。科研经费由甘肃省人民政府农林厅给予少量支持，主要任务是完成 5 年良种繁殖计划。科研内容以主要粮食作物培育初选和繁殖筛选良种为主，将乌克兰冬小麦品种进行场内试验外并在生产上和春小麦进行比较，将玉皮、96 号、红芒麦、乌克兰冬麦进行大田比较试验（资料源自甘肃省人民政府农林厅通报，农第 1952 年；甘肃省人民政府农林厅，农第 20759 号）。1955 年，耕地面积增加至 526.8 亩。1956 年，更名为定西专区农业试验（区）站，粮食作物 483.48 亩，亩产为 177.56 千克，农业收入 19613.43 元，盈利 4133.11 元。1959 年，耕地面积扩增到 664 亩，播种面积 620 亩，粮食作物 440 亩。科研工作主要开展深耕改良土壤，精细耕地，增施肥料，培养地力，精选良种，推行密植，适时灌溉追肥等技术措施。粮食作物平均亩产为 179.75 千克，比 1958 年的 137.5 千克提高 30.7%。小麦 264 亩，亩产为 215 千克，比 1958 年的 151.5 千克提高 42.24%。工业原料作物 79.5 亩，甜菜 92 亩，亩产 1500 千克。胡麻 8 亩，亩产 75 千克，比 1958 年增产 50%。蔬菜 33.5 亩，其他 112 亩。农业收入达 35797.48 元，盈利 6336.58 元。

筛选出胡麻品种定西红胡麻，该品种具有抗旱性强，较耐寒，严重感染锈病，不抗萎蔫病，抗倒伏性强等特点，是当时定西地区普遍种植的胡麻品种。1960 年，实行以粮食为纲，棉油为副，棉油作物种植量逐渐加大。当时全区油料作物播种面积到 120 万亩，亩产由 1959 年的 41.5 千克提高到 50 千克，总产达到 6000 万千克，比 1959 年增产 26%。1981 年被收入《中国亚麻品种志》。

1961 年，定西专区农业试验站粮食作物种植面积 359 亩，平均亩产 167.3 千克，与 1960 年相比增产 18.99%，农业收入 16197.76 元。

1962 年开始与甘肃农业科学院进行合作研发，播种胡麻良种雁农 1 号 100 亩，总产 2250 千克，粮食作物 154 亩，总产 5261.25 千克，种植蔬菜 13 亩。

第二章 选育品种　解决温饱（1963—1977年）

1963年，更名为定西专区农业科学研究所，设立办公室、试验研究室、化验室和中川良种繁殖试验场、西寨良种繁殖试验场，科技队伍、基本建设、仪器设备、科研业务等方面都有较大的发展。成立定西专区油料试验站，负责指导靖远县棉花试验站、会宁县糜谷试验站、通渭县冬麦试验站和陇西县农业试验站的业务工作。

1964年，土地面积达到875亩（当时为西寨良种繁殖试验场），耕地面积755亩，其中，粮食作物661亩，总产量52880千克。种植胡麻94亩，亩产达到87千克。科研以选育农作物优良品种为主，主要建立样板田和农民试验点，同时开展春（冬）小麦、糜子、谷子、胡麻、洋芋、豌豆、小扁豆等8种作物土壤肥料、植物保护研究，建立会宁糜谷点、通渭冬麦点、西寨胡麻点。

1965年，主持或参与项目达24项，30个课题。当时大部分科技人员被下放到农村和地区五七干校劳动锻炼，留本人员多数转为工人，科研工作基本上处于停顿状态。

杂交育成的胡麻品种有定亚1号、定亚4号、定亚20号和741-26-10-1等16个新品种（系），其中，定亚1号（3-33）具有抗旱、耐寒、高抗锈病等特点，1977年甘肃省定为全省推广品种；定亚4号（43-14）具有抗旱、高抗锈病、幼苗耐寒性较弱、晚熟等特点；省列项目定亚10号（662-2）1977年通过地区鉴定验收，1978年获甘肃省科委科技成果奖；定亚12号（6610-7）1977年通过地区鉴定验收并定名，同年被甘肃省定为全省推广品种，1978年获甘肃省科委科技成果奖；定亚14号（6612-1）具有抗旱性强、高度抗锈等特点，1981年被列入《中国亚麻品种志》；定亚15号（73-381）1978年通过地区鉴定验收并正式定名；定亚18号、定亚19号、定亚20号年推广面积均在50万亩以上。上述良种比当地老品种亩增产10%以上。引进胡麻良种雁农1号，该品种具有增产、高抗锈病、适应性广等特点，在1963年2月的全省作物育种会议上正式定为全省推广良种，1964年2月定为上报成果，并选入《甘肃粮油棉良种介绍》；引进的匈系2号于1963年11月全省农科所所长会议上被定为推广良种，并选入《科技资料选辑》；引进的奥拉、谢列波1965年定为上报成果，并入选《中国亚麻品种志》；还引进了大同胡麻、天亚2号等品种。

采用抗旱生理的鉴定方法，对春小麦品种资源进行田间抗旱性鉴定和评价，从中筛选出优异的亲本材料，加快春小麦新品种选育。特别是以定西地方品种白老芒麦为母本、智利肯耶为父本进行杂交，采用传统育种技术与抗旱生理鉴定相结合，培育出著名的春小麦定西24号，其育种技术成为理论指导实践典范。

1963年引进冬小麦品种2711，在定西地区推广面积达15万余亩，同年2月在甘肃省首届作物育种会议上被确定为推广良种，1964年2月被定为上报成果；1965年引进的燕红、腾交在全区推广，同年6月被定为上报成果。

春小麦通过引种筛选，在定西大面积推广的春小麦品种有甘肃96号、玉皮麦、华东5号、公佳、阿勃、阿夫、榆中红、杨家山红齐头等。冬小麦品种有2711、乌克兰0246、保加利亚10-1号、燕红、腾交、起交等10多个。通过有性杂交育成的春小麦新品种有定西1号、定西24号、定西35号和定丰15号等50多个品种，大部分推广面积均在1万亩以上，其中，定西24号具有较强的抗旱性、耐瘠薄、抗锈病、抗青秕、丰产性好、适应性强等特点，后期推广面积达100万亩以上。1974—1977年定西3号累计种植8万亩，1974年上报成果。定西5号适宜干旱区种植，1974年上报成果。定西19号1978年种植面积2.3万亩，1980年上报成果。筛选出的榆中红1963年被确定为中部干旱地区春小麦良种，1964年在全区重点示范推广，同年2月定为上报成果，1964年在省育种会议上被审定为推广良种，并入选《甘肃粮油棉良种介绍》。引进的春小麦“公佳”良种具有丰产、稳产、抗病、生长整齐等优点，是定名推广良种，1965年6月上报成果。引进的华东5号表现为丰产、早熟、抗锈，1964年2月省作物育种座谈会上被确定为推广良种，并选入《甘肃粮油棉良种介绍》。

系统选育的定糜1号和定糜4号，1960年通过地区定名，在1964年2月全省作物育种座谈会上被审定为推广良种，同年定为上报成果，并入选《甘肃省粮油棉良种介绍》。筛选出的通渭黄腊头1964年2月通过省作物育种座谈会审查，确定为推广良种，并入选《甘肃省粮油棉良种介绍》。引进的谷子品种青苗猫瓜1963年在全省农科所所长会议确定为推广良种，并于同年上报成果。与甘肃省农业科学院作物所合作系统选育的甘粟2号，1965年年底种植面积1000多亩，同年在全省育种工作会议被确定为推广良种，截至1966年年底推广3万亩。1979年入选省农科院编的《1965—1978年农业科研成果选编》。

1971年，种植的432.9亩良种繁育田平均亩产246.25千克，比1970年亩产155.75千克增产58.1%，总产达到106605.2千克。定西27号在1.7亩繁殖田中平均亩产达到342.95千克，创造最高产量纪录。上交国家粮库1.5万千克用于支援国家建设。

总结编写《旱农技术》《旱地春小麦栽培技术》《胡麻栽培技术》《旱地化肥施用技术》等综合技术研究成果，并在生产上大面积推广应用。

在全国和省地学术刊物上发表或学术会议上宣读的论文有200多篇。

第三章 充实提高 稳步发展（1978—1996 年）

1978 年，随着全国科学大会和甘肃省科学大会的相继召开，在“经济建设必须依靠科学技术，科学技术必须面向经济建设”方针的指引下，定西市农科院调整科研方向，以选育优良农作物新品种为科研导向。

1978—1983 年，调整工作方向和任务，由原来的试验示范推广转向以科研为中心和服务经济建设的指导思想，突出农作物新品种选育研究的战略重点。1984 年，按照经济建设必须依靠科学技术、科学技术工作必须面向经济建设的战略方针，尊重科学技术发展规律，从实际出发，进行一系列的改革措施，使之有利于农村经济结构的调整，推动农村经济的发展。同年更名为定西地区旱作农业科研推广中心，下属机构设秘书科、总务科、科学研究部、技术推广部、西寨油料试验站和中川实验农场，增设中心化验室、植保植检站和科技情报资料室，科研布局和机构设置更为完善。

1986—1995 年，加大改革开放力度，推动科技与经济建设的紧密结合，坚持科研开发一体化，实行目标责任制。

“六五”期间，取得各项研究成果 4 项。“旱地春小麦良种定西 24 号选育”课题，1983 年获省农业厅二等奖，1984 年获甘肃省科委科技进步奖一等奖，截至 1983 年年底，定西 24 号推广达 100 万亩以上，1993 年年底在甘肃、宁夏、青海等省（区）累计种植 1000 万亩以上。“旱地春小麦良种定西 24 号推广”课题，推广应用面积 236 万亩，纯收益 770.78 万元人民币，1984 年获甘肃省科委科技进步奖一等奖。“油用红花引种适应性观察（80-7-1）”1983 年通过鉴定验收，水平达省内同类研究先进水平。“旱地春小麦定西 27 号选育”适宜于中等肥力的川水及二阴区种植，1988 年年底累计种植 8 万亩，1980 年通过鉴定验收，发表论文 18 篇和会议交流论文 2 篇，其中，省级刊物 7 篇，地级刊物 11 篇。

“七五”期间，经鉴定验收的主持研究成果 21 项，协作研究成果 6 项，共 27 项。其中，获得各级奖励的成果 13 项，成果获奖率 48.3%，是“六五”期间 4 项的 6.8 倍。选育新品种 11 个；丰产栽培研究 9 项，推广 2 项，土肥研究 1 项，春小麦抗旱生理研究 2 项，软科学 2 项。省内同类研究先进水平 18 项，地区同类研究先进水平 1 项。定西地区旱农中心在学术刊物上发表论文 56 篇（省级以上刊物 38 篇，地级刊物 18 篇），各种会议交流论文 10 篇，科普报道文章 30 多篇。举办培训班 73 期，培训各类技术人员 5239 人（次），印发技术资料 4790 余份，发行《旱农研究》刊物 28 期。获奖成果 13 项，其中，获国家科委二等奖、国家星火一等奖、省部级二三等奖各 1 项；获省部级三等奖 1 项；地厅级二等奖 8 项；6 项协作研究成果达国内先进、省内先进各 3 项。

生产粮油（籽）53 万千克，年生产 10.59 万千克，5 年内向社会提供小麦、胡麻良种 38.9 万千克，鲜菜 65 万千克，鲜奶 30.92 万千克，优良仔猪 750 头，总收入 146.25 万元，总利润 19.48 万元。

良种良法累计推广总面积 1204.5 万亩，共增产粮食 2.35 亿千克，油籽 1501.4 万多千克，药材 3.8 万千克，鲜菜 54.8 万千克，新增纯收益 1.59 亿元，科技投资收益率达 1.77 元。

建成以“七五”期间为重点的 40 年科技成果展览室。展室面积为 69 平方米，展出内容分基本概况、粮油作物新品种选育等 16 大类，37 块版面，351 件实物标本，261 幅图表，90 多篇（册）科普文章（论著），并设立塔型种籽旋转台 1 个。

定西地区国民经济及社会发展十年规划目标为：“八五”期末基本解决温饱，实现粮食自给“九五”期末稳定解决温饱，区内粮食稳定自给。按照规划目标，坚持以研究为主，科研与推广相结合，研究与开发两手抓，面向经济建设的方针和为生产服务的方向，把培育抗旱高产良种、旱作农业综合开发研究作为主攻方向，快出成果，多出成果，出好成果。

“八五”期间，自主完成通过技术鉴定并进行成果登记的科技成果 22 项，其中，新品种选育 7 项、丰产栽培 7 项、植物保护 1 项、推广课题 4 项、土壤肥料研究 2 项、产业化开发 1 项；成果水平达国内领先 1 项、国内先进 12 项、省内领先 2 项、省内先进 7 项；获省部级二等奖 4 项、三等奖 2 项，地厅级一等奖 4 项、二等奖 2 项、三等奖 8 项。育成旱地春小麦 79157-8（定西 33 号）、79121-15（定西 35 号），水川及二阴区春小麦 802-15（定丰 3 号）、815-6（定丰 4 号）、82104-6（定丰 5 号），莜麦 79-16-22（定莜 1 号）、79-3-13（定莜 2 号），706-12-9（定豌 1 号），胡麻 7819-2-1-1-1（定亚 18 号）、7916-12-2-12-1（定亚 19 号）、8227-38-2-1（定亚 20 号）等 11 个新品种，全部通过省品种审定委员会审定定名，年推广 300 万亩以上，5 年累计新增粮油 7600 多万千克，新增产值 6123 万元，新增纯收益 4128 万元。科技人员共发表论文 157 篇，其中，国家级刊物 20 篇，国内专业会议交流 4 篇，省级刊物 110 篇，省内刊物会议交流 10 篇，地级刊物 13 篇。同时编写印发各类技术资料 1.5 万份，举办培训班 102 期，培训各类技术人员达 1 万人次以上。

“八五”期间坚持良种良法，累计推广种植总面积 711.7651 万亩，增产粮食 21775.285 万千克，胡麻 1337.149 万千克，党参 75.62 万千克，新增产值 3.594 亿元，新增纯收益 2.165 亿元。

1992 年 6 月成立定西地区农业科技开发服务公司，公司隶属旱农中心领导，集体企业，独立核算，自负盈亏，干部聘任，通过创办经济实体，开展新产品研发、有偿技术服务、成果转让、测试分析等，经营良种、化肥农药、小型农机具、饲料、苗木、种畜等农业生产资料以及各类林、畜产品，统筹指导各科室开展创收工作，承办具体业务。

1996 年立足区域优势，围绕全市确定的马铃薯和中药材等支柱产业，开展自主创新和产业化研究开发等工作，推进科技资源重组。在“八五”期间农业部对全国1220个农业科研单位的综合评估中，定西地区旱作农业科研推广中心位居371位，在省内39个农业科研单位中位居第10位，在14个地、州农业科研单位中位居第3位。

第四章 开拓创新　奋发有为（1997—2021年）

1997年12月定西地区旱农中心深化科研体制改革，实行中心主任负责制，推行人员聘任制，实行全员技术经济承包经营责任制，创办经济实体，建立农村区域经济和产业化开发综合示范区等一系列改革。

1999年全员实行聘任制，组建4个科技型企业：在原马铃薯开发研究室的基础上组建成“立文马铃薯种业有限责任公司”，后变为“甘肃金芋马铃薯科技开发有限责任公司”；在原良种研究室和良种经营部的基础上组建成“定西丰源农作物种业有限责任公司”，后变为“定西市禾丰农作物种业中心”；在原中川实验农场、西寨油料试验站的基础上组建成“农业高新技术产业化开发研究中心”，后变为“定西市鑫地农业新技术示范开发中心”；在原办公室的基础上组建成“科技服务中心”。

2008年1月，重新调整内设机构，定西市旱农中心马铃薯、食用豆、燕麦、油料四大作物进入国家产业技术体系综合试验站序列。

2013年4月，更名为定西市农业科学研究院，2016年11月增设农产品加工研究所。定西市农科院科研工作紧紧围绕全市农业和农村经济发展的需求，以提升特色产业发展、增强科技创新和服务能力为出发点，加强特色优势产业关键技术创新和综合试验示范基地建设，以打造“中国薯都”和“中国药都”为战略目标，推进实施“两大五小”科技创新工程，构建马铃薯、中药材、设施农业、小杂粮、高原蔬菜、旱作农业等科技创新团队建设，加强种质资源搜集、保存、鉴定，提升科技创新与服务“三农”能力，加强在特色农业科研、示范、推广、开发、培训、信息等方面的工作。

一、马铃薯产业研发

作为全国马铃薯脱毒种薯技术研究和产业开发的龙头，采用先进的脱毒种薯繁育技术，通过脱毒苗组培快繁、无土栽培繁育原原种及高效扩繁原种的生产工艺流程，集成应用脱毒种薯快繁技术规范，建成马铃薯脱毒种薯繁育基地，成为引领甘肃省马铃薯脱毒种薯生产的中坚力量。1999 年马铃薯脱毒种薯繁育技术研究和示范推广工作得到重点支持和全面发展，2001 年被确立为首批国家级国外智力引进成果示范试验基地，被确定为甘肃省马铃薯工程技术研究中心，实现脱毒种薯的专业化和规模化生产。2007 年 2 月 17 日，中共中央总书记、中央军委主席、国家主席胡锦涛视察马铃薯脱毒种薯繁育基地，在视察过程中指出，要依靠科技创新来发展特色农业产业。

2002 年组建马铃薯新品种选育研究课题组，培育出马铃薯新品种 6 个，分别为淀粉加工及菜用型品种定薯 1 号，菜用型品种定薯 2 号，菜用及全粉加工型品种定薯 3 号，淀粉加工型品种定薯 4 号、定薯 5 号、定薯 6 号，均通过品种登记。另外 6 个新品系正在参加早熟中原二作组国家马铃薯品种区域试验、中晚熟西北组国家马铃薯品种区域试验和甘肃省马铃薯区域试验。2012 年被批准成立甘肃省马铃薯工程研究院，2015 年成为全国马铃薯主食加工产业联盟副理事长单位以及定西市马铃薯主食产业开发联盟理事单位。

二、中药材产业研发

主要承担国家及省市中药材新品种选育与推广、种质资源研究与再利用、标准化生产基地建设、高产优质高效综合配套技术体系研究等工作。选育出拥有自主知识产权的中药材新品种 15 个，其中，当归 6 个、党参 4 个、黄芪 4 个、板蓝根 1 个，集成配套栽培技术规程 10 余项，实现利用重离子辐照技术开展中药材诱变育种的新突破。

三、设施农业研发

主要从事蔬菜新品种选育及绿色生产技术集成研究，食用菌品种引进保存及高产高效栽培技术研究，开展草莓品种筛选及脱毒种苗三级繁育体系建立和特色果树集成技术研究工作，以辣椒、甘蓝、芹菜、大葱、韭菜、洋葱、菜花等高原夏菜品种为重点，开展种质资源的引进、保存评价与创新利用、规模化育苗、设施栽培等技术研究，开展设施大樱桃、杏树、枣树、草莓、葡萄反季节栽培等技术研究，共引进和示范推广蔬菜、果树新品种 20 多个，研发和推广新技术 10 多项。

四、小麦、杂粮、油料、饲草作物研发

通过常规育种技术和现代生物技术相结合，培（选）育出陇中 1 号至 7 号等 7 个“陇”字号系列冬小麦品种，定西 40 号、定丰 18 号等“定”字号系列春小麦品种，定莜 8 号、定燕 2 号等燕麦

品种，定甜荞 1 号、定苦荞 1 号等荞麦国审品种，定豌 1 号至 10 号豌豆品种，定选 2 号小扁豆品种，定亚 23 号胡麻品种，定芋 1 号菊芋品种等，引进小黑麦饲草品种。

五、旱作农业研发

采用农机农艺相融合的旱作农业技术创新和新产品研发的技术措施，强化旱作农业新品种、新材料的引进和筛选，探索总结适合当地实际的测土配方施肥、病虫害综合防控等技术 20 多项。

六、农产品加工研发

立足马铃薯、中药材、杂粮等特色优势作物产后初加工，延伸农业产业链，通过开展特色农产品精深加工和储藏保鲜技术研究，制定农产品加工地方标准，创制营养与健康功能食品，为农产品加工企业提供科技支撑，提升农产品的附加值，提高农业对地方经济的贡献率。完成各类科研项目 4 项，申请国家专利 5 项，授权实用新型专利 4 项，创制出燕麦黄芪酒、马铃薯营养米、马铃薯复合面粉等特色产品。

七、基地建设

按照规范化、科学化、合理化原则，通过整合基础科技资源，科学优化高效配置，高效率、高质量、高标准推进，切实加快配套基地建设。建成“科技创新、良种繁育、示范推广”三大综合性基地。

（一）科技创新基地

位于定西市安定区国家现代农业科技园区市农科院城区试验地，占地面积 504.08 亩，主要开展马铃薯、中药材（当归、党参、黄芪、板蓝根）、小麦（冬小麦、春小麦）、杂粮（燕麦、食用豆、荞麦）、胡麻、蔬菜（甘蓝、芹菜、辣椒）、瓜果（葡萄、草莓、杏）等农作物种质资源创新利用与新品种选育、增产增效技术集成、绿色高产栽培技术示范、旱作高效节水灌溉农业技术等研究工作。

（二）良种繁育基地

位于定西市安定区香泉镇西寨村油料作物研究所，占地 561.92 亩，主要开展新品种、新技术、新产品等科研成果的集中展示，加大农作物新品种的原种繁育基地建设，保障绿色安全、高产优质原种供给。

（三）示范推广基地

分布在定西市六县一区20多个村（农民专业合作社），累计建成面积近5万亩，构建“科研＋企业＋合作社＋基地＋农户”模式，提升科技服务“三农”和助推精准扶贫能力。

八、科技扶贫

1988年，在渭源县七圣乡崔家河村开展科技扶贫，形成研究、示范、推广一条龙的产业扶贫体系。通过良种推广和技术培训，使全村产粮比上年度增加28030千克，人均纯收入达到256元。

1991年，在渭源县会川镇上集村，通过新品种和配套新技术示范应用，使人均占有粮提高16.8%，人均纯收入由200元提高到350元。通过示范种植，带动周边乡村新品种的推广。

从1997年开始，承担岷县寺儿沟立林村和通渭县李店乡常坪村的帮扶脱贫任务，化验室配制专用肥10吨，免费提供到2个村，提高了当地粮食的产量，开创了配方施肥的先河。副主任王廷禧、推广研究员徐继振分别被定西地委、行署授予“帮扶村先进个人”和“扶贫状元”的荣誉称号，院属创办企业——立文马铃薯种业中心被授予“产业化技术服务先进”称号。

2004年开始对接帮扶岷县闾井镇。2010年每年拿出20万～30万元的帮扶资金，为帮扶村购置种子肥料。2013年后，帮扶岷县4个重点贫困村，培育富民产业，指导农户科学种田，优化调整粮经饲农业种植结构，增加农户收入。

在岷县闾井镇林口村、草地村开展以联系贫困村、以干部联系特困户，与29户贫困户结成帮扶对象，单位96名干部联系160户贫困户，占该村324户的49.4%。“7·22”岷县、漳县6.6级地震发生后，党委第一时间号召全体职工踊跃捐款献爱心，工会组织牵头，两次捐款共计4.44万元。同时，帮助修订完善小康规划和脱贫规划。通过示范推广新品种、开展科技咨询和培训服务，重点发展马铃薯、蚕豆、燕麦产业，开展中药材种植示范，大力挖掘特色产业。重点开展以新品种引进和示范、田间管理、病虫害防治为主要内容的技术培训和指导，举办各类培训班8期，培训1000多人次，发放《农村实用技术手册》《马铃薯实用技术》《旱地豌豆生产技术手册》《燕麦技术手册》等技术资料1500多份，并在作物生长期间，深入田间地头，现场“手把手”的指导。对林口村土壤养分进行分析测定，针对土壤缺乏磷的情况，春耕期间，为131户联系户购买10080元的磷肥11.2吨。

从2015年集中推行良种加良法的帮扶措施，有力地改善当地的农业种植结构，且产量比当地技术产量翻一番。禾驮镇党委书记杜永珍评价科技帮扶时说“定西市农科院帮扶岷县禾驮镇曙光、安家山等贫困村以来，发挥自身优势，推广良种良法，在帮扶两个村进行产业结构调整和标准化基地建设中发挥重要的作用，推广的良种辐射到周边的乡镇村落。帮扶的闾井镇草地和林口两村，90% 的马铃薯、80% 的燕麦、70% 的蚕豆及 50% 的中药材都是定西市农科院提供的良种，农民增收的 20% 是由良种的推广得来的。”

2021 年 2 月 8 日，岷县县委、县政府将一面写有“尽职责以技兴农　用真情扶农富民”的锦旗送到单位，把培育的新品种推广到帮扶村和周边村社，并通过实用技术培训，指导农户科学种田，优化调整粮经饲农业种植结构，稳定增加农户收入，总结探索出的“科研＋合作社＋农户＋基地”等产业发展模式，助推产业扶贫，如期打赢脱贫攻坚战。

九、科技服务能力

组织科技人员参与服务“三农”系列科技下乡活动，在农村建立一处科技示范点，采取集中举办培训、田间操作示范等方式，深入田间地头、乡村农户进行现场指导和咨询服务，对广大基层农技人员和农民群众开展技术指导和培训。发挥“三区”人才团队和个人专业优势，助力农业农村现代化主战场。加强优秀“三区”科技人才（科技特派员）选派工作。构建出以“三区”人才为核心的农业农村科技服务体系。选派 70 多名具有高、中级职称的优秀专业科技人员，组建 8 个“三区”科技人才服务团，按照每年现场服务不少于 100 天的要求，“三区”科技人员深入帮扶一线工作岗位，按不同区域、不同产业、不同需求，紧密结合不同农时季节，采取理论与实践相结合的培训模式，围绕全市马铃薯、中药材、草食畜、蔬菜、小杂粮和粮油作物等特色优势产业的核心关键技术环节，开展灵活多样、不同形式的技术培训。采取理论教学、实践观摩、现场教学等方式，主要针对党的方针、政策和各项支农惠民知识。对马铃薯、中药材、畜草、油料、小杂粮、设施农业、玉米等种子种苗繁育技术，大田作物绿色增产增效生产技术，现代设施农业标准化生产技术，旱作节水农业技术，农产品初加工及贮藏技术，优质高产牧草新品种推介、种植及加工技术进行培训。

通过试验示范，筛选出适宜不同地区栽培的高产、抗旱、抗病燕麦新品种 2 个，中药材新品种 15 个，马铃薯新品种 5 个，蚕豆新品种 2 个。通过对作物品种更新和良种良法配套技术推广，增产效果显著，较当地品种亩增产 10% ～ 25%。

十、制度建设

完善科研工作程序、规则和职称晋升程序、制度，加强管理和督促检查，及时整改落实。做到年初有计划，年中有检查考核，年终有总结评比，科研管理工作的程序化、制度化。

2020 年重新制定和实施定西市农科院《科研管理制度》（定农科院党委发〔2020〕12 号），经广泛征求职工意见，反复讨论完善，2020 年 4 月 25 日修订完成并印发执行。

第五章 重大项目简介

一、国家自然科学基金“定西地区春小麦需水规律和抗旱性鉴定方法研究”项目

项目来源：中国科学院基金资助项目（自然科学基金项目）

项目编号：〔1984〕科基金生准字第 425 号

资助经费：6 万元

起止时间：1984—1988 年

项目完成情况：以盆栽试验和实验室测定为主，辅以田间试验、人工小气候模拟等方法研究春小麦需水规律，抗旱品种的形态、生理生化指标及鉴定方法的各项任务，项目在 1988 年 12 月通过鉴定验收，成果获 1988 年度甘肃省农业科技改进二等奖，研究论文在《干旱地区农业研究》、《甘肃农业科技》等刊物发表，并将研究过程中撰写的 13 篇论文集结成册，编辑印刷《春小麦抗旱性研究》。

主要完成人：周易天、王梅春、唐瑜、刘杰英、刘立平、刘彦明。

二、定西地区百万亩梯田坝地主要农作物丰产栽培技术承包项目

项目来源：甘肃省“两西”建设指挥部、甘肃省农业厅

项目编号：定行署发〔1984〕71 号

起止时间：1985—1987 年

项目完成情况：为贯彻落实省委提出的“三年停止破坏，五年解决温饱”的战略方针和地委提出的“十个三”的要求，以梯田为重点，全面实行科学种田，尽快提高梯田粮油产量，探索大面积梯田增产途径，总结旱地农业增产经验，掌握其抗旱增产的基本规律，以推动整个农业生产的发展，

通过技术承包，把农技推广工作推向新的阶段，使农业科技人员真正同农民结合，为农民服务，在实践中培养一批农业科技人才。

承包的目的与要求：3年内将现有梯田、坝地粮食亩产提高到150千克以上，胡麻亩产提高到75千克以上，据调查分析，全区有260多万亩梯田，亩产在150千克以上的一类梯田约占20%，即50多万亩；亩产在75～150千克的二类梯田约占50%，即130多万亩；亩产75千克以下的三类梯田约占30%，即70多万亩。平均梯田粮食亩产100千克左右，据在定西、会宁、通渭、陇西、临洮5个县19个不同类型乡108户社员的调查，1982年大旱，梯田小麦、豌豆、洋芋等主要粮食作物面积664亩，平均亩产76.5千克，其中，洋芋亩产120千克，小麦70.5千克，豌豆65.5千克，梯田种胡麻39亩，亩产55.5千克；1983年丰收，梯田种小麦等3种主要作物664亩，平均亩产135千克，其中，小麦亩产133.5千克，洋芋亩产172千克，豌豆亩产112.5千克，梯田种胡麻57亩亩产69千克。1984年也是丰收年，梯田种3种粮食作物661亩，平均亩产131千克，其中，小麦亩产127.5千克，洋芋亩产159.5千克，豌豆亩产124.5千克，梯田种胡麻47亩，亩产69千克，总体看梯田产量仍较低，但少数户的平均亩产超过200千克，少数洋芋亩产超过500千克（折粮），小麦超过300千克，豌豆超过200千克。1982年和1983年粮食实产平均108.5千克的基础上，每年递增10%以上，到1987年，将一类梯田亩产提高到200千克以上，将二类梯田亩产提高到150千克左右，将三类梯田亩产提高到100千克以上。

承包范围与主要作物面积：百万亩梯田、坝地重点设在定西、会宁、通渭、陇西、临洮、渭源6个县的干旱山区，以小流域为主，集中连片，便于指导。作物布局以小麦、洋芋、豌豆、胡麻为主，因地制宜地布局糜谷、禾田、莜麦等杂粮，其中，小麦30万亩，洋芋30万亩，胡麻10万亩，各种杂粮30万亩。

承包内容与时间：重点抓培肥土壤，合理施肥（氮、磷、钾按比例施，农家肥、化肥混合施），采用植物保护（3年内基本控制地下害虫、鼠害以及禾谷类黑穗病）、优良品种、栽培技术等。1985年地、县搞点，直接承包20万亩左右，间接指导80万亩左右；1986年直接承包50万亩左右，间接指导50万亩左右；1987年全部由地、县、乡分三级直接承包，基本做到地块不变，人员基本不变，以取得较成套的经验。

技术承包：在实行技术承包时要充分发挥各级农技干部的作用，充分利用省内有关农业院、校、所蹲点搞科研的有利条件，发挥省地县包乡解决3年停止破坏的农业科技人员的作用，经过地、县、乡农业科技人员连续3年的工作，超额完成各项任务指标，同时在综合抗旱增产方面取得突破。首先普及传统的抗旱耕作法，增强基本农田的蓄水保墒能力；其次是调整作物布局，实行合理轮作倒茬，扩大豆类作物面积，用养地相结合，再次是改进施肥方法，做到合理的施肥增施有机肥和科学施用化肥，最后选用抗旱作物品种，推广优良品质。

完成情况：通过建立试验、示范基点，以点带面，推动承包工作的全面开展，集中人力、物力，研究和验证农业新技术、新成果，从中取得经验和依据，进而大面积示范推广。累计参加技术承包人员达到1063名，地县共建立依托（联系）农户4529户，建立重点村112个，重点社291个，示范户6543户，设置试验、示范点80个，开展各种试验，示范项目239项（次），培训农业技术人员2.47万人次，印发宣传资料2.91万份。完成承包面积达111.73万亩，平均亩增粮食42千克，增长32.2%，较承包指标增长6.2%。

项目完成人：张文兵、卢桂山、伍克俊、何振中、刘荣清等

三、国列星火计划“十万亩优质当归栽培基地建设”项目

项目来源：科技部星火计划项目

项目编号：国列74695B071D8600003

资助经费：19万元

起止时间：1995—1997年

项目完成情况：由甘肃省定西地区旱作农业科研推广中心主持，岷县、渭源、漳县农技部门协作完成的国列星火计划项目“十万亩优质当归栽培基地建设”经过3年（1995—1997年）全面实施，取得的主要成果有：完成合同下达的各项任务，3年累计完成当归栽培基地面积28.3万亩，其中，重点示范田6.6万亩，平均亩产干品189.9千克，亩增69.8千克，特一等当归出成率57.86%，带动田面积21.7万亩，平均亩产干品148.2千克，较基础亩增产33.2千克，特一等当归出成率52.53%，举办各种类型的培训班441期，培训人员62.54万人（次），3年共产当归干品1181.27万千克，新增纯收益13188.29万元，栽培基地户均增收825.3元。系统研究高寒阴湿区栽培当归生产区的资源特征及成药期生长动态和规律，创新性地研究和推广科学施肥技术、优质高效栽培数学模型、微肥及植物生长调节化控技术等，丰富当归高产优质栽培的理论和技术体系，为使“岷归”高产栽培能建立在科学基础上提供可靠依据，对当归生产具有广泛的指导意义。探索当归地膜覆盖栽培新技术，实现当归栽培技术和适宜栽培区域的新突破，利用地膜覆盖栽培新技术使当归适宜种植区域由海拔2000～2400米提高到2600米，并探索各种颜色地膜的增产潜力，为实现当归大面积、高产量、高品位、高效益生产开创新途径，同时探索熟地育苗和产后加工熏制新技术，降低当归抽薹率，提升当归色泽、品位，为保护生态环境促进当归产业的可持续发展提供新技术，研究肥料因子、微肥、植物生长调节剂对当归内在质量的影响，应用本项目提供的优化农艺方案生产的当归，经成分分析，其挥发油含量提高0.01%～0.29%，多糖提高0.08%～6%，70%乙醇浸出物无显著变化，阿魏酸提高0.046%，符合药材生产的要求，具有一定的学术价值和生产意义。

获1998年度甘肃省科技进步二等奖。

项目完成人：徐继振、刘效瑞、祁凤鹏、王天玉、荆彦民、李清萍、赵荣等。

四、科技部国家科技园区项目“甘肃省定西地区专用型马铃薯脱毒种薯快繁中心建设”

项目来源：“甘肃省定西地区专用型马铃薯脱毒种薯快繁中心建设”项目，是由科技部列项，甘肃省科技厅主管，甘肃省金芋马铃薯种业有限公司（定西市农科院下属公司）主持完成的“定西国家级农业科技示范园区”项目中的星火项目。

项目编号：2001EA860A18

资助经费：65万元

起止时间：2001—2003年

项目完成情况：项目通过3年的实施，在完成基础设施建设的基础上，开展优质专用马铃薯新品种的引进筛选，筛选出的大西洋、夏波蒂等5个专用型品种用于生产。开展马铃薯脱毒苗、脱毒微型薯优质、高效、低成本生产技术研究等100多项（次）的试验工作，取得的成果用于工厂化、规模化周年生产脱毒苗和微型薯。同时建立健全脱毒苗快繁技术体系、微型薯生产技术体系、质量监控保障体系等，超额完成合同规定的各项任务指标。科技人员在《中国马铃薯》《种子》等刊物上发表论文10多篇。快繁中心形成年产脱毒苗2000万株，生产微型薯3000万粒，原种5000吨的生产规模，并在国家商标局注册“金芋”牌种薯商标。

项目完成人：伍克俊、杨俊丰、王梅春、蒲育林、连荣芳、袁安明、胡西萍、马秀英等。

五、国列标准专项“马铃薯脱毒种薯安全限量及控制技术标准研究”项目

项目来源：科技部国家科技攻关计划重要技术标准研究专项“马铃薯脱毒种薯安全限量及控制技术标准”

项目编号：2002BA906A80

资助经费：50万元

起止时间：2003—2005年

项目完成情况：制定完成国家《马铃薯种薯标准（草案稿）》和《马铃薯脱毒种薯高效低成本快繁生产技术操作规程》《专用型马铃薯优质高效栽培技术规程》，系统地制定出马铃薯种薯质量安全

限量技术标准及其生产控制技术规程，指导脱毒种薯质量标准化、生产专业化、经营规范化，以充分发挥脱毒种薯的增产作用，提高脱毒种薯在国际市场的竞争力，为全国马铃薯生产及其产品经济贸易提供技术标准支撑。建立和完善马铃薯脱毒薯（苗）质量监测和监控技术体系、研究检测检验方法和安全限量数据计量标准，将马铃薯病毒快速脱出技术、脱毒种薯（苗）高效低成本快繁生产技术、马铃薯优质高效栽培技术、马铃薯病毒和类病毒检测技术、脱毒薯（苗）质量监测和监控技术等单项技术组装配套，并集成综合到《马铃薯脱毒种薯安全限量及控制技术标准》之中，为马铃薯种薯质量控制提供系统的技术保证。通过马铃薯优质高效生产技术核心试验区、示范区和标准化生产示范基地建设，技术成果和标准的组装集成与示范，标准技术成果的转化和辐射带动，提升示范区马铃薯的生产技术水平，取得显著的社会和经济效益。

项目完成人：蒲育林、伍克俊、王梅春等。

六、国列农业园区专项“旱作高效设施农业技术集成研究与示范”项目

项目来源：“旱作高效设施农业技术集成研究与示范”是科技部下达的国家农业科技示范园区专题项目

项目编号：2005A106-35

资助经费：50 万元

起止时间：2005—2006 年

项目完成情况：筛选出以泥炭、蛭石及河砂等为原料的有机生态型无土栽培基质配方 2 个，并研究总结出按株高和生育期或收获期为标准的 2 种旱作高效设施农业种植模式，选择乳瓜、苦瓜、番茄、紫甘蓝、芥蓝、娃娃菜等 6 个适宜在有机生态条件下进行无土栽培的高效特色果蔬品种，示范种植 178 个温室，园区内设施农业亩增收 2503 元，比项目执行前平均提高 59.0%。引进高产荷斯坦奶牛在定西国家农业科技园区内建立高产奶牛核心群，奶牛存栏达到 100 头。建立人工授精室，引进高产奶牛冻精 5000 枚和性控冻精 50 枚，进行扩繁和杂交改良。开展性控示范应用，母犊出生率达到 93%。通过杂交改良技术的应用，使高产奶牛平均单产达到 6500 千克/头，乳脂率 3.5% 以上，乳蛋白 3.1% 以上，建立“西部地区奶牛场防疫关键措施及技术规范”，年繁育高产奶牛 520 头以上。建立肉猪示范场 2 个、蛋鸡和獭兔生产综合配套应用示范场各 1 个，各示范场面平均效益提高 21% 以上。累计举办各类培训班 6 期，共培训各类人员 1620 人次，印发技术资料 3000 份。累计新增产值 7949.82 万元，新增纯收益 4305.16 万元。

项目完成人：刘荣清、王梅春、石建业、李鹏程等。

七、国列农业园区专项“优质高产冬小麦新品种陇中1号原种繁育及示范推广”项目

项目来源：“优质高产冬小麦新品种陇中1号原种繁育及示范推广”是甘肃省科技厅成果转化项目

项目编号：2008G10027

资助经费：50万元

起止时间：2008—2009年

项目完成情况：陇中1号是定西市旱作农业科研推广中心育成的冬小麦新品种，具有丰产性好、抗旱耐瘠、品质优良、适应性广等特点，2006年通过甘肃省科技厅组织的鉴定验收成果达国内领先水平，2007年12月通过第二届国家农作物品种审定委员会审定定名。

陇中1号在2004—2006年度全国北部旱地冬麦区域试验中，5省区22点汇总，平均亩产302.55千克，比对照长6878增产10.28%，居第一位。在大旱年份表现出较强的抗旱性和增产潜力，年际产量水平变幅小，成穗数、穗粒数、千粒重三因素协调，株高、千粒重相对变化小，抗旱性3级，抗旱指数1.0598/1.0692。粗蛋白含量14.23%，赖氨酸0.46%，湿面筋32.4%，沉降值30.6毫升，吸水率61.2%，稳定时间3.6分钟，各项指标达到国家中筋小麦品质标准。在全国区域试验环境变异系数分析10个品种中，陇中1号变异系数均值最小CV21.709%，说明该品种静态稳定性好，适应性广，适宜在甘肃省中部、陇东地区，临夏回族自治州，宁夏回族自治区固原县及陕西省延安市等冬麦区种植。

本项目在甘肃省、宁夏回族自治区、陕西省、山西省四个省区的定西、白银、庆阳、平凉、武威、临夏、延安、固原、长治、长子、晋城等11个市（州）两年累计推广陇中1号120万亩。在甘肃定西市通渭县、陇西县，白银市会宁县，平凉市静宁县、庄浪县、灵台县，庆阳市秦州区、合水县、镇原县，武威凉州区、古浪县，临夏回族自治州积石山县、临夏县，宁夏回族自治区西吉县、彭阳县等21个县（区）的38个重点乡镇建立原种基地10万亩，生产原种2200万千克，新增粮食4800万千克，举办技术培训10期，培训农民5000人次。

项目完成人：周谦、李鹏程等。

八、省列重点研发“干旱半干旱区马铃薯超高产技术集成研究与示范”项目

项目来源：甘肃省科技厅重点研发项目

项目编号：2009GS002

项目总投资：300万元

实施期限：2009—2011 年

项目完成情况：干旱半干旱区马铃薯超高产关键技术进行集成研究项目，采用应用优良品种、脱毒种薯和高产高效栽培技术，形成超高产技术规程。创建示范区 3 个，1 万亩每亩产量达 2500 ~ 3000 千克，辐射带动区 30 万亩。项目是在充分进行马铃薯优势产区、马铃薯种薯及商品薯市场调查研究和技术考证基础上提出来的，项目建设不仅符合国家的产业政策，也符合地方支柱产业发展规划及承办的实际情况。有很好的技术储备和物质基础。项目研究成果示范后，使全省马铃薯产区有望在短期内实现大面积推广应用，促进马铃薯产业向深层次方向快速发展。充分发挥定西市旱作农业科研推广中心和协作的技术优势，实现科研与生产、科技与经济、产品与市场的有机结合，促进科技成果转化，带动全省马铃薯支柱产业发展。

项目完成人：蒲育林、李德明、杨俊丰、王亚东、郸擎东、罗磊、张小静、王娟、姚彦红等。

九、国列星火计划重点“干旱半干旱区设施农业科技创新服务平台建设”项目

项目来源：科技部 2010 年立项的星火计划重点项目

项目编号：2010GA860012

资助经费：50 万元

起止时间：2010—2012 年

项目完成情况：该项目由定西市旱作农业科研推广中心主持完成，主要围绕设施农业生产中的关键技术问题展开，以设施农业生产技术集成创新为核心，优良品种引进示范为基础，开展太阳能土壤加温技术、LED 植物生长灯补光技术、新材料覆盖技术、旱作节水栽培技术、立体套种技术、打破休眠技术、轻基质复配技术等方面的研究，最终筛选出适合当地设施栽培的优质果树 3 种、反季节盆栽紫斑牡丹品种 6 个、具有自主知识产权的地方特色花卉新品种 3 个，为丰富地方设施栽培品种起到作用。研发的日光温室太阳能土壤加温系统、LED 植物生长灯补光技术、温室土壤盐碱化防治技术等极大地改善设施环境条件。将“优先自动 + 遥控 + 手动控制”多功能于一体，研发“太阳辐射 + 经验数据 + 智能控制 + 正反转控制集成电路 + 安全控制”相结合的日光温室卷帘机自动控制器，该产品具有成本低廉、使用方便、省工省时、易于推广等优点，是对设施农业自动控制系统地创新。项目的建设加快甘肃中部地区设施农业产业化进程，提升设施农业科技含量，增加果蔬淡季供给，促进农业增效、农民增收、农村产业升级，实现设施农业的全面协调、可持续发展，为半干旱区设施农业的发展提供支撑。同时，本项目的实施对提升设施果蔬的品质和产量，优化产业结构，推动半干旱区社会经济全面快速发展具有重大意义。

项目实施期间共引进果树、蔬菜新品种 84 个，建立设施果蔬种植示范基地 1161.5 亩，建立名优花卉种苗繁育基地 445 亩，繁育各类果蔬种苗 659.2 万株，花卉种苗 619.3 万株（头），新增盆花总产量 33.96 万盆。在安定区、陇西、临洮等周边县区推广应用 3600.5 亩，项目累计新增总产值 7124.27 万元，扣除新增生产费和推广费 764.58 万元，新增纯收益 6359.69 万元，科技投资收益率为 1:8.32，经济效益显著。

该项目建立“科技创新 + 服务平台 + 人才培养 + 核心示范 + 辐射带动”相结合的现代农业科研和示范推广模式，为当地乃至周边地区现代农业发展起到树立典型、辐射带动和示范推广的作用，对定西设施农业产业的发展具有重大的推动作用。

项目完成人：石建业、何小谦、任生兰、谢淑琴、马彦霞、张旦、文殷花、王姣敏、叶丙鑫等。

十、国列科技惠民计划“甘肃省定西市道地中药材产业化推广及惠民示范工程”项目

项目来源：“甘肃省定西市道地中药材产业化推广及惠民示范工程”项目是科技部和财政部下发甘肃省申报的国家科技惠民计划项目。

项目编号：2013GS620101

资助经费：2918 万元

起止时间：2013—2016 年

项目完成情况：本项目在重点开展中药材先进、成熟、实用科技成果转化应用的同时，采取有效措施加快项目实施成果在本地区的推广普及，研究制定推广模式和政策措施，对科技惠民计划实施经验、组织管理措施和运行机制在全市范围内推广应用。

项目针对甘肃道地中药材当归、黄芪、党参品种混杂退化、种子种苗繁育滞后、大田种植规范化程度不高、仓储与初加工技术落后及“7・22”重大地震造成种子种苗基地受损等问题，重点选择当归黑膜覆盖垄作等 10 项先进、成熟、实用技术，通过集成创新，开展道地中药材当归、黄芪、党参优质新品种推广、种子种苗繁育基地建设、标准化种植基地建设、仓储与初加工技术升级等全产业链关键技术示范工程，切实提高甘肃道地中药材的产量和品质，形成道地中药材标准化生产控制机制，恢复和提升中药材产业的核心竞争力，从而有效调整甘肃项目区的产业结构，实现产业转型升级，加大幅度增加农民的收入，切实改善和提高农民的生活水平，实现惠民目标，体现党和国家对灾区人民的关心和支持。

到 2016 年，道地中药材当归、黄芪、党参良种种子扩繁面积达到 600 亩，生产种子 6.84 万千克。建成 50 亩当归工厂化育苗基地，6000 亩大田规范化育苗基地，项目区种苗统繁统供率达到 100%。

当归、黄芪、党参三大类中药材规范化（GAP）种植基地建设面积达到 6 万亩，在地震灾区新建和改造中药材育苗日光温室 45 栋，10 项关键技术示范应用率达到 100%。培训项目区农户 3.6 万人次，印发各类宣传技术资料 2 万套，使项目区每户药农都有一个“明白人”。项目区 2 万农户户均中药材纯收入增加 2000 元，人均增加 400 元，占农民人均纯收入的 13%。

项目完成人：刘荣清、姜振宏、荆彦民、潘晓春等。

十一、国列国际合作专项“俄罗斯优质抗寒抗虫冬小麦种质资源和新技术引进及种质创新”项目

项目来源：“俄罗斯优质抗寒抗虫冬小麦种质资源和新技术引进及种质创新”项目是 2015 年 4 月由科技部立项下达的国际科技合作专项（项目编号：2015DFR31120），由定西市农科院主持实施，甘肃省农业科学院生物技术研究所协作完成。

项目编号：2015DFR31120

资助经费：190 万元

起止时间：2015—2018 年，属国家涉密项目

项目完成情况：在安定区石泉、通渭吴家川两点开展各项试验研究工作。经过春季前期干旱冻害、成熟期雨涝、条锈病等各项因素影响的情况下，经过国外种质资源的研究、外源 DNA 导入技术回交 F2、F2 ～ F7 代后代评价选择、早期品系品质检测和抗条锈病鉴定等多项程序鉴定评价选择，筛选出丰产、抗病、抗寒、抗旱等综合农艺性状突出的国内外冬小麦种质资源 168 份［其中，综合品质优良的新材料 23 份，获得高抗蚜虫（HR）的材料 48 份］。筛选出冬小麦新品系新材料 41 份，选留高代稳定品系材料 21 份，甘肃省省级审定品种 2 个，获得综合品质优良的新品系 5 份，获得条锈病免疫的新材料 4 份。提供参加国家省级区域试验材料 8 份，省级生产试验材料 3 份，经过各项程序使冬小麦育种中间材料、早期品系品质、抗条锈病等育种技术方面取得新突破。

项目完成人：周谦、李鹏程、韩儆仁、贺永斌、李晶、周东亮。

十二、省列“旱作区粮食作物综合增产技术整乡承包”项目

由甘肃省两西建设指挥部下达，甘肃省定西地区旱作农业科研推广中心和陇西县农技中心共同承担实施的《陇西县粮食作物综合增产技术整乡承包》项目，经 1994—1996 年的实施，超额完成合同规定的各项经济技术指标。

项目完成情况：采取“压夏扩秋，因地制宜地推广抗旱、高产、优质的农作物新品种，扩大推

广地膜覆盖栽培，利用集流补灌，发展径流农业，示范应用土壤保水剂”等关键性技术措施，使项目实施区的陇西县最穷困的云田、德兴、宝凤、昌谷四乡3年累计完成粮食生产承包面积50.4万亩。平均亩产从92.4千克增加到148.7千克，亩净增56.3千克。人均产粮从256千克增加到429.8千克，人均增粮173.8千克。总增产粮食1320万千克（1996年为测产，以实产为准），新增总产值2428.8万元，新增总纯收益1925.3万元，取得极为显著的经济效益。

通过实行行政技术双轨承包，狠抓技术培训，建立高水平规范化示范基点，大抓农资配套供应等主要组织管理措施，使实施区良种普及率从58.7%提高到95.5%，综合技术普及率从60.8提高到91.2%，农科示范户从632户增加到1549户。累计举办各类技术培训班70多期，培训2.7万人次，印发技术资料1万余册，使主要劳动力培训率从60.5%提高到91%，加速新技术、新成果、新品种的普及和扩大应用，保证项目的顺利实施。

在项目的实施过程中，总结提出“以集中主要精力和时间大抓科技培训为先导→种好高水平示范田典型引路→加快种植业结构调整步伐，压夏扩秋→大力推广地膜覆盖栽培技术和旱农综合增产适用技术→研究和解决生产中不断遇到的新问题→继续探索旱农综合增产新途径”的一整套科学可行的技术路线。特别是研究和总结出干旱地地膜玉米栽培中“顶凌卧肥整地，待雨抢墒覆膜，人工浇水补墒，适时开穴播种”的抗旱保苗技术措施，是旱农地区地膜玉米栽培技术的重要突破，不仅为今后扩大旱地玉米栽培面积提供科学依据，而且对干旱贫困缺粮地区稳定解决温饱，实现粮食自给具有普遍指导意义。

获1997年度定西地区科技进步奖一等奖。

项目完成人：伍克俊、王梅春、荀永平、潘晓春、贾福明等。

十三、省列重点研发“俄罗斯、乌克兰优质种质资源引进试验示范与品种创新”项目

项目来源：甘肃省科技厅

项目编号：17YFIWJ171

资助经费：40万元

起止时间：2017—2019年

项目完成情况：紧密结合甘肃中部地域复杂、多样性气候类型为突破口，该地区大部分为旱作农业，干旱、病害等各种自然灾害频繁，从而影响冬小麦产量低而不稳，冬小麦生产过程中病虫害始终影响和制约着其产量和品质的提升，利用国外种质资源和技术培育适合甘肃中部种植的冬小麦新品种是当务之急，非常必要。项目期共引进种质资源519份（冬小麦485份、马铃薯34份），筛选

出丰产、抗旱、抗病等农艺性状突出的种质资源234份。配制杂交组合896个（冬小麦379个、马铃薯517个）。获高抗至免疫冬小麦材料6份。利用乌克兰小麦优异种质进行杂交，筛选出两个新品系（200833-2、200831-2），省级审定品种2个（陇中5号和陇中6号）。获优质小麦新品系3份，马铃薯新品系1份。签订科技合作意向书3份，引进俄乌高端人才14人次，开展技术培训7期，培训技术人员1200人。发表论文11篇，获得市级科技成果奖2项。建立冬小麦、马铃薯示范基地面积10.5万亩，冬小麦平均亩产311.4千克，比对照增产22.5%。马铃薯平均亩产2133千克，亩净增100千克，项目在甘肃、宁夏、青海、陕西四省（区）累计推广面积287.5万亩，新增总产值2.89亿元。

项目完成人：李鹏程、周谦、黄凯等。

十四、市列“川水区‘两高一优’农业综合技术开发研究”项目

由定西地区科技处、农委下达，旱农中心主持，定西县内官镇人民政府参加完成的“川水区“两高一优”农业综合技术开发研究”项目。

主要任务完成情况：1994—1996年通过技术的综合优化组装和配套，重点推广优化产业结构、保护地栽培、立体集约模式化栽培、名优特粮果菜畜禽新品种引进和推广、机械耕作、病虫防治、科学饲养、模式化庭院经济建设和农产品加工技改10项技术，建立以畜牧业为支柱产业，形成生产基地。累计示范推广高产田7.84万亩（其中，粮作6.075万亩，蔬菜1.176万亩，林果0.389万亩），畜禽15.189万头（只），新增粮食412.915万千克，肉蛋奶38.54万千克，1996年人均产粮593.7千克，平均亩产达250千克，人均收入达到1100元，分别较基数提高160.7千克，93千克和411元，累计新增纯收益1577.26万元，经济效益显著。

狠抓科技培训，统配农用物资，建立高标准示范带及采用行之有效的组织管理措施，使项目区先进技术普及率在达90%，科技贡献率达到45%，良种普及率达95%，养殖业收入占农业总收入的40%，支柱产业商品率达60%～80%。累计举办各类培训班63期，培训4.8万人次，考核聘用220名农民技术员，发展3100户科技示范户，创建明星乡镇企业，社会效益广泛。

开展水旱地膜小麦适宜品种与种植方式、节流补灌、地膜玉米适宜品种与种植方式，模式化庭院经济开发及日光温室保温覆盖材料等26项试验研究，为该区“两高一优”农业综合开发提供技术储备，特别在“121”庭院经济模式，山旱地地膜小麦种植方式、立体栽培和滴灌技术及利用玻纤布和麦草制作的日光温室覆盖材料的研究方面具有新意。

该项目打破行业限制，将种植、养殖、林果、加工业有机结合，建立各业协调发展的大农业生态系统，提出种养加相结合、农林牧同发展、工商贸齐服务的综合生产体系，在中部贫困地区“两

高一优”农业综合开发建设和稳定脱贫致富中有普遍的指导性。

获1997年度定西地区科技进步奖二等奖。

项目完成人：王廷禧、石建业、张明等。

十五、市列“高寒二阴区‘两高一优’农业建设”项目

由定西地区科技处、农委下达，旱农中心主持，渭源县会川镇人民政府参加完成的“高寒二阴生态区会川镇两高一优农业建设”项目，经过1994—1996年3年努力，圆满完成各项原定指标。示范区综合效益明显。全镇粮食单产由立项前的179.6千克提高到246千克（1996年为预测数，以实产为准），增产率为36.97%，农民人均产粮达350千克，人均纯收入由512元提高到914元，分别增产32.1%和78.5%。同时，乡镇企业、畜牧业和支柱产业同步发展，森林覆盖率提高6%以上，并在全县同类区建立粮经作物高效辐射示范田78.0万亩，累计增产粮食2080万千克，总增纯收益2993.07万元，推广投资收益率达452.13元，科技贡献率达47.7%。

技术路线科学合理，科技整体水平明显提高。项目组织紧密结合生产实际，以科技为先导，以效益为中心，实行传统农业措施与现代农业新技术相结合，大力推广高产优质高效农业新技术成果，特别是地膜覆盖，钱粮双丰收建设，以及高产高效示范重要措施的落实，在生产中发挥明显的增产增收效果。通过努力项目区重点覆盖率达85%以上，农作物及畜禽良种普及率达93%以上，重点科技示范户比率提高到31.5%。

在组织推广步骤上推行行政技结合双轨承包，目标管理，试验示范推广培训四位一体，科工贸一体化，农科教统筹，不断提高产前、产中、产后系列服务水平，通过点面结合，技物结合，培养样板，强化辐射，创建民间科技服务组织，组建农民技术员队伍，加大科技宣传力度，推动项目健康运行。3年共开展各类技术培训110期，受训1.44万人次，印发各类宣传资料6600余份，农村90%以上劳动力基本掌握335项农业实用技术。

针对当前农业生产中存在的突出技术问题，采用先进的试验设计方法，共设置各类超前性试验研究48项次，通过总结分析，不断补充完善和修订主要粮经作物技术规范，进一步优化农田生态环境、品种选择、高效农艺措施组合、农田保护以及新技术成果示范应用等5大增产系统，为省内高寒二阴生态区大力发展“两高一优”农业总结新经验，提供新途径，奠定扎实的技术基础。

1997年度定西地区科技进步奖三等奖。

项目完成人：刘效瑞、王景才、祁凤鹏等。

十六、甘肃省新农村建设人才保障工程“定西市新农村建设马铃薯产业人才开发基地建设”项目

项目来源：“定西市新农村建设马铃薯产业人才开发基地建设”是2010年甘肃省委组织部下达的新农村建设人才保障工程项目。

项目编号：甘财行〔2010〕56号

资助经费：100万元

起止时间：2010—2012年

项目完成情况：人工模拟适合马铃薯有性生殖的良好条件，使杂交结实率由原来的1.3%提高到70%。增加可供选择的有益性状实生薯，3年培育实生苗82万株。在耐旱品系筛选中，人工模拟干旱胁迫条件，制定出马铃薯品系筛选的指标范围。筛选出一些单一性状好的创新种质，可作为亲本材料利用。选育出适合干旱半干旱区气候特点和栽培条件的马铃薯高代新品系7个。其中，0422-19参加全国区域试验、0307-6、0306-26参加全省区域试验；还有4个新品系参加市级多点试验。3年从国内外引进马铃薯主栽新品种146个，开展马铃薯品种筛选试验和品种展示，筛选出适宜定西气候特点和栽培条件的马铃薯新品种青薯9号和同薯23号，较当地主栽品种陇薯3号、新大坪亩增产10%以上。2010—2012年，项目每年建立新品种筛选试验及展示基地60亩。青薯9号亩产为1920.0千克，较对照增产17.7%。同薯23号亩产为1967千克，较对照增产20.6%。两个品种抗旱、抗病性强，种薯外观好，非常适宜在旱地推广种植。青薯9号、同薯23号累计在全市七县区示范种植面积达到5万亩，其中，青薯9号种植面积3万亩，平均亩产达到1733.9千克，比对照陇薯3号平均亩增产16.8%。同薯23号种植面积2万亩，平均亩产1705千克，比对照新大坪平均亩增产19.4%。

项目完成人：刘荣清、李德明、李鹏程、张小静、潘晓春、王梅春、罗磊、姚彦红、王娟、何小谦、袁安明等。

第七编　科技合作与交流

定西市农科院秉持开放搞科研的理念，与国内外科研机构、大专院校、基层农技推广部门、农业科技企业及农村科技带头人开展广泛的科技合作交流，成立不久就与甘肃省农业科学院作物所合作开展新品种选育。与 11 个国家近 20 所研发机构合作，引进国外高端人才 42 人次，开展农作物新品种选育和栽培技术研究等方面的技术交流合作。与中国农业科学院、甘肃农业大学等国内 200 多家科研和教育机构、基层农业部门和企业开展农业科学研究和示范推广交流合作。从荷兰、美国、加拿大等技术发达国家引进高级紧缺人才和技术，培训农业科技人员，选派 30 多人（次）科技人员组团赴加拿大、荷兰、德国、以色列、巴西、阿根廷、智利、乌克兰、俄罗斯等国进行培训、考察和交流，累计引进各类种质资源材料 541 份。

第一章 国际科技合作交流

一、马铃薯研究国际科技合作交流

1997—2017年，加拿大新斯科舍农学院马铃薯病害防治专家亚仕都教授5次来定西，重点对全市马铃薯种植及产业发展进行实地考察及调研。依托国家资助的人才引进和成果示范推广等项目，针对脱毒马铃薯繁育基地生产中存在的问题提出相关意见建议，建立定西脱毒马铃薯繁育基地，指导种薯繁育基地改进脱毒苗基质配方，解决微型薯生产技术环节难题，实现脱毒马铃薯高效低成本生产，并就马铃薯脱毒种薯扩繁质量监控及病虫害防治开展技术培训和专题讲座。

2004年5月24日和10月26日，定西市旱农中心被确定为“上海全球扶贫大会”和“联合国亚太社会残疾人扶贫国际研讨会”考察观摩点。

2006—2014年，荷兰马铃薯新品种选育高级专家Jan Van Loon（杨·万鲁恩）7次来到定西，对定西市马铃薯种植、贮运和加工销售进行实地考察、调研。

2009年9月，鉴于杨·万鲁恩在甘肃农业经济发展中的突出贡献和无私奉献精神，甘肃省人民政府授予他“敦煌奖”荣誉称号。

2009年10月11—13日新西兰植物和食品研究所（New Zealand Institute for Plant & Food Research Ltd.）育种技术科学部主任Anthony John Conner教授来定西市农科院进行学术交流，就国际马铃薯基因工程和基因组学的研究进展等进行讨论。

2012年7月2—12日，法国马铃薯高级专家额丽协舍·达尼埃尔（Daniel Ellisseche）应邀来定西市旱农中心进行马铃薯产业研发技术指导和学术交流。

2013 年，德国（SES）退休专家组织马铃薯专家 Peter Roth，美国马铃薯专家 Robert E. Leiby 对定西市农科院的马铃薯脱毒种薯生产和马铃薯育种、栽培、贮藏基地进行实地考察。

2013 年 6 月 18 日，荷兰驻华大使馆农业参赞欧福旭（Marinus Overheul）、荷兰马铃薯中心首席代表富君豪（Fulco wijdooge）等一行 5 人在农业部国际合作司欧洲处处长王锦标，农业部马铃薯体系首席科学家金黎平，甘肃省农牧厅副厅长杨祁峰、副巡视员程浩明等人的陪同下参观考察定西市农科院马铃薯产业研发情况。

2014 年 8 月 18—28 日，乌克兰苏梅农业大学科瓦连科・伊格尔・尼古拉耶维奇、波德加耶茨基・阿纳托利・阿达莫维奇、弗拉先科・弗拉基米尔・阿纳托利维奇 3 位教授来甘肃省定西市农科院执行“马铃薯产业综合开发技术引进与示范推广”引智项目（项目编号 20146200053），就马铃薯生产技术开展考察交流和技术指导。参加国家资助的引进成果示范项目“国外育种技术人才的引进示范应用创新”（20146200051）技术交流活动。

2017 年 8 月 22 日，由阿尔巴尼亚总理府项目协调办公室主任卡努希，保加利亚副总理办公室主任尼可洛娃等 12 人组成的中东欧国家高级别官员代表团来定西市农科院访问。

2017 年 8 月 26 日，引进国外智力成果专家——加拿大马铃薯高级病理专家亚仕都教授来定西市农科院就马铃薯茎尖脱毒技术进行专题试验指导培训。

2017 年 9 月底，苏梅国立农业大学马铃薯育种专家奥内奇科・维克托与小麦育种专家弗拉先科・弗拉基米尔来定西市农科院就资源交换和脱毒种薯质量控制技术引进协议签订并展开科技合作与交流。

2018 年 7 月，伊朗哈马丹省农业组织副主席 Mohammadshahram Parvaresh 及马铃薯栽培专家 HadiGhafari、NahidZiaei 一行 3 人来定西市

农科院调研马铃薯抗旱胁迫及膜下滴灌水肥一体化工作。

二、粮食作物研究国际合作交流

2005—2012年，乌克兰苏梅国立农业大学Volodvmvra（沃路代穆尔）专家4次来甘肃定西，进行技术指导和学术交流，共同开展冬小麦新品种选育工作，双方签订了3轮科技合作意向书。

2007年6月28日—7月10日，加拿大燕麦育种、小麦育种专家都布克·简普锐来定西市旱农中心讲授育种技术并进行现场指导。

2008年7月，日本筑波大学生命学院荞麦专家林久喜教授来定西考察指导荞麦育种技术。

2012年6月8日，乌克兰小麦专家弗拉基米尔·弗拉先科在田间交流切磋育种技术。

2015年5月18—26日，鞑靼斯坦共和国（喀山市）农业科学研究所小麦育种专家法捷耶娃·伊琳娜，来定西市农科院执行科技部下达的国家国际科技合作专项“俄罗斯优质抗寒抗虫冬小麦种质资源和新技术引进及种质创新”项目。双方就开展国际科技合作项目专项签订《中国与俄罗斯农业技术合作意向书》。

2015年，乌克兰苏梅农业大学教授沃路代穆尔获甘肃省人民政府外国专家“敦煌奖”荣誉称号。

2016年3月24—27日，经甘肃省外国专家局邀请，俄罗斯鞑靼斯坦（喀山市）农业科学研究所所长、农学博士、研究员塔吉罗夫·马尔塞里院士和中国农业科学院作科所孟凡华博士来定西市农科院进行国际科技合作与交流考察，并执行科技部下达的国家国际科技合作专项“俄罗斯优质抗寒抗虫冬小麦种质资源和新技术引进及种质创新”项目。

2016 年，省政府外国专家“敦煌奖”获得者乌克兰苏梅国立农业大学沃路代穆尔教授，俄罗斯联邦阿得格亚农科所杜谷兹所长、聂莉研究员，在定西开展冬小麦品种创新技术交流与研讨活动。定西市农科院与俄罗斯联邦阿得格亚农科所签订科技合作协议 2 项，与乌克兰苏梅国立农业大学签订科技合作协议 1 项。

2016 年 3 月 25 日，国家外国专家局列项下达“俄罗斯种质资源人才的引进示范应用及种质创新”高端外国专家项目（编号 20166200001）。农科院邀请俄罗斯鞑靼斯坦（喀山市）农科所所长、农学博士、研究员塔吉罗夫·马尔塞里院士和中国农业科学院作物科学研究所孟凡华博士来定西市农科院进行学术交流。

2016 年 6 月 26 日—7 月 2 日，俄罗斯、乌克兰 3 位冬小麦专家在定西开展合作交流。

2016 年 9 月 11 日—10 月 10 日，俄罗斯小麦育种专家杜彼岑·尼古拉一行 3 人，在定西市农科院开展冬小麦品种创新技术交流与研讨活动。

2017年7月10日—8月10日，国家外专局列入引进境外技术、管理人才外国专家高端计划项目“乌克兰优质抗旱抗寒种质资源人才的引进示范应用及种质创新”（项目编号：20176200001）。该项目经甘肃省外专局邀请，乌克兰苏梅农业大学教授弗拉先科、副教授科瓦连科、副教授罗什科娃丹娘来定西市农科院进行外国专家高端项目技术合作交流活动。举办乌克兰高端专家学术研讨会，同时，定西市农科院与乌克兰米罗诺夫卡列梅斯洛国家农业科学院签订新一轮科技合作意向书（2017—2022年）。

2018年7月5—20日，经甘肃省外专局邀请，乌克兰苏梅农业大学教授弗拉先克、乌克兰米罗诺夫农业科学研究所副研究员杰尔加乔夫、古梅纽克，来定西市农科院进行外国专家高端项目技术合作交流活动。

2019年9月24日—10月4日，经甘肃省科技厅审批邀请，白俄罗斯国立农业大学副教授塔玛拉·尼科诺维奇、副教授伊丽娜·普哈乔娃来定西市农科院进行外国专家项目技术合作与交流活动。

三、设施农业研究国际合作交流

2019年，白俄罗斯国立农业大学副教授塔玛拉·尼科诺维奇、副教授伊丽娜·普哈乔娃二位专家在设施农业创新园实地考察定西市农科院蔬菜品种引进、筛选及病虫害防治等方面的国际合作项目并交流工作。

四、技术人员出国考察学习

2001 年 11 月 30 日，定西地区旱农中心副书记、副主任、研究员刘荣清，中心办公室主任、研究员蒲育林随甘肃省马铃薯培训团赴加拿大，对加拿大马铃薯科研、生产、贮藏、加工等方面进行学习考察。

2004 年 3 月 13 日—4 月 9 日，定西市旱农中心副主任王廷禧为团长，定西市农业科研、农技推广和管理人员 11 人组成的马铃薯生产技术培训团，赴荷兰进行为期 1 个月的培训考察。

2004 年 10 月和 2018 年 8 月 20 日—9 月 3 日，杨俊丰、马宁分别参加由国家外国专家局批准并组织实施的赴以色列“节水灌溉”“温室和大田蔬菜种植灌溉和水肥管理”培训团。

2011 年 4 月 19—30 日，甘肃省农业侨务考察团刘荣清等一行 6 人，对南美巴西、阿根廷、智利 3 国农牧业生产情况进行考察学习。在 10 天的考察活动中，认识和了解南美 3 国农业生产情况和技术需要，南美 3 国认识和了解中国的发展水平和技术储备，促进双方技术研究与共同发展，加强 10 余家企业和科研院校的沟通与合作。

2012 年 5 月，定西市旱农中心主任刘荣清一行 2 人赴英国苏格兰爱丁堡参加第 8 届世界马铃薯大会。大会通过主题报告、研讨、参观等形式分享马铃薯产业各个领域的成就，促进全球马铃薯信息和技术的共享互联。

2013 年，定西市农科院推广研究员王廷禧一行 2 人应邀去津巴布韦考察马铃薯产业发展情况。了解马铃薯种子生产、经营的现状及流程，听取并探讨当地马铃薯生产的现状和存在的问题，了解马铃薯加工企业的加工方向、加工能力、品种及品质要求等。

2013 年 6 月 23 日—7 月 4 日，在甘肃省外专局的资助下，应乌克兰农科院邀请，定西市引智办组织，定西市农业科学研究院选派小麦、马铃薯领域的科技人员，赴乌克兰学习考察小麦、马铃薯等作物育种及成果转化应用等方面生产技术。了解乌克兰小麦、马铃薯等优势作物现代育种技术、品种展示等先进技术。引进乌克兰小麦种质资源 60 份，引进豌豆种质资源材料 16 份。

2015 年 7 月 10—21 日，科技部国际科技合作专项“俄罗斯优质抗寒抗虫冬小麦种质资源和新技术引进及种质创新”项目牵头单位定西市农科院组团，“冬小麦种质资源及现代育种技术研究科技交流研讨团”一行 4 人赴俄罗斯学习考察。

2016 年 11 月 5—19 日，应荷兰瓦赫宁根大学和德国吉森大学邀请，定西市农科院院长张振科、副院长何小谦赴荷兰、德国开展现代农业、园艺领域的研究交流，并对不同农业系统的机构，特别是有机农作系统开展研究与合作交流。

2017 年 5 月 14—27 日，在国家外国专家局的资助下，应美国三立集团邀请，由副院长张明带领李德明、罗有中参加马铃薯主食化引进与加工技术培训，培训主要安排在美国华盛顿、洛杉矶两地，采取专家授课、实地考察学习及座谈讨论相结合的方式。

2019 年 6 月 9—15 日，应日本东洋农机株式会社邀请，定西市农科院党委书记、院长张振科赴日本学习马铃薯组培快繁与全程机械化生产技术，听取日本带广畜产大学马铃薯遗传资源讲座，参观种苗管理中心、北海道农业研究中心种子研究据点，了解日本马铃薯种植、栽培、储藏等技术，学习借鉴日本成功经验在定西示范应用。

五、国际科技合作交流成效

定西市农科院持续与国际交流合作，引进国外种质资源、育种技术、高端人才专家团队等，引进国外冬小麦种质资源 1041 份，专用型马铃薯种质资源 60 份，马铃薯实生种子 49 个杂交组合，燕麦种质资源 36 份，引进并推广高淀粉、食品加工型、鲜薯外销型马铃薯品种 10 多种，收集整理马铃薯种质资源材料 435 份，鉴定筛选出专用型马铃薯新品种 10 个。引进国外高端人才 42 人次。其中，乌克兰 9 人、荷兰 6 人、俄罗斯 5 人、白俄罗斯 2 人、加拿大 2 人、阿尔巴尼亚 12 人、伊朗 3 人、法国 1 人、德国 1 人、美国 1 人。利用乌克兰品种与陇中 1 号品种杂交，获得乌克兰品种后代新品系 2 个，新引进筛选出乌克兰新品系 4 个（冬小麦乌引 54、乌引 44 和马铃薯 W14-15、W14-17）。强化技术培训，培训人数达 1500 多人次。借助国外高端专家、引进种质资源和技术交流等优势，共同构建种质优势群和优势杂交体系，储备了一批优良抗病种质资源。建立中外技术人员、乡镇干部、示范户为一体的国际科技合作育繁推体系，助推冬小麦科技创新服务团队在品种资源引进与杂交选育、示范推广、规模化种植等方面的服务。

第二章 国内科技合作交流

1962 年开始与甘肃省农业科学院进行合作研发，播种胡麻良种雁农 1 号 100 亩，总产 2250 千克。粮食作物 154 亩，总产 5261.25 千克，种植蔬菜 13 亩。1963 年与省农科院作物所合作系统选育的甘粟 2 号，1965 年由全省育种工作会议确定为推广良种，截至 1966 年年底推广种植面积达 3 万亩，

1979 年入选省农科院编印的《1965—1978 年农业科研成果选编》。与中国农业科学院、西北农林科技大学、兰州大学、甘肃省农业科学院、甘肃农业大学等科研院校，开展大量的科技交流和培养合作。加强与基层农技推广部门、龙头企业、农村科技带头人等共同合作，开展农业科技成果示范转化，培养基层农技人员。

2011 年 6 月 1 日，甘肃农业大学农学院黄鹏教授、李玲玲教授一行来定西市旱作农业科研推广中心创新园，进行旱作保护性耕作技术学术交流，带领在校大学生校外实习。

2011 年 6 月 27 日，甘肃省农业科学院钱加绪书记、陈明副院长、科管处樊廷录处长等莅临定西市旱作农业科研推广中心旱地小麦育种试验田，观摩、检查指导院地合作小麦项目。

2014 年 6 月 11 日，中国科学院兰州分院副院长杨青春、研究员李文建一行在中药材育种基地考察。

2014 年 7 月 19—21 日，由国家燕麦荞麦体系栽培研究室主持，定西试验站承办的岗站联合交流观摩会议在定西市农科院举行，参加会议的有栽培研究室主任杨才及岗位专家、病虫害专家王丽花、荞麦育种专家陈庆富及部分试验站团队成员 30 多人。会议期间现场观摩定西综合试验站核心基地各项试验、安定团结基地示范、通渭华家岭基地示范和会宁大磨坊公司等并进行会议交流。

2015 年 5 月 19 日，中国农业科学院农产品加工研究所专家周素梅博士、佟立涛博士一行在加工所在加工所指导杂粮食品加工。

2015 年 7 月 17—20 日，定西市农科院举行燕麦荞麦育种交流和观摩会议。会议期间观摩定西试验站核心试验基地燕麦荞麦育种试验，参观华家岭基地和甘肃民祥牧草有限公司。

2015 年 8 月 18 日，胡麻产业技术体系首席科学家党占海陪同福州开发区正泰纺织有限公司董事长胡正国及研发部经理刘伟云，来定西市农科院胡麻试验站参观。

2015 年 8 月 20 日，胡麻产业技术体系首席科学家陪同中国农业科学院麻类研究所农业部植物纤维产品质量安全风险评估实验室主任肖爱平、甘肃省农业科学院农业质量标准与检测技术研究所所长白滨，来定西市农科院胡麻试验站参观及交流。

2015 年 9 月 26 日，由甘肃省委人才领导小组办公室主办，甘肃省农业科学院承办的“甘肃省中药材品种改良及栽培加工技术专题培训班”学员一行 100 多人，来到定西市农科院中药材设施育苗基地和中药材新品种选育基地，实地参观学习。

2015 年 10 月 10 日，中共广州市委统战部副部长、市政协委员、市知联会常务副会长马卫平率广州市无党派人士“甘肃丝路才智行”学习考察活动组一行 30 人，来定西市农科院进行马铃薯产业参观考察。

2015 年 11 月 10 日，天水市农科所马铃薯研究室及天水马铃薯综合试验站团队成员王鹏一行到定西市农科院进行马铃薯产业研发学习与交流。

2015 年 12 月 16 日，由定西市农科院牵头成立的定西市马铃薯主食化产业开发联盟成立大会召开。

2015 年 12 月 20 日，定西市农科院主要领导赴中国农业科学院就合作构建院地科技创新联盟机制对接洽谈。

2016 年 4 月 16—17 日，定西市农科院国家马铃薯引智基地组团参加第十四届中国国际人才交流大会。

2017 年春，胡麻定西综合试验站邀请国家胡麻产业技术体系首席科学家、研究员党占海，岗位专家、研究员严兴初，副教授高玉红参加定西市农科院油料研究室联合陇西县种子管理站组织的云田镇三区人才、精准扶贫农村实用技术培训会。

2017 年 2 月 16—19 日，设施农业研究室组织专业技术人员赴安徽省合肥市长丰县参加第八次中国草莓大会暨第十三届中国草莓文化节。

2017 年 3 月 30 日，定西市农科院领导和项目负责人赴中国农业科学院对接洽谈院地合作事宜。农业部党组成员、中国农业科学院院长、中国工程院院士唐华俊会见了全体成员。中国农业科学院作为全国农业科研领域的“国家队”，从重点项目联合攻关、科研平台建设、旱作农业技术研究推广、专业人才培养等方面入手，加快推进与定西市的合作。

2017 年 4 月 9 日，定西市农科院与甘肃省农业科学院联合，在安定区团结镇举办“深旋松起垄覆膜施肥一体化”抗旱增效农机现场演示及技术培训会。

2017 年 4 月 12—17 日，设施农业研究室组织专业技术人员前往辽宁省丹东市东港市，与东港市果树技术推广站进行设施农业种苗繁育及高效栽培技术学术交流活动。

2017 年 5 月 5 日，福州市科技考察团在福州市科技局党组书记张文胜的带领下，深入定西市农科院开展科技考察交流。定西市科技局党组书记、局长高占彪，副局长侯俊锋陪同考察交流。

2017 年 5 月 23 日，甘肃农业大学继续教育学院金芳副院长，带领甘肃省基层农技人员重点知识培训班学员一行 40 多人来定西市农科院设施农业科技创新园参观交流学习。

2017 年 5 月 31 日—6 月 1 日，定西市农科院设施农业研究室骨干技术人员深入漳县武阳镇、三岔镇、殪虎桥镇，进行黄芪、党参田间生长及病虫害发生情况调研。

2017年6月15日，甘肃省农业科学院旱地农业研究所谭雪莲博士一行到定西市农科院试验地就院地科技合作项目“优质抗病抗旱小麦种质资源研究利用及增产增效栽培技术研究”的进展进行交流。

2017年6月18日，定西市农科院党委书记、院长张振科，副院长何小谦带领马铃薯研究室专业技术人员赴贵州省毕节市参加“2017年中国马铃薯大会”。

2017年6月20日，冬小麦课题组专业技术人员赴河南洛阳参加由全国农业技术推广服务中心、河南省种子管理站、洛阳农林科学院主办的小麦冬春性鉴定交流会。

2017年6月21日，食用豆定西综合试验站站长、研究员王梅春邀请通渭飞天食品有限公司销售部经理张智勇、生产部经理刘志毅，对试验示范基地进行考察。

2017年6月27日，中国农业科学院作物科学研究所抗旱节水小麦领军人才景蕊莲研究员，莅临指导旱地小麦育种工作、基因挖掘、图位克隆等遗传群体构建，洽谈增设定西生态实验点等方面深度合作事宜。

2017年6月27—28日，中国农业科学院作物科学研究所党委副书记、所长刘春明，人事处（党办）处长杨建仓，条件保障处处长卓俊成，科研处副处长吴赴清一行13名领导及专家，值得一提的是国家现代农业产业技术体系食用豆、谷子高粱首席科学家程须珍、刁现民及岗位专家任贵兴3位研究员一同随行，来定西开展合作对接活动，期间隆重举行中国农业科学院作物科学研究所、定西市农科院“旱作农业联合研究中心”挂牌仪式，定西市政府副市长陈学俭莅临讲话，并与所长刘春

明共同为“旱作农业联合研究中心”揭牌，签订“2017—2022 年院地科技合作协议书”并互动座谈交流。

2017 年 6 月 29 日和 7 月 13 日，首席科学家、研究员程须珍和团队成员参加国家食用豆产业技术体系病虫草害防控技术学术交流暨现场观摩会，到华家岭试验示范基地考察指导。

2017 年 6 月 30 日，中国作物学会秘书长、中国农业科学院作物科学研究所所长、研究员刘春明带领中国作物学会党支部、中国科协科技社团党委、中国农业科学院作物科学研究所党员专家一行 13 人赴定西市农科院举办以“党建引领助力乡村振兴、基层服务走进定西”为主题，面向定西基层农业科技工作者开展农村实用人才及科普培训活动。

2017 年 7 月 6 日，定西市农科院院长张振科，副院长张明带领中药材研究室人员应国家中药材产业技术体系岗位科学家、中国农科院“药用植物栽培“创新团队首席科学家张亚玉研究员邀请在中国农业科学院特产研究所考察学习。

2017 年 7 月 11 日，宁夏回族自治区农林科学院固原分院党委书记、院长，国家马铃薯产业技术体系固原综合试验站站长郭志乾一行 6 人到定西市农科院进行马铃薯科研考察指导。

2017 年 7 月 18 日，胡麻现代农业产业技术体系首席科学家研究员党占海，育种及种子研究室岗位专家研究员张建平，白银胡麻体系试验站站

长研究员刘继祖来定西试验站调研考察及指导工作。

2017 年 7 月 25—30 日，定西综合试验站站长研究员刘彦明带领团队成员参加 2017 年国家燕麦荞麦产业技术体系“十三五”启动会及首届燕麦饲草产业发展研讨会。

2017 年 8 月 14—17 日，由国家燕麦荞麦产业技术体系机械化功能研究室与定西综合试验站联合举办的“燕麦荞麦产业技术体系机械化岗位专家定西调研考察会”在定西市农科院召开。机械化岗位专家郑德聪、刘立晶及定西综合试验站团队成员共 16 人参加座谈交流，定西市农科院院长张振科、副院长张明参加会议。

2017 年 8 月 24 日，受甘肃省中药材种子种苗产业联盟和国家中药材产业技术体系种子种苗岗位专家杜弢教授的邀请，定西市农科院副院长姜振宏带领中药材研究室的相关人员赴张掖市参加首届甘肃・张掖陇药博览会。参会期间，中药材研究室技术人员围绕定西市农科院选育的 15 个中药材新品种作了介绍。布展期间，甘肃省农牧厅副厅长杨祁锋到定西市农科院中药材成果展区，向参会技术人员询问中药材品种选育和推广应用的工作进展。

2017 年 8 月 30 日至 9 月 2 日，定西市科技局组织定西市农科院专业技术人员赴福州调研食用菌产业发展情况，学习产业发展经验，引进优质种质资源，并签订相关协议。

2017 年 10 月 17 日，应兰州大学邵宝平博士的邀请，定西市农科院院长张振科带领中药材研究室相关技术人员，参观考察陇西赫博陇药科技有限责任公司中药材无土育苗基地。

2017 年 10 月 21—22 日，由中国食品工业协会杂粮产业工作委员会、凉山州人民政府、国家燕麦荞麦产业技术研发中心主办，凉山州西昌农科所、成都大学及凉山州苦荞产业协会、深圳大生农业集团和陕西供销集团莲花苦荞有限公司共同承办的“第二届中国燕麦荞麦产业大会”在四川西昌举行，大会以“产业发展与加工增值”为主题，来自国内燕麦荞麦行业的企业家、科教机构专

家及国家燕麦荞麦产业技术体系成员400余人参加大会。定西市农科院副院长张明、站长刘彦明及通渭乐百味食品有限公司，甘肃乡草坊农牧科技发展有限公司等相关企业代表一行7人参加会议。

2017年10月23—25日，由国家马铃薯产业技术体系岗位科学家、研究员罗其友，教授张若芳教授单卫星，研究员白艳菊等专家组成的国家马铃薯产业技术体系马铃薯经济及高风险新病害联合调研组一行8人在定西开展马铃薯经济及高风险新病害联合调研。

2017年10月27日，先正达可持续农业基金会主任西蒙、主管周媛、主任肖庆伟、经理陈曦等主要部门领导莅临定西市农科院考察指导。先正达可持续农业基金会提供数字化软硬件工具、先进理念及方法等共同开展相关培训，与定西市农科院开发更多马铃薯、中药材、杂粮等的新产品。引进先正达可持续农业基金会优质种子、农药、先进技术等，在定西市农科院“创新基地”开展田间试验，分布于6县1区的“核心示范基地”示范推广。

2017年11月12日，甘肃省科技厅组织相关专家对依托定西市农科院建设的省级工程技术研究中心——甘肃省马铃薯工程技术研究中心的运行情况进行全面评估。

2018年1月15—18日，食用豆定西综合试验站组织参加在南京举办的“中国食用豆类科技创新学术交流会”。

2018年1月19—20日，由国家现代农业产业技术体系中药材岗位科学家、北京中医药大学教授孙志蓉、甘肃省农业工程研究院副院长、研究员魏玉杰一行7人来定西市农科院开展中药材育种及栽培调研。

2018年2月7日，定西市农科院党委书记、院长张振科、副院长张明、副院长马宁拜会中国农业科学院党委书记陈萌山、作物科学研究所所长刘春明及相关专家，重点在马铃薯、中药材、小杂粮等特色产业的关键技术创新方面，联合开展科技攻关。

2018年3月9—14日，由中国农业大学主办，蒲韩乡村发展联合社协办的第一届有机燕麦荞麦生产技术体系建设学习研讨班在山西省永济市蒲州镇寨子村召开。会议主题为有机燕麦与有机荞麦生产技术体系建设、研讨与学习。来自全国17个省（市）的63位代表参加此次学研班，共同探讨新时期有机燕麦、有机荞麦生产技术体系建设，定西试验站团队成员南铭与赵小琴参加此次研讨班学习。

2018年3月26日，中国科学院新疆生态地理研究所田长彦书记与甘肃省科技厅国际合作处黄赛处长一行来定西市农科院开展马铃薯及中药材科研合作方面的调研。

2018年4月10日，先正达基金会一行4人来定西市农科院召开研讨会，重点对接马铃薯种植、田间管理的技术需求。定西市农业局副局长刘荣清和定西市农科院领导班子与国际马铃薯中心亚太中心技术主任Alberto Maurer及相关专家进行深入座谈交流。

2018年4月13日，定西市农科院副院长马宁，土壤肥料植物保护研究室主任令鹏参加全国植保绿色防控战略研讨交流会。

2018年4月14—15日，定西市农科院参加在深圳会展中心举办的第十六届中国国际人才交流大会。

2018年4月20日，设施农业研究室组织专业技术人员前往山东寿光参加第十九届中国（寿光）国际蔬菜科技博览会。

2018年5月15日，国家牧草产业技术创新战略联盟秘书长、国家燕麦荞麦产业技术体系饲草及副产物综合利用岗位科学家、中国农业大学教授杨富裕一行来定西市农科院考察。

2018年5月31日，甘肃省农业科学院小麦研究所杨文雄所长、甘肃省科技厅农村处处长任贵忠等，莅临定西市农业科学研究院旱地小麦育种创新基地，检查甘肃省农业科学院小麦研究所主持的“甘肃省小麦、玉米、马铃薯等六大粮油作物新品种选育及示范推广”甘肃省科技重大专项计划田间执行情况。

2018年6月20日，西北高原生物研究所张怀刚所长、甘肃省农业科学院小麦研究所王世红研究员等到定西市农业科学研究院创新园，查看甘肃省旱地春小麦区域试验定西农科院试验点，结合参加试验材料对西北春麦育种工作对育种目标、育种技术、田间选择、数据处理进行指导和交流。

2018 年 6 月 28 日，定西市农科院与福州市科技局联合建设的定西—福州食用菌联合实验室揭牌仪式在定西市农科院举行。福州市科技局局长任义文一行 8 人，定西市科技局局长高占彪、副局长侯俊锋、定西市农科院院长张振科，职工 100 余人出席揭牌仪式。

2018 年 6 月 30 日，中国作物学会党委书记、秘书长、中国农业科学院作物科学研究所所长刘春明带领农业科学院专家一行 14 人赴定西农科院开展党建强会特色活动。

2018 年 6 月 30 日，中国农业科学院作物科学研究所毛新国来访，详细查看构建自然群体在定西试验点表型，前瞻性指导旱地小麦群体构建、世代表型记载及分子辅助育种前景。

2018 年 7 月 2—6 日，应定西市农业局和定西市农科院申请，先正达基金会特邀国际马铃薯中心（CIP）高级育种专家 Walter Amoros 和 Thiago Mendes 来定西市农科院开展为期 5 天的马铃薯育种和杂交技术培训。该基金会种子管理总监 Ian Barker、中国项目部总监童岩、甘肃项目部经理李红磊陪同专家一行，马铃薯研究室全体人员参加此次培训。

2018 年 7 月 15 日，甘肃农业大学生命科学院杨德龙副院长、甘肃省农业科学院小麦研究所研究员刘效华，到定西市农科院创新园观摩查看中部小麦产业体系年度执行情况，包括进行学术交流、指导、普及分子辅助育种田间实验设计、表型记载等。

2018 年 8 月 22 日，中国科学院院士、世界科学院院士、国家草产业科技创新联盟顾问委员会委员、北京大学原校长许智宏，中国科学院上海辰山植物园储昭庆博士应邀来定西市农科院考察调研，座谈交流。

2018 年 9 月 18—20 日，定西市农科院邀请 5 名国家及省级中药材领域高端专家在农村实用人才培训基地，举办 2018 年“十百千万”中药材产业人才开发培训班。

2018年9月26日，中国农业科学院作物科学研究所分子中心二支部与中国作物学会、《中国种业》编辑部专家应邀来定西市农科院举办以“普及农业科学知识，助力定西乡村振兴”为主题的培训，中国农业科学院研究员郑军和《中国种业》编辑部主任陈丽娟分别做了学术报告。

2018年11月2—6日，以“共建、共享、规范、规模”为主题的第六届“中药材基地共建共享交流大会”在广州白云国际会议中心召开。定西市农科院受国家中药材产业技术体系种子种苗扩繁与生产技术岗位科学家杜弢教授邀请并资助参展参会。

2018年11月9—12日，第一届全国燕麦荞麦青年学术论坛在贵阳召开。本次论坛以“绿色产业与乡村振兴”为主题，由中国作物学会燕麦荞麦分会主办，贵州师范大学荞麦产业技术研究中心承办，北京雅欣理仪技术有限公司协办。来自全国19个省（区）47家单位近200余名青年学者围绕种质资源、遗传育种、栽培生理、食品加工等产业发展中的关键问题开展学术研讨。定西市农科院青年科技人员南铭参加论坛。

2018年11月14日，定西市委常委、副市长吴扬杰一行来定西市农科院就农业科技工作进行专题调研。

2019年1月23日，定西市农科院农产品加工研究所一行4人到甘肃省农业科学院农产品贮藏加工研究所考察学习。

2019年2月20日，甘肃省科技厅党组书记、厅长史百战，副厅长王彬一行来定西市农科院调研指导科研工作，市委常委、副市长朱自浩及市（区）相关部门负责人参加调研。

2019年3月15日，定西市农科院党委书记、院长张振科在农产品加工研究室室主任、中药材研究室主任王富胜的陪同下，深入甘肃德圆堂药业有限公司、甘肃效德药业科技有限公司进行考察调研。

2019 年 3 月 22 日，定西市科协副主席马小安一行来定西市农科院调研指导工作，在副院长张明的陪同下参观甘肃省科普基地科技展览馆、中药材研究室及定西市中药材学会。

2019 年 3 月 28—29 日，应国家中药材产业体系栽培岗位科学家北京中医药大学教授孙志蓉邀请，定西市农科院中药材研究室技术人员赴北京中医药大学中药学院就共同开展定西市道地中药材创新研发工作进行对接。

2019 年 4 月 14 日，由科学技术部（国家外国专家局）和深圳市人民政府共同主办的第十七届中国国际人才交流大会在深圳会展中心开幕。本届大会的主题是“融全球智力、促创新合作、谋共同发展”，共设置开幕式、深圳论坛、展览洽谈、专业会议、主宾国和“龙门创将”中国赛、深圳创新创业大赛国际赛、境内外分会场、评选颁奖、网上平台等 9 大板块 26 项内容，应甘肃省科学技术厅的邀请定西市农科院派代表参加了本届大会。

2019 年 4 月 15—18 日，福州市蔬菜科学研究所花秀凤、陈曦到定西市农科院草莓新品种引进示范点、甘肃恒然农业有限公司以及通渭县西川农益农业公司草莓种植基地考察草莓新品种的适应性和长势情况。

2019 年 4 月 17—19 日，全国马铃薯主食化产业联盟第五届年会在山东滕州举办，定西市农科院作为联盟副理事长单位，院党委书记、院长张振科及农产品加工研究室人员应邀参加。

2019 年 4 月 19—22 日，第二十届中国（寿光）国际蔬菜科技博览会在寿光举办，先正达基金会邀请定西市农科院设施农业研究室负责人参加。

2019 年 4 月 20—22 日，农业农村部经济研究中心及国家特色油料作物产业技术体系产业经济研究室在北京组织召开“胡麻产业经济形势及可持续发展研讨会”，定西市农科院油料作物研究室受邀参加。

2019年5月10日，定西市农科院副院长张明带领中药材研究室科研人员在岷县应邀到当归研究院考察学习。

2019年5月15日，甘肃省农业科学院院长马忠明带领相关处室及旱地农业综合研究所主要负责人莅临定西市农科院调研指导工作。

2019年5月22日，福州市农业科学研究所副所长郭德章带领食用菌研究室一行来定西—福州食用菌联合实验室考察指导工作。

2019年5月28日，在参加第21届中国马铃薯大会期间，定西市委书记唐晓明带领安定区、市财政、市农业等主要负责人赴恩施州农业科学院参观考察。定西市农科院党委书记、院长张振科带领马铃薯、旱地农业综合研究室技术人员陪同考察交流。

2019年6月4日，全省冬小麦新技术新品种暨中麦175现场观摩交流团一行莅临定西市农科院冬小麦通渭育种创新基地检查指导工作。

2019年6月10日，陕西金土丰新材料有限公司董事长辛元源一行在定西市创新研究院名誉院长高占彪的陪同下来到定西市农科院调研完全可生物降解农用液体地膜中试效果。

2019年6月14日，国家现代农业产业技术体系食用豆体系病虫草害防控研究室主任、岗位科学家、研究员朱振东，研究员杨晓明，研究员万正煌及团队成员刘昌燕博士一行来定西综合试验站进行食用豆类病虫害调研，并对试验站食用豆种质资源的观察记载、研究利用、新品种选育及病虫草害防控等进行指导。

2019 年 6 月 16 日，新疆石河子大学农学院硕士研究生导师、小黑麦育种专家孔广超教授及定西市种草饲料站站长曹志东来定西市农科院调研指导小黑麦新品种选育及示范推广工作。

2019 年 6 月中旬，国家马铃薯工程技术研究中心在山东东营组织召开第四届耐盐碱马铃薯新品种筛选及配套栽培技术国际研讨会，定西市农科院作为甘肃省马铃薯工程技术研究中心依托单位受邀参加。

2019 年 6 月 18 日，中国农业科学院作物科学研究所小麦基因资源创新团队成员昌小平一行 3 人来定西市农科院检查指导工作。

2019 年 7 月 5 日，甘肃省科协党组书记、第一副主席陈炳东，组宣部部长秦博，办公室主任杨雪林一行来定西市农科院调研。

2019 年 7 月 6—8 日，粮食作物研究室食用豆课题组、燕荞麦课题组人员在马宁副院长的带领下参加在武威市黄羊镇召开的甘肃省重大科技专项“甘肃省小杂粮新品种选育与示范 2019 年度现场观摩交流会议”。

2019 年 7 月 10 日，国家特色油料产业技术体系白银综合试验站团队杨继忠一行来定西市农科院油料研究室观摩交流。

2019 年 7 月中旬，甘肃农业大学学生来定西市农科院科普农作物知识。

2019 年 7 月 18 日，甘肃省中药材产业体系首席科学家、甘肃农业大学教授、博士生导师陈垣在定西市农科院副院长张明、中药材研究室主任王富胜等陪同下，来定西市农科院进行中药材新品种选育及试验示范基地调研。

2019 年 7 月 18 日，甘肃省农业科学院畜草与绿色农业研究所副所长杨发荣带领藜麦团队成员来定西市农科院调研。

2019 年 7 月下旬，由国家燕麦荞麦产业技术体系研发中心、迪庆州政府主办的 2019 年国家燕麦荞麦产业技术体系中期现场考察会在云南省迪庆州举办。定西市农科院燕麦荞麦综合试验站站长刘彦明及团队成员赵小琴、景芳参加。

2019年7月20日，由山西省农业科学院、中国农业科学院作物科学研究所主办的“国家食用豆产业技术体系科技产业扶贫示范现场观摩会”在大同市云州区许堡乡集仁村举行。作为西部扶贫攻坚主战场的定西综合试验站站长王梅春就定西农科院及综合试验站的帮扶工作进行交流发言，技术骨干连荣芳参加会议。

2019年7月24日，定西市政府副市长陈学俭一行来定西市农科院调研指导农业科研工作。

2019年7月22—27日，定西市农科院罗有中、王亚东、石建业3名科技特派员赴陇南市武都区参加人社部、甘肃省人社厅和科技厅举办的创新创业助推精准扶贫高级研修班。

2019年7月25日，定西市委副书记、市长戴超，市政府秘书长祁雪峰一行来定西市农科院专题调研指导农业科研工作，定西市农科院党委书记、院长张振科陪同调研。戴超指出，农科院围绕服务全市“三农”工作，着眼道地性，做好试验工作；着眼优质性，做好示范工作；着眼良种性，做好推广工作；着眼技术性，做好提升工作，推进科技创新和成果转化。

2019年7月30日，在副院长李鹏程带领下，土肥室技术人员赴甘肃省农科院土壤肥料与节水农业研究所学习交流。

2019年8月2日，由国家马铃薯工程技术研究中心主任胡柏耿、青岛农业大学副校长刘新民等组成的马铃薯产业调研组来定西调研，定西市农科院作为甘肃省马铃薯工程技术研究中心依托单位承办这次调研活动，在副院长马宁及研究员何小谦、李德明等陪同下，赴马铃薯加工企业定西市蓝天淀粉有限公司、种薯生产企业定西市马铃薯研究所脱毒种薯基地及定西市农科院马铃薯育种及种薯繁育基地调研。

2019 年 8 月 2—3 日，定西市农科院院长张振科、副院长张明及旱农综合研究室科研人员前往张掖考察当地马铃薯 14H-3 示范种植情况，前往青海互助考察中药材育苗等情况。

2019 年 8 月 26 日，临夏州农科院副院长李永清、郭青范带领该院党委办公室、行政办公室、计划财务科、畜牧兽医研究所、马铃薯研究中心、经济作物研究所等部门负责人来定西市农科院考察交流、参观学习。

2019 年 9 月 5 日，甘肃省农业科学院土壤肥料与节水农业研究所所长车宗贤一行应邀来定西市农科院土肥室指导交流。

2019 年 9 月 18 日，福州市蔬菜科学研究所专家花绣凤和陈曦亲临定西考察指导草莓脱毒种苗三级繁育体系建立，实地察看品种引进基地和草莓茎尖剥离工作。

2019 年 9 月 26—29 日，由江苏省农科院主办的“国际豆类遗传育种与综合利用科技创新交流会暨中加联合实验室 2019 年度学术研讨会”在南京市举办。定西市农科院食用豆综合试验站站长王梅春及其团队成员连荣芳参加。

2019 年 11 月 2—4 日，定西市农科院胡麻定西综合试验站站长陈永军和油料研究室主任马伟明赴北京参加 2019 年特色油料产业技术体系产业经济与信息监测培训研讨会。

2019 年 11 月 27 日，定西市农科院张振科院长一行访问中国农业大学，就博士、硕士人才引进、科研项目合作等事宜与中国农业大学党委副书记李培景、就业创业办公室主任郭立群进行洽谈。

2020 年 1 月 6—10 日，定西市农科院与甘肃农业大学园艺学院协商并决定培训事宜，派出种质资源室人员赴甘肃农业大学学习，由园艺学院张俊莲教授和刘玉汇副教授全程指导马铃薯脱毒及病毒检测技术等。

2020年1月7日上午，甘肃省科技厅党组成员、副厅长王彬，省科技厅二级巡视员欧阳春光一行6人来定西市农科院就科技创新工作进行专题调研，市、区科技部门负责人陪同调研。

2020年3月16日，甘肃省委农村工作领导小组办公室主任，省农业农村厅党组书记、厅长李旺泽率农业农村厅有关部门负责人一行20多人到定西市农科院调研。

2020年3月24—28日，甘肃省经济作物技术推广站站长李向东带领本站及定西市农科院中药材专业技术人员在陇南市中药材主产区宕昌县理川镇深入农业生产一线，开展“联基地、联协会、联项目、联农户”为内容的服务春耕生产活动。

2020年4月3日，甘肃亚盛薯业集团有限责任公司董事长杨璞，总经理邓生荣率集团技术、财务部门负责人以及该集团甘肃大有农业科技有限公司总经理马文伟等一行9人到定西市农科院进行马铃薯脱毒种薯生产考察和技术交流。

2020年5月27日，国家特色油料产业技术体系草害岗位专家、甘肃省农业科学院植保所研究员胡冠芳一行4人来定西市农科院油料作物研究所，就胡麻田中杂草刺儿菜无人机防除相关技术进行现场示范。

2020年5月29日，定西市农科院党委书记、院长张振科，副院长张明，旱地农业综合研究所所长袁安明一行前往兰州大学农业废弃物处理有限公司考察农业废弃物无害化处理及利用情况。

2020年6月6日，临夏州农科院副院长李永清带领各研究所、科室等部门负责人及专家一行50人来定西市农科院考察交流、参观学习。张振科院长介绍定西市农科院在科研创新、平台建设、合作交流、人才培养、基地建设、成果转化等方面取得的主要进展。李永清一行参观定西市农科院农业科技展览馆、马铃薯盆栽杂交及实生苗培育温室、科研创新基地及旱作农业联合研究中心试验基地等。定西市农科院各研究所（课题组）、科室负责人一同参加。

2020 年 6 月 10 日，全国北部冬麦区旱地区试主持人、洛阳农林科学院副研究员杨子光，全国黄淮冬麦区主持人、河南省农科院小麦所研究员王西成一行来定西市农科院检查指导全国北部冬小麦旱地区域试验工作。

2020 年 6 月 11 日，甘肃三宝农业科技发展股份有限公司总经理李叶萌一行 4 人来定西市农科院考察，交流洽谈合作事宜。副院长张明、粮食作物研究所所长刘彦明、科管科科长史丽萍以及燕麦课题组成员陪同。

2020 年 6 月 12 日，甘肃省农业科学院院长马忠明一行 30 多人对甘肃省现代农业科技支撑体系区域创新中心重点科技项目“中部旱作区马铃薯高产提质种植技术集成应用”的试验示范建设情况进行中期观摩和检查指导。

2020 年 6 月 13—14 日，中国农业科学院作物科学研究所所长、中国科学院院士钱前一行 5 名领导及专家来定西市农科院考察指导。钱前院士详细询问并查看了各种作物的田间生长情况。

2020 年 6 月 17 日，定西市农科院副院长张明邀请甘肃省农业科学院植保所研究员曹世勤、定西市畜牧兽医局推广研究员曹志东及定西市种子管理站高级农艺师席旭东，在定西市农科院科技创新试验基地饲草型小黑麦试验田开展小黑麦田间黄矮病、叶锈病、条锈病等病害调查鉴定及田间随机取样测产并到通渭县华家岭乡饲草型小黑麦综合示范基地，观摩小黑麦田间抗病性试验和小黑麦新

品系 3297 的示范推广。

2020 年 6 月 20—22 日，由甘肃省农业科学院作物研究所主办、甘肃省临夏州农业科学院协办的甘肃省科技重大专项“甘肃省小杂粮新品种选育与产业化示范”观摩会在兰州、临夏两地举行。甘肃省农业农村厅一级巡视员、研究员杨祁峰，甘肃省科技厅二级巡视员任贵忠，甘肃省农业科学院副院长贺春贵教授，甘肃省农技推广总站站长、研究员赵贵宾，甘肃省种子管理总站站长、研究员常宏以及来自省、市（州）10 多家科研院所豆类、麦类、粟类、特色作物等相关课题研究人员共 40 余人参加此次会议。定西市农科院副院长马宁研究员、王梅春研究员及粮食作物研究所食用豆、燕麦、荞麦课题组相关技术人员共 6 人参加此次会议。

2020 年 6 月 30 日，国家特色油料产业技术体系草害岗位专家、甘肃省农业科学院植保所研究员胡冠芳与甘肃农业大学副教授吴兵带领相关人员一行 5 人，联合定西市农科院油料作物研究所在西寨良种繁育基地就胡麻害虫漏油虫无人机防除相关技术进行现场示范。

2020 年 6 月 30 日—7 月 3 日，福州市蔬菜科学研究所花绣凤老师、陈曦老师深入定西市农科院实地察看适宜当地草莓品种的引进与筛选、草莓脱毒种苗三级繁育体系建设、草莓高温期育苗常见病虫草害防治技术等项目进展情况，现场指导草莓花粉培养、茎尖剥离等关键技术，分子育种新型仪器的使用和维护方法等，并针对当地草莓产业发展现状、存在问题、解决途径及未来发展导向等问题和定西市农科院技术人员交流。

2020 年 7 月 9 日，丝绸之路小麦创新联盟理事长、西北农林科技大学农学院小麦专家张正茂教授，西北农林科技大学旱区作物逆境生物学国家重点实验室胡银岗副主任等一行指导小麦育种工作。

2020 年 7 月 23 日，农业农村部南京农业机械化研究所机械工业耕作机械质量检测中心副主任、国家大麦青稞产业技术体系岗位科学家研究员朱继平，甘肃农业大学农学院教授王化俊，甘肃省农业科学院经济作物与啤酒原料研究所研究员潘永东一行 5 人来定西市农科院调研。

2020 年 7 月 30 日，国家特色油料产业技术体系岗位专家、内蒙古农业大学园艺与植物保护学院教授赵君一行 4 人来定西市农科院油料作物研究所，就胡麻、马铃薯田间病害诊断及防治进行调研指导，并采集作物根部样品。

2020 年 8 月 8 日，国家中药材产业技术体系岗位科学家戴小枫，河西综合试验站站长魏玉杰率团队成员来定西市农科院考察中药材新品种选育工作。

2020 年 8 月 16 日，国家马铃薯产业技术体系首席科学家研究员金黎平、中国作物学会马铃薯专业委员会顾问陈伊里教授、国家马铃薯产业技术体系遗传育种研究室主任兼品种改良岗位科学家研究员盛万民、栽培岗位科学家石瑛教授、首席秘书叶艳然一行，来定西市农科院考察马铃薯定西综合试验站的各项试验示范运行情况、现场指导马铃薯育种研究工作。

2020 年 8 月 21 日，甘肃省首家地市级协同创新基地——定西市农科院马铃薯产业技术协同创新基地揭牌成立。

2020 年 8 月 28—29 日，国家马铃薯产业技术体系成果发布和观摩会在宁夏回族自治区西吉县举行，发布会旨在“发布体系科研成果、推动产业绿色发展、打造一县一业样板、助力西吉全面脱贫”。国家马铃薯产业技术体系定西综合试验站站长李德明研究员参加成果发布会，并进行“马铃薯机械覆膜抗旱保水增产增效栽培集成技术”研发成果汇报。

2020 年 8 月 28 日，甘肃省科技厅二级巡视员任贵忠、社发处副处长康鹏、市科技局局长何永成、安定区科技局局长杨尚东、陇西县科技局局长李龙及市局分管领导和部门负责人在定西市农科院副院长马宁、李鹏程的陪同下，调研定西市农科院农产品加工研究所开展的马铃薯营养米、马铃薯复合面粉等精深加工研究情况。

2020 年 9 月 28 日，中国农业科学院农产品加工研究所研究员、硕士生导师胡宏海及团队到定西市农科院农产品加工研究所参观交流。

2021 年 1 月 22 日，定西市农科院举办国家自然科学基金项目申报辅导及经验交流会，会议邀请甘肃省农业科学院旱地农业综合研究所所长研究员张绪成作专题报告。

2021 年 4 月 16—18 日，食用豆课题组研究员王梅春、连荣芳参加在陕西杨凌召开的“2021 年全国山黧豆生物学学术研讨会暨甘肃省山黧豆产业技术创新战略联盟会议”，研究员王梅春就“定西地区山黧豆的种植及利用”作交流汇报。

2021 年 4 月 21 日，西北农林科技大学农民发展学院副院长张岳一行来定西市农科院考察调研农

民培训及产业发展情况。定西市农业农村局副局长张学通、定西市农广校校长赵小龙陪同。

2021 年 4 月 21 日，定西市政协副主席岳余之带领调研组一行专题调研定西市农科院马铃薯种薯产业发展情况。定西市政协农业和农村委员会主任韩孝珍、一级调研员柳建唐、袁新太，定西市农业农村局副局长胡全良、研究员刘荣清，定西市种子站站长席旭东等参加调研，定西市农科院院党委书记、院长张明和副院长李鹏程陪同。

2021 年 5 月 1 日，中国农业科学院作物科学研究所党委副书记马秀勇一行 7 人来定西市农科院调研指导工作。

2021 年 5 月 19 日，甘肃省委政研室副主任、省委改革办副主任张涛、省人社厅工资福利处一级调研员陈珍、省财政厅科技文化处副处长金棣、省政府国资委考核分配处副处长高军文、省科技厅政策法规处副处长周晓云一行 5 人来定西市农科院调研以增加知识价值为导向分配政策的落实情况。定西市委副秘书长、市委政研室主任、市委改革办副主任董明涛，市科技局党组书记、局长何永成，市委政研室副主任韩喜乾，市科技局副局长李虹等参加调研，院党委书记、院长张明、副院长马宁和院党委副书记陈志国陪同。

2021 年 5 月 20—21 日，国家马铃薯良种科研联合攻关新品种展示和马铃薯高产高效集成技术示范现场观摩会在重庆市巫溪县举行。定西市农科院马铃薯研究所所长、国家马铃薯产业技术体系定西综合试验站站长、研究员李德明应邀参加，农科院选育的马铃薯新品种定薯 4 号进行展示。

2021 年 6 月 1 日，国家特色油料产业技术体系草害岗位专家、甘肃省农业科学院植保所研究员胡冠芳带领甘肃省农科院人员一行 5 人联合定西市农科院油料作物研究所在西寨良种繁育基地，就胡麻田中杂草综合防除应用相关技术进行现场示范。

2021 年 6 月 2 日，定西市农科院邀请中国农业科学院作物科学研究所研究员夏先春进行学

术交流和西部之光访问学者导师回访工作，助推定西市农科院学科建设、人才培养以及院地合作等事宜。

2021 年 6 月 8 日，全国北部冬麦区旱地区域试验负责人杨子光研究员一行来定西市农科院检查指导粮食作物研究所冬小麦课题组承担的区域试验，副院长李鹏程、冬小麦育种专家周谦及课题组成员一并陪同。

2021 年 6 月 10 日，定西华标科技职业培训学校 2021 年安定区创业培训学员共 100 余人来定西市农科院参观学习农业新品种、新技术等科技成果。

2021 年 6 月 16 日，定西市政协副主席金钟一行专题调研定西市农科院马铃薯产业发展。

2021 年 6 月 29 日，西北农林科技大学小麦新品种示范园建设专家刘耀斌等一行 6 人，对定西市农科院承担定西示范园进行检查，副院长马宁陪同，小麦育种相关科技人员参加。

第八编 领导关怀

从 1951 年成立之初 只有 8 人的定西专区农业繁殖场，发展到拥有 136 名工作人员、111 名专业技术人员的县级建制公益一类科研机构，离不开中央、省、市主管部门及各级领导的持续关注和有力支持。2007 年 2 月 17 日，时任中共中央总书记、中央军委主席、国家主席胡锦涛亲临定西市农科院视察，给广大农业科技工作者以巨大激励和鼓舞。2000 年 5 月，原国家科技部部长朱丽兰来定西考察，对定西市农科院为贫困地区农业科技作出的贡献给予了充分肯定。原北京大学现代农学院院长许智宏，原中国农科院党组书记陈萌山，原中国农科院作科所所长刘春明，中国农业科学院作物科学研究所所长钱前等院士、专家，先后莅临市农科院考察指导科研工作，给全体农业科技工作者以巨大鼓舞。

视察定西市农科院的党和国家领导人：2007年2月17日，中共中央总书记、中央军委主席、国家主席胡锦涛，视察定西市旱农中心马铃薯脱毒种薯快繁中心；2004年7月26日，中央政治局常委、中纪委书记吴官正，视察了马铃薯脱毒种薯生产基地指导工作；2005年4月13日，全国政协副主席、民盟常务副主席张梅颖，视察旱农中心；2007年2月4日，中共中央政治局委员、国务院副总理回良玉，视察了马铃薯种薯生产基地。

2000年5月6日，科技部部长朱丽兰视察

2001年4月11日，水利部部长汪恕诚视察

2007年5月31日，国家人事部副部长、国家外专局局长季允石为基地揭牌

2000 年 9 月 7 日，甘肃省省长宋照肃调研指导工作

2002 年 11 月 26 日，甘肃省省长陆浩视察马铃薯脱毒种薯生产基地

2014 年 2 月 24 日，甘肃省省长刘伟平调研指导工作

2019 年 2 月 20 日，甘肃省科技厅厅长史百战检查指导工作

2020 年 3 月 16 日，甘肃省农业农村厅厅长李旺泽检查指导工作

2011 年 5 月 13 日，甘肃省外国专家局局长孙宁兰检查指导工作

2013 年 8 月 9 日，甘肃省科技厅副厅长郑华平检查指导工作

2020 年 1 月 7 日，甘肃省科技厅副厅长王彬检查指导工作

2012 年 10 月 3 日，甘肃省委宣传部及科技厅领导检查指导工作

2019 年 5 月 15 日，甘肃省农业科学院院长马忠明检查指导工作

2020 年 8 月 21 日，甘肃省科协党组成员、副主席张炯，定西市委副书记狄生奎为“定西市马铃薯产业技术协同创新基地”揭牌

2015 年 9 月 20 日，中国农科院加工所所长戴小枫检查指导工作

2017 年 6 月 27 日，中国农科院作科所所长刘春明、定西市副市长陈学俭为“旱作农业联合研究中心”揭牌

2020 年 6 月 13 日，中国科学院院士、中国农业科学院作科所所长钱前调研指导工作

2018 年 11 月 27 日，定西市市长戴超调研指导工作

2020 年 12 月 4 日，定西市市长戴超调研指导工作

2020 年 5 月 28 日，定西市市委副书记狄生奎调研指导工作

2014 年 11 月 21 日，定西市副市长袁利华调研指导工作

附件1　获奖证书

荣誉证书

授予定西特色产业技术示范与开发团队：

“十一五”国家星火计划执行优秀团队奖

参加单位：定西市旱作农业科研推广中心
定西市安定区农业技术推广服务中心
定西市鑫地农业新技术示范开发中心
定西市丰源农业科技有限责任公司

中华人民共和国科学技术部
二〇一一年十一月

奖状

甘肃省定西地区旱农技术推广中心

在二零零三年全国农牧渔业丰收奖　二等奖 项目

甘肃省旱地集雨补灌高效农业示范区建设

中为第　08　完成单位。

特发此证

中华人民共和国农业部
2003年10月8日

编号：2003-166-08

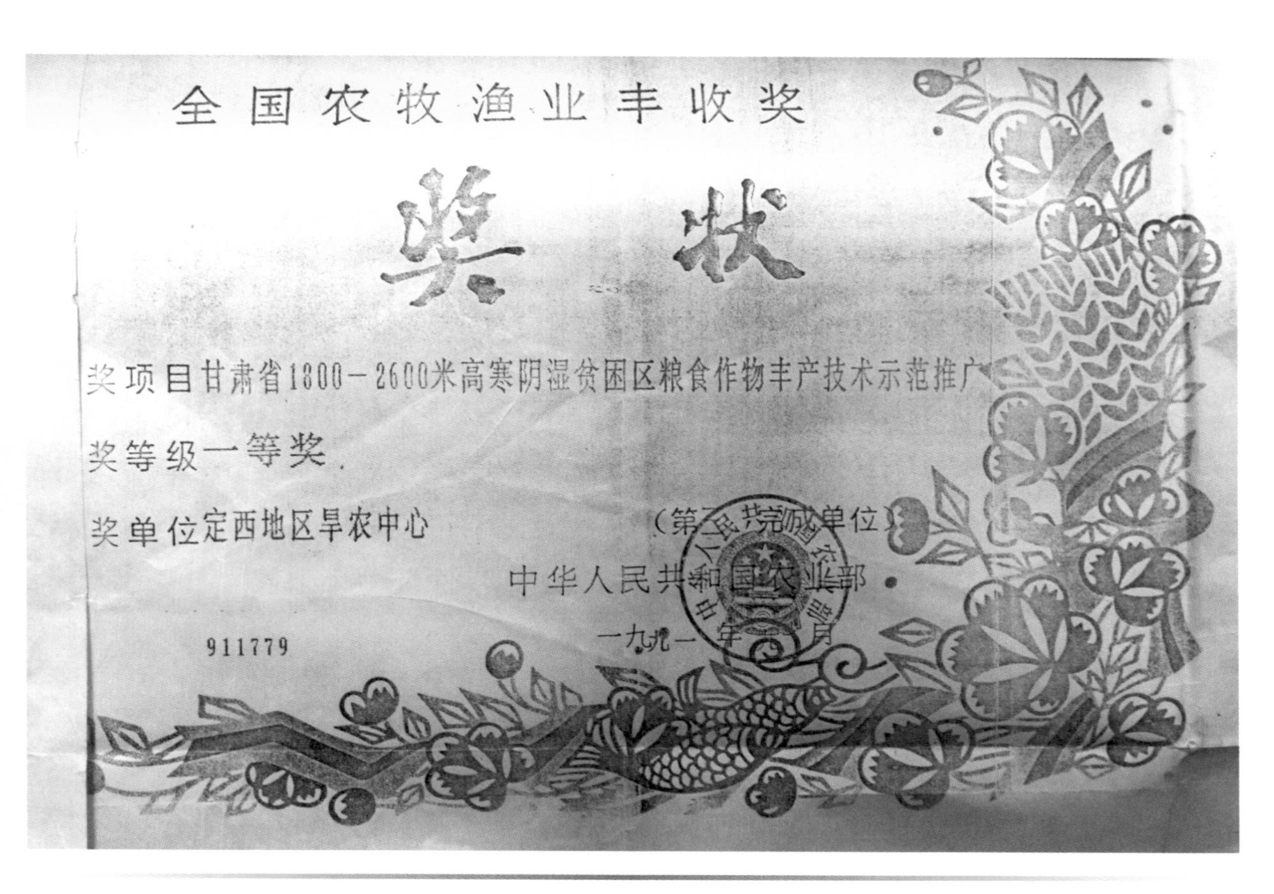
全国农牧渔业丰收奖

奖状

奖项目甘肃省1800－2600米高寒阴湿贫困区粮食作物丰产技术示范推广

奖等级一等奖

奖单位定西地区旱农中心（第二完成单位）

中华人民共和国农业部

一九九一年 月

911779

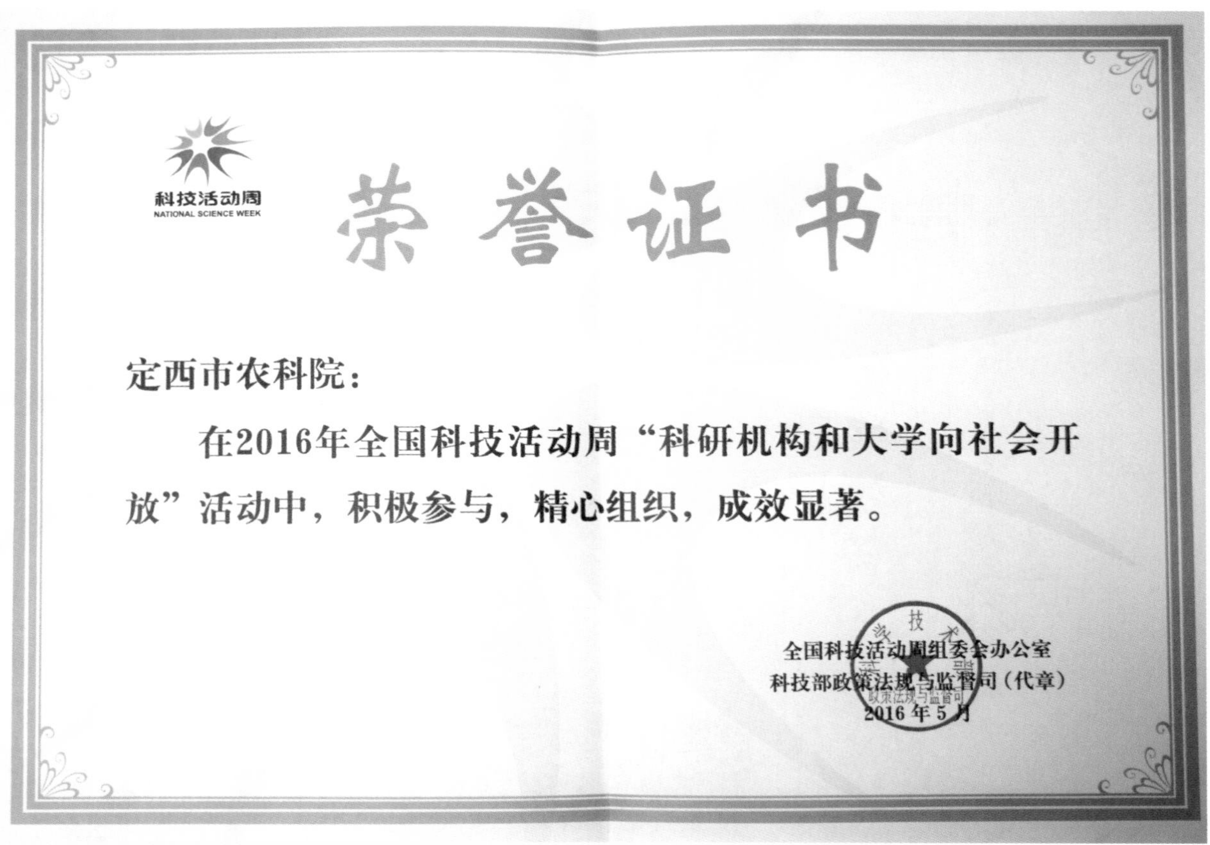

荣誉证书

定西市农科院：

在2016年全国科技活动周“科研机构和大学向社会开放”活动中，积极参与，精心组织，成效显著。

全国科技活动周组委会办公室
科技部政策法规与监督司（代章）
2016年5月

甘肃省科学技术进步奖

证　书

为表彰甘肃省科学技术进步奖获得者，特颁发此证书。

项目名称：马铃薯优质高效配套生产技术研究与示范

奖励等级：一等

获 奖 者：定西市旱作农业科研推广中心

甘肃省人民政府

2012年02月10日

证书号：2011-J1-001-D4

甘肃科技成果奖

授奖项目　春小麦定西24号推广

奖励等级　一等奖

完成单位　定西地區种子公司

协作单位　定西县种子公司　定西地區农科所

甘肃省科学技术委员会

一九八四年[illegible]月　日

获奖证书

定西市旱作农业科研推广中心：

在发展农业，推广农业技术，建设新农村事业中做出突出贡献，荣获三农科技服务金桥奖。

特发此证，以资鼓励。

中国技术市场协会

二〇一〇年十二月

证书号：SNJQJ2010-J-356

Certificate of Achievement

This award is presented to Mr. Xu Ji-Zhen *(the first author) in recognition of his distinguished essay* Application of Mo, Zn, Mn and Fe in the Cultivation of Codobopsis Pilosula *selected to be accessed in the World Wide Web of Internet.* (http://www.colby.com)

This 29th *Day of* October, 1996.

JEROME JONES Chief

No.CW-6003

Department of Medicine
Colby Information Center
of Science & Culture
U.S.A.

附件 2　品种审（认）定证书

合 格 证 书

甘肃省定西地区农科所：

你单位培育成的小　麦　新品种定西24　号　，经审（认）定通过，特发给合格证书。

原品系号　定西24号

审定命名　GS定西24号

审定编号　GS02023—1989

全国农作物品种审定委员会

一九九〇年元月十八日

甘肃省农作物品种认定登记证书

甘　认　药2016006

定西市农业科学研究院、甘肃中医药大学：

你们单位选育的当归品种岷归6号（原代号DGA2000-01），经甘肃省农作物品种审定委员会2016年1月14-15日第31次会议通过认定登记，适宜在我省海拔2200-2600米、年降水量550-650毫米的漳县、岷县、渭源及同类生态区种植。

特发此证。

二〇一六年二月十六日

甘肃省农作物品种审定委员会印制

非主要农作物品种
登记证书

登记编号：GPD 豌豆（2019）620035

作物种类：豌豆

品种名称：定豌 10 号

申 请 者：定西市农业科学研究院

育 种 者：连荣芳 肖贵 墨金萍 曹宁 王梅春

品种来源：S9107×草原 31 号

适宜种植区域及季节：适宜在甘肃定西、会宁、甘南、天祝降水量 300 毫米以上，海拔 2700 米以下的干旱半干旱生态区春季种植。

二〇二〇年一月二十一日

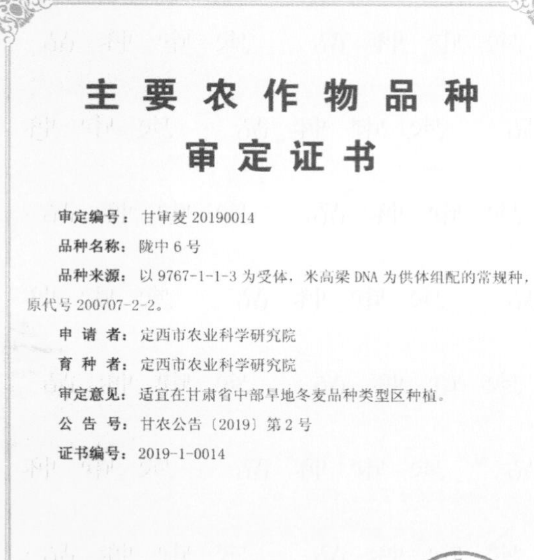

主要农作物品种
审定证书

审定编号：甘审麦 20190014

品种名称：陇中 6 号

品种来源：以 9767-1-1-3 为受体，米高粱 DNA 为供体组配的常规种，原代号 200707-2-2。

申 请 者：定西市农业科学研究院

育 种 者：定西市农业科学研究院

审定意见：适宜在甘肃省中部旱地冬麦品种类型区种植。

公 告 号：甘农公告〔2019〕第 2 号

证书编号：2019-1-0014

2019 年 02 月 28 日

农作物品种审定
证书

审定编号：国审麦 2009032

品种名称：定西 40 号

选育单位：甘肃省定西市旱作农业科研推广中心

品种来源：8152-8/永 257

审定意见：该品种符合国家小麦品种审定标准，通过审定。适宜在甘肃定西、会宁、永靖、通渭，宁夏海原、西吉，青海大通的春麦区旱地种植。

证书编号：2009－2－32　　二〇〇九年十二月十七日

非主要农作物品种
登记证书

登记编号：GPD 马铃薯（2020）620092

作物种类：马铃薯

品种名称：定薯 6 号

申 请 者：定西市农业科学研究院

育 种 者：定西市农业科学研究院

品种来源：定薯 1 号×大西洋

适宜种植区域及季节：适宜在干旱半干旱及二阴生态区甘肃定西、临夏、天水和张掖 4 月中下旬种植。

二〇二〇年九月三十日

非主要农作物品种

登记证书

登记编号：GPD 亚麻(胡麻)(2019)620006

作物种类：亚麻(胡麻)

品种名称：定亚 25 号

申 请 者：定西市农业科学研究院

育 种 者：定西市农业科学研究院

品种来源：坝亚 9 号×78001-15

适宜种植区域及季节：适宜在河北张家口、山西大同、内蒙古鄂尔多斯和乌兰察布、新疆伊犁、宁夏固原及甘肃定西、兰州、平凉、白银、庆阳、张掖海拔 1000～2200 米，≥10℃积温 2000℃以上地区春季种植。

二〇一九年十月三十一日

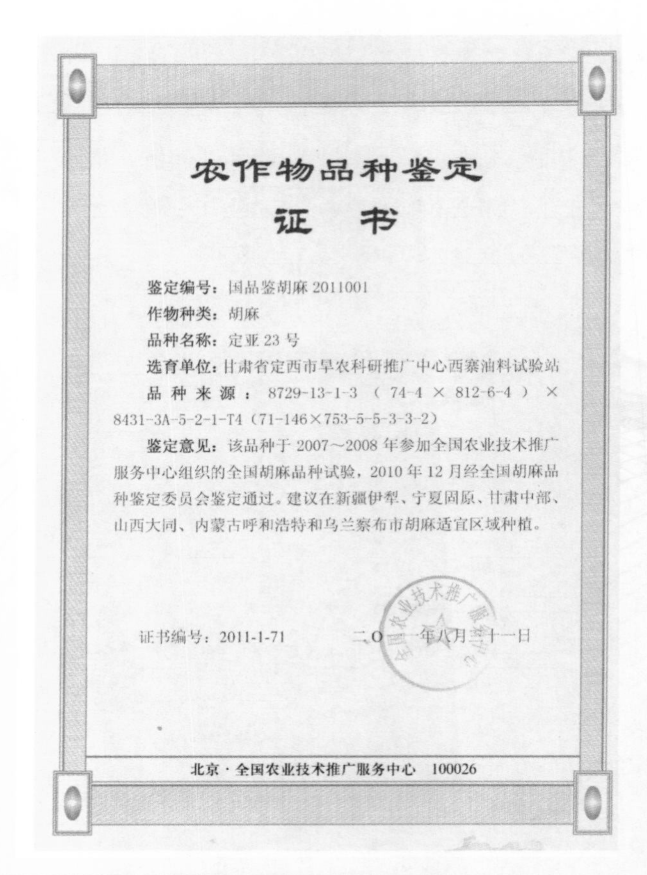
农作物品种鉴定

证　书

鉴定编号：国品鉴胡麻 2011001

作物种类：胡麻

品种名称：定亚 23 号

选育单位：甘肃省定西市旱农科研推广中心西寨油料试验站

品 种 来 源：8729-13-1-3（74-4×812-6-4）×8431-3A-5-2-1-T4（71-146×753-5-5-3-3-2）

鉴定意见：该品种于 2007～2008 年参加全国农业技术推广服务中心组织的全国胡麻品种试验，2010 年 12 月经全国胡麻品种鉴定委员会鉴定通过。建议在新疆伊犁、宁夏固原、甘肃中部、山西大同、内蒙古呼和浩特和乌兰察布市胡麻适宜区域种植。

证书编号：2011-1-71　　二〇一一年八月三十一日

北京・全国农业技术推广服务中心　100026

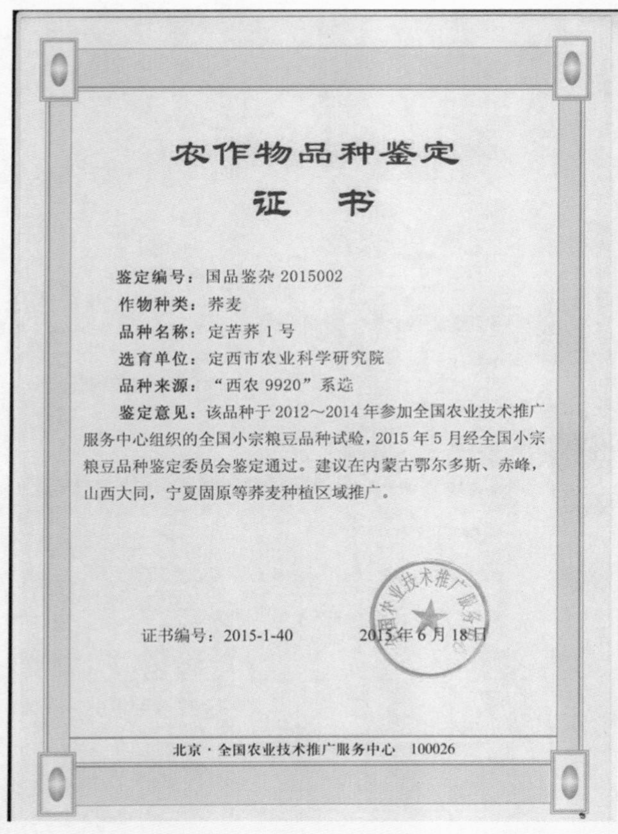
农作物品种鉴定

证　书

鉴定编号：国品鉴杂 2015002

作物种类：荞麦

品种名称：定苦荞 1 号

选育单位：定西市农业科学研究院

品种来源："西农 9920"系选

鉴定意见：该品种于 2012～2014 年参加全国农业技术推广服务中心组织的全国小宗粮豆品种试验，2015 年 5 月经全国小宗粮豆品种鉴定委员会鉴定通过。建议在内蒙古鄂尔多斯、赤峰，山西大同，宁夏固原等荞麦种植区域推广。

证书编号：2015-1-40　　2015 年 6 月 18 日

北京・全国农业技术推广服务中心　100026

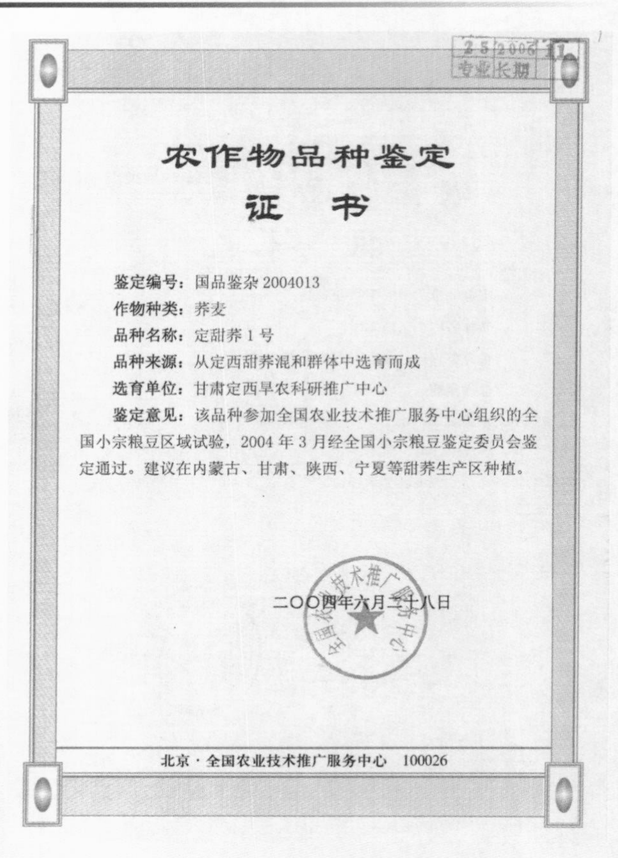
农作物品种鉴定

证　书

鉴定编号：国品鉴杂 2004013

作物种类：荞麦

品种名称：定甜荞 1 号

品种来源：从定西甜荞混和群体中选育而成

选育单位：甘肃定西旱农科研推广中心

鉴定意见：该品种参加全国农业技术推广服务中心组织的全国小宗粮豆区域试验，2004 年 3 月经全国小宗粮豆鉴定委员会鉴定通过。建议在内蒙古、甘肃、陕西、宁夏等甜荞生产区种植。

二〇〇四年六月二十八日

北京・全国农业技术推广服务中心　100026

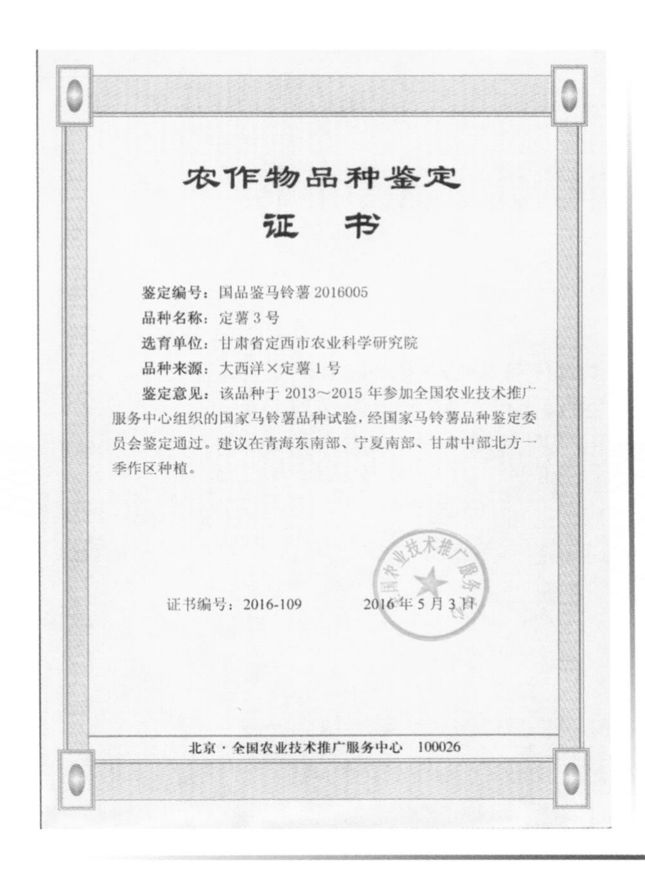
农作物品种鉴定

证　书

鉴定编号：国品鉴马铃薯2016005

品种名称：定薯3号

选育单位：甘肃省定西市农业科学研究院

品种来源：大西洋×定薯1号

鉴定意见：该品种于2013～2015年参加全国农业技术推广服务中心组织的国家马铃薯品种试验，经国家马铃薯品种鉴定委员会鉴定通过。建议在青海东南部、宁夏南部、甘肃中部北方一季作区种植。

证书编号：2016-109　　2016年5月3日

北京·全国农业技术推广服务中心　100026

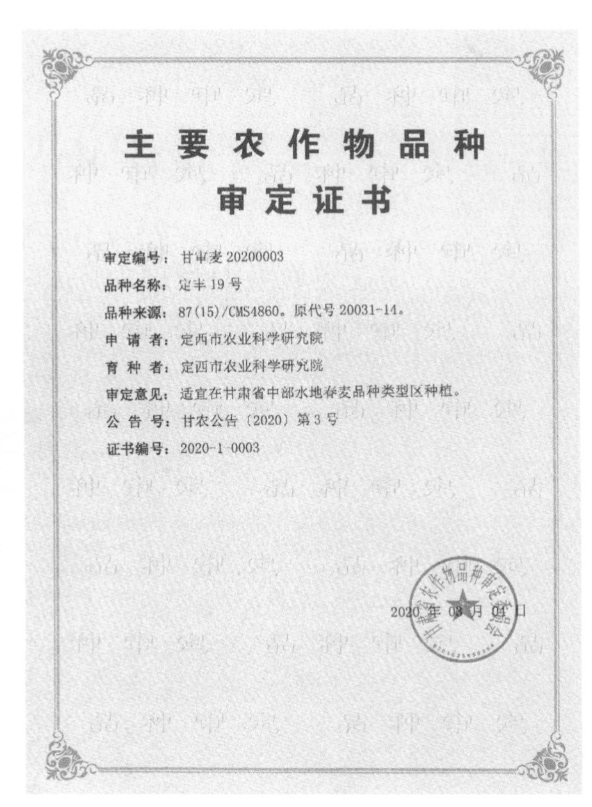
主要农作物品种

审定证书

审定编号：甘审麦20200003

品种名称：定丰19号

品种来源：87(15)/CMS4860。原代号20031-14。

申 请 者：定西市农业科学研究院

育 种 者：定西市农业科学研究院

审定意见：适宜在甘肃省中部水地春麦品种类型区种植。

公 告 号：甘农公告〔2020〕第3号

证书编号：2020-1-0003

2020年03月04日

甘肃省农作物品种认定登记证书

甘　认　麦2014002

定西市农业科学研究院：

你单位选育的燕麦品种定莜9号（原代号9227-3），经甘肃省农作物品种审定委员会2014年1月19-20日第29次会议通过认定登记，适宜在我省降雨量在340毫米-500毫米、海拔1400米-2600米的干旱半干旱二阴地区种植。

特发此证。

二〇一四年三月十四日

甘肃省农作物品种审定委员会印制

甘肃省农作物品种认定登记证书

甘　认　药2015001

定西市农业科学研究院：

你单位选育的药材品种陇芪4号（原代号HQZX04-04-01），经甘肃省农作物品种审定委员会2015年2月4-6日第30次会议通过认定登记，适宜在我省海拔1900-2400米,年平均气温5-8摄氏度，降水量450-550毫米的渭源县、陇西县、漳县、岷县、安定区及同类生态区种植。

特发此证。

二0一五年四月十三日

甘肃省农作物品种审定委员会印制

甘肃省农作物品种认定登记证书

甘　认　药2015002

定西市农业科学研究院：

你单位选育的药材品种渭党4号（原代号DSN2004-05），经甘肃省农作物品种审定委员会2015年2月4-6日第30次会议通过认定登记，适宜在我省岷县、渭源、漳县、陇西、安定区等地海拔1900-2300米，年降水量450-550 毫米的半干旱区和二阴区种植。

特发此证。

二0一五年四月十三日

甘肃省农作物品种审定委员会印制

甘肃省农作物品种认定登记证书

甘 认豆2009005

定西市旱作农业科研推广中心：

你单位选育的扁豆品种定选2号(原代号ILL6980)，经甘肃省农作物品种审定委员会2009年1月8-9日第24次会议通过认定登记，可在我省定西市半干旱山坡地、梯田地、川旱地以及生态条件类似地区种植。

特发此证。

二零零九年三月二十七日

甘肃省农作物品种审定委员会印制

甘肃省农作物品种认定登记证书

甘 认 麦2016003

定西市农业科学研究院：

你单位选育的燕麦品种定燕2号（原代号9642-2），经甘肃省农作物品种审定委员会2016年1月14-15日第31次会议通过认定登记，适宜在我省定西、白银、临夏等地种植。

特发此证。

二〇一六年二月十六日

甘肃省农作物品种审定委员会印制

甘肃省农作物品种认定登记证书

甘 认 菜2014037

定西市鑫地农业新技术示范开发中心：

你单位选育的菊芋品种定芋2号，经甘肃省农作物品种审定委员会2014年1月19-20日第29次会议通过认定登记，适宜在我省庆阳、兰州、临夏、白银、甘南、定西等地种植。

特发此证。

二○一四年三月十四日

甘肃省农作物品种审定委员会印制

甘肃省农作物品种认定登记证书

甘 认 药2015003

定西市农业科学研究院：

你单位选育的药材品种定蓝1号（原代号BLG2012-04），经甘肃省农作物品种审定委员会2015年2月4-6日第30次会议通过认定登记，适宜在我省岷县、漳县、渭源、陇西及安定区等地海拔1900-2300米，年降水450-550毫米地区种植。

特发此证。

二○一五年四月十三日

甘肃省农作物品种审定委员会印制

附件 3　专利成果

证书号第 3689305 号

发明专利证书

发 明 名 称：一种智能检测预警的中药材贮藏系统

发　明　人：石建业；任生兰；石刚；马菁菁；董建文

专　利　号：ZL 2018 1 1253242.6

专利申请日：2018 年 10 月 25 日

专 利 权 人：定西恒丰农业科技有限公司

地　　　址：743000 甘肃省定西市安定区火车北站向西 800 米处（金源公司院内）

授权公告日：2020 年 02 月 11 日　　　授权公告号：CN 109533700 B

国家知识产权局依照中华人民共和国专利法进行审查，决定授予专利权，颁发发明专利证书并在专利登记簿上予以登记。专利权自授权公告之日起生效。专利权期限为二十年，自申请日起算。

专利证书记载专利权登记时的法律状况。专利权的转移、质押、无效、终止、恢复和专利权人的姓名或名称、国籍、地址变更等事项记载在专利登记簿上。

局长
申长雨

2020 年 02 月 11 日

第 1 页（共 2 页）

其他事项参见背面

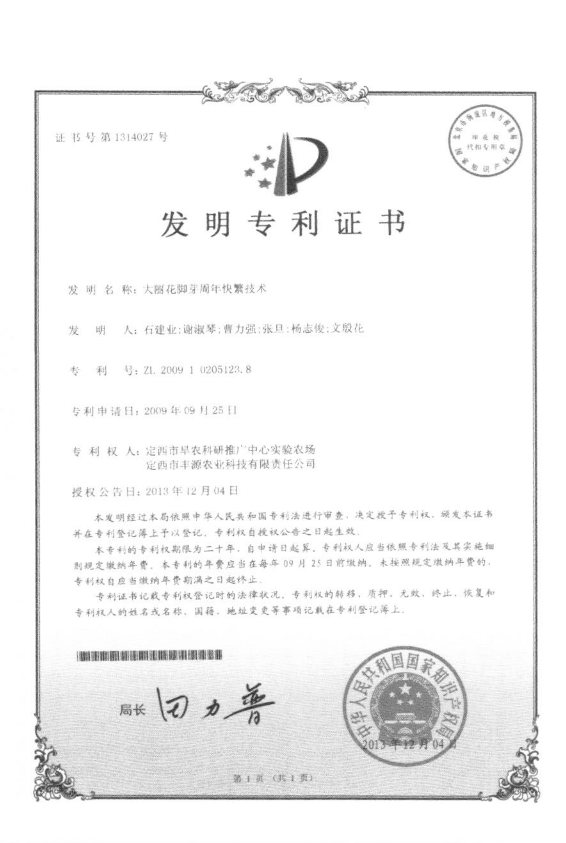

证书号第 1314027 号

发明专利证书

发 明 名 称：大丽花脚芽周年快繁技术

发　明　人：石建业；谢淑琴；曹力强；张旦；杨志俊；文殷花

专　利　号：ZL 2009 1 0205123.8

专利申请日：2009 年 09 月 25 日

专 利 权 人：定西市旱农科研推广中心实验农场
定西市丰源农业科技有限责任公司

授权公告日：2013 年 12 月 04 日

本发明经过本局依照中华人民共和国专利法进行审查，决定授予专利权，颁发本证书并在专利登记簿上予以登记。专利权自授权公告之日起生效。

本专利的专利权期限为二十年，自申请日起算。专利权人应当依照专利法及其实施细则规定缴纳年费。本专利的年费应当在每年 09 月 25 日前缴纳。未按照规定缴纳年费的，专利权自应当缴纳年费期满之日起终止。

专利证书记载专利权登记时的法律状况。专利权的转移、质押、无效、终止、恢复和专利权人的姓名或名称、国籍、地址变更等事项记载在专利登记簿上。

局长　田力普

2013 年 12 月 04 日

第 1 页（共 1 页）

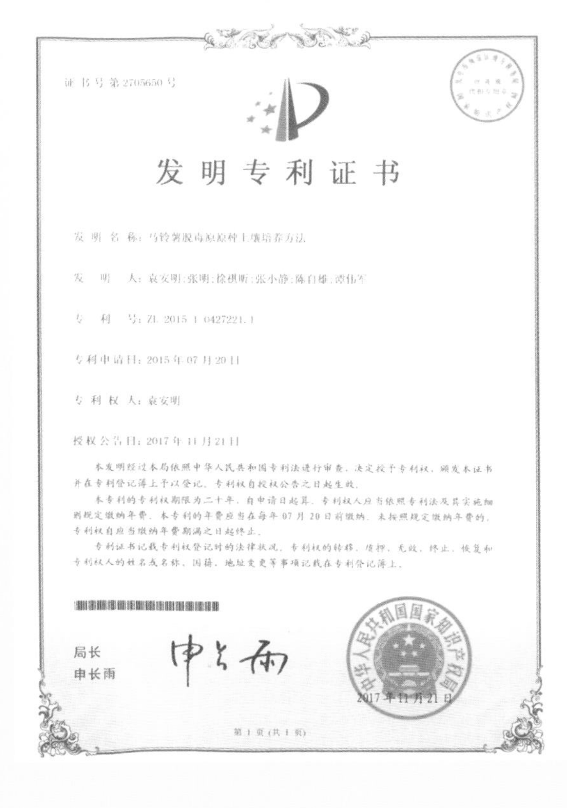

证书号第 2705650 号

发明专利证书

发 明 名 称：马铃薯脱毒原原种土壤培养方法

发　明　人：袁安明；张琍；徐棋昕；张小静；陈自雄；谭伟军

专　利　号：ZL 2015 1 0427221.1

专利申请日：2015 年 07 月 20 日

专 利 权 人：袁安明

授权公告日：2017 年 11 月 21 日

本发明经过本局依照中华人民共和国专利法进行审查，决定授予专利权，颁发本证书并在专利登记簿上予以登记。专利权自授权公告之日起生效。

本专利的专利权期限为二十年，自申请日起算。专利权人应当依照专利法及其实施细则规定缴纳年费。本专利的年费应当在每年 07 月 20 日前缴纳。未按照规定缴纳年费的，专利权自应当缴纳年费期满之日起终止。

专利证书记载专利权登记时的法律状况。专利权的转移、质押、无效、终止、恢复和专利权人的姓名或名称、国籍、地址变更等事项记载在专利登记簿上。

局长
申长雨

2017 年 11 月 21 日

第 1 页（共 1 页）

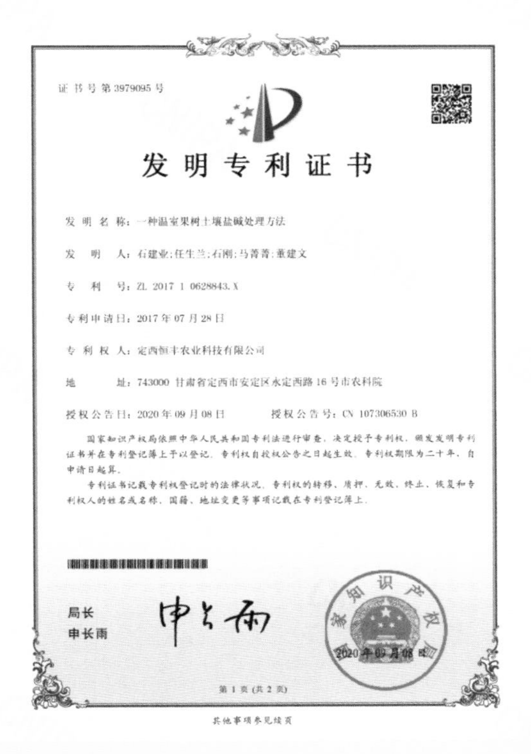

证书号第 3979095 号

发明专利证书

发 明 名 称：一种温室果树土壤盐碱处理方法

发　明　人：石建业；任生兰；石刚；马菁菁；董建文

专　利　号：ZL 2017 1 0628843.X

专利申请日：2017 年 07 月 28 日

专 利 权 人：定西恒丰农业科技有限公司

地　　　址：743000 甘肃省定西市安定区永定西路 16 号市农科院

授权公告日：2020 年 09 月 08 日　　　授权公告号：CN 107306530 B

国家知识产权局依照中华人民共和国专利法进行审查，决定授予专利权，颁发发明专利证书并在专利登记簿上予以登记。专利权自授权公告之日起生效。专利权期限为二十年，自申请日起算。

专利证书记载专利权登记时的法律状况。专利权的转移、质押、无效、终止、恢复和专利权人的姓名或名称、国籍、地址变更等事项记载在专利登记簿上。

局长
申长雨

2020 年 09 月 08 日

第 1 页（共 2 页）

其他事项参见续页

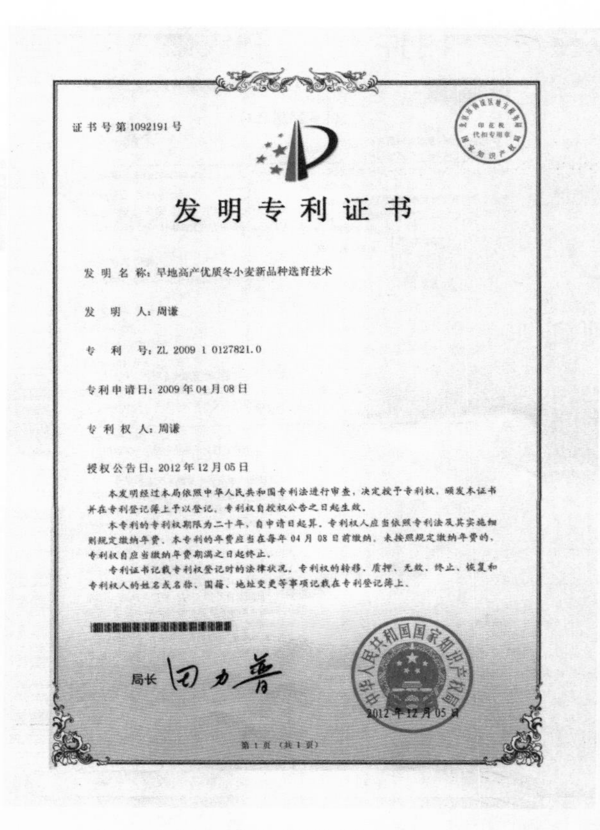
证书号第1092191号

发明专利证书

发 明 名 称：旱地高产优质冬小麦新品种选育技术

发 明 人：周谦

专 利 号：ZL 2009 1 0127821.0

专利申请日：2009年04月08日

专 利 权 人：周谦

授权公告日：2012年12月05日

本发明经过本局依照中华人民共和国专利法进行审查，决定授予专利权，颁发本证书并在专利登记簿上予以登记。专利权自授权公告之日起生效。

本专利的专利权期限为二十年，自申请日起算。专利权人应当依照专利法及其实施细则规定缴纳年费。本专利的年费应当在每年04月08日前缴纳。未按照规定缴纳年费的，专利权自应当缴纳年费期满之日起终止。

专利证书记载专利权登记时的法律状况。专利权的转移、质押、无效、终止、恢复和专利权人的姓名或名称、国籍、地址变更等事项记载在专利登记簿上。

局长 田力普

中华人民共和国国家知识产权局

2012年12月05日

第1页（共1页）

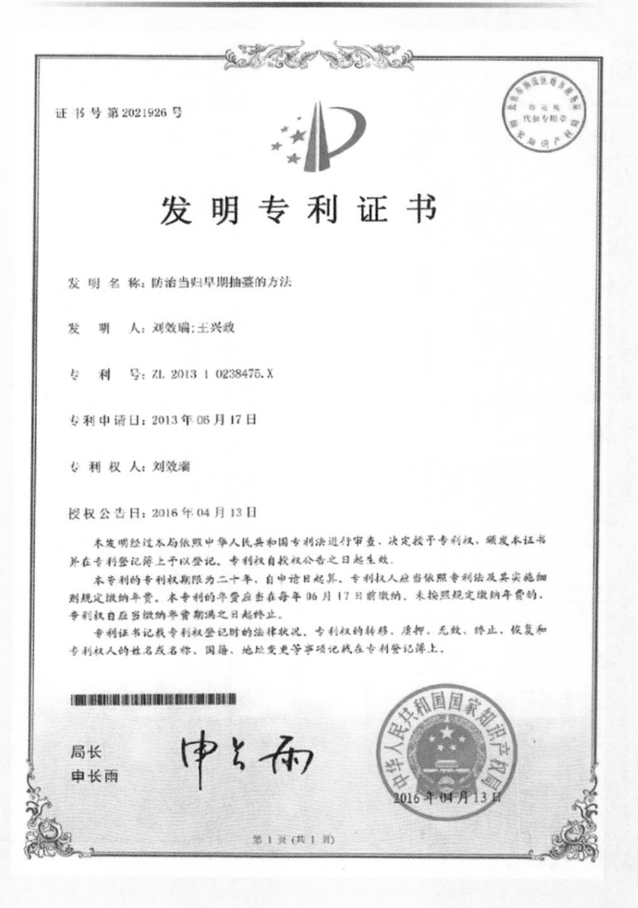
证书号第2021926号

发明专利证书

发 明 名 称：防治当归早期抽薹的方法

发 明 人：刘效瑞；王兴政

专 利 号：ZL 2013 1 0238475.X

专利申请日：2013年06月17日

专 利 权 人：刘效瑞

授权公告日：2016年04月13日

本发明经过本局依照中华人民共和国专利法进行审查，决定授予专利权，颁发本证书并在专利登记簿上予以登记。专利权自授权公告之日起生效。

本专利的专利权期限为二十年，自申请日起算。专利权人应当依照专利法及其实施细则规定缴纳年费。本专利的年费应当在每年06月17日前缴纳。未按照规定缴纳年费的，专利权自应当缴纳年费期满之日起终止。

专利证书记载专利权登记时的法律状况。专利权的转移、质押、无效、终止、恢复和专利权人的姓名或名称、国籍、地址变更等事项记载在专利登记簿上。

局长

申长雨

中华人民共和国国家知识产权局

2016年04月13日

第1页（共1页）

附件 4　享受国务院政府特殊津贴、荣誉称号人员

姓名	取得时间	荣誉名称	授予部门	备注
唐　瑜	1991 年	国务院政府特殊津贴	国务院	定西地区首个享受国务院政府特殊津贴专家
徐继振	1992 年	国务院政府特殊津贴	国务院	
曹玉琴	1993 年	国务院政府特殊津贴	国务院	
伍克俊	1996 年	国务院政府特殊津贴	国务院	
刘荣清	1997 年	国务院政府特殊津贴	国务院	
李　定	1998 年	国务院政府特殊津贴	国务院	
刘效瑞	1999 年	国务院政府特殊津贴	国务院	
王廷禧	2000 年	国务院政府特殊津贴	国务院	
周　谦	2001 年	国务院政府特殊津贴	国务院	
杨俊丰	2003 年	国务院政府特殊津贴	国务院	
王梅春	2004 年	国务院政府特殊津贴	国务院	
何小谦	2018 年	国务院政府特殊津贴	国务院	
唐　瑜	1994 年	甘肃省优秀专家	甘肃省委、省政府	甘肃省第二批优秀专家
刘效瑞	2001 年	甘肃省优秀专家	甘肃省委、省政府	GSU0000324
蒲育林	2003 年	甘肃省优秀专家	甘肃省委、省政府	
何小谦	2006 年	甘肃省优秀专家	甘肃省委、省政府	GY6013
李德明	2020 年	甘肃省优秀专家	甘肃省委、省政府	2020-GSSYZJ-045
刘荣清	1998 年	333 科技人才工程	省委组织部、省人事厅	甘人事〔1998〕170 号
刘效瑞	2001 年	333 科技人才工程	省委组织部、省人事厅	甘人事〔2001〕40 号
杨俊丰	2001 年	333 科技人才工程	省委组织部、省人事厅	甘人事〔2001〕40 号
王亚东	2001 年	333 科技人才工程	省委组织部、省人事厅	甘人事〔2001〕40 号
王梅春	2002 年	555 创新人才工程	省委组织部、省人事厅	CX0062
牟丽明	2018 年 12 月	甘肃省领军人才	甘肃省人社厅	
韩儆仁	2020 年 12 月	甘肃省领军人才	甘肃省人社厅	
何小谦　张　明 马　宁　李鹏程 王梅春　刘彦明 陈永军　韩儆仁	2019 年	甘肃省正高级津贴	甘肃省人社厅	甘人社通〔2019〕384 号
张　明　马　宁 李鹏程　李德明 王梅春　刘彦明 陈永军　韩儆仁 石建业　王亚东 王景才　牟丽明 连荣芳　荆彦民 王富胜　谢淑琴	2020 年	甘肃省陇原人才	甘肃省委人才工作领导小组	省委人才小组发〔2020〕5 号
王梅春	2020 年 8 月	甘肃省科技工作先进个人	甘肃省人力资源和社会保障厅 甘肃省科学技术厅	

附件5　人才梯队

职称	序号	姓　名	备　注
研究员	1	唐　瑜	定职改组〔1995〕28号
	2	伍克俊　刘荣清　王梅春	甘职改组〔2001〕05号
	3	蒲育林　杨俊丰	甘职改组〔2001〕42号
	4	陈永军	甘人职〔2010〕4号
	5	马　宁	甘职改办〔2010〕4号
	6	张　明	甘科人〔2011〕91号
	7	李鹏程	甘科人〔2013〕4号
	8	韩儆仁	甘人职〔2014〕07号
	9	王亚东　牟丽明	甘人职〔2014〕78号
	10	石建业　连荣芳	甘事人改办岗字〔2016〕14号
	11	荆彦民	甘人职〔2016〕67号
	12	王富胜　谢淑琴	甘人社通〔2020〕43号
	13	王　娟	甘人社通〔2021〕16号
推广研究员	1	徐继振	定职改组〔1997〕09号
	2	曹玉琴	甘职改组〔1999〕05号
	3	刘效瑞	甘职改组〔2001〕07号
	4	王廷禧　李　定	甘职改组〔2003〕04号
	5	周　谦	甘人职〔2005〕06号
	6	王玉芳	甘人职〔2007〕10号
	7	何小谦	甘人职〔2011〕07号
	8	刘彦明	甘人职〔2013〕07号
	9	李德明	甘人职〔2015〕6号
	10	王景才	甘人职〔2017〕14号
副高级专业技术人员	1	赵华生　俞家煌　黄　芬（副研究员） 姚晏如（高级实验师）姚仕隆（高级农艺师）	行署知字〔1988〕8号任命，同年通过省科委高级评委会（甘职改办〔1987〕013号）
	2	丰学桂（副研究员）	定职改组〔1992〕16号
	3	寇思荣（副研究员）	定职改组〔1995〕20号
	4	石仓吉（高级农艺师）	甘农发〔1997〕100号
	5	苟永平（副研究员）	甘科人〔1998〕11号
	6	梁淑珍　王思慧（高级农艺师）	甘农职发〔1998〕13号
	7	刘杰英（高级农艺师）	甘农牧〔2002〕21号

续表

职称	序号	姓 名	备 注
副高级专业技术人员	8	郸擎东（副研究员）	甘科人〔2003〕013 号
	9	何玉林（高级农艺师）	定市农发〔2005〕010 号
	10	陈　英（高级农艺师）	甘农牧〔2005〕531 号
	11	袁安明　潘晓春（副研究员）	甘科人〔2008〕01 号
	12	朱润花（高级农经师） 曹志荣　贺永斌（高级农艺师）	定市农发〔2009〕11 号
	13	罗有中　张　清（高级农艺师）	甘农牧〔2010〕46 号
	14	墨金萍（高级农艺师）	甘农牧发〔2011〕439 号
	15	张　旦（高级农经师）	甘农牧发〔2012〕518 号
	16	曹力强　张　健　令　鹏（副研究员）	甘科人〔2013〕3 号
	17	文殷花　陈向东　严明春（高级农经师）	甘农牧〔2013〕393 号
	18	罗　磊（副研究员）	甘人职〔2014〕6 号
	19	马彦霞（副研究员）	定农科院发〔2014〕16 号
	20	唐彩梅（高级农艺师）	甘农牧发〔2014〕309 号
	21	魏玉琴（高级农艺师）	甘农牧发〔2015〕317 号
	22	任生兰　尚虎山（副研究员）	甘科人〔2016〕2 号
	23	史丽萍　贾瑞玲　张小静 王兴政　谭伟军（副研究员）	甘科人〔2016〕16 号
	24	马菁菁（高级农艺师）	甘农牧发〔2017〕407 号
	25	陈　富　马伟明（副研究员）	甘科人〔2018〕2 号
	26	水清明　汪淑霞（高级农艺师）	定人社发〔2019〕57 号
	27	南　铭　叶丙鑫（副研究员）	甘科人〔2019〕6 号
	28	姚　兰　边　芳　王会蓉　魏立萍 姚彦红　邢雅玲（高级农艺师）	定市农发〔2019〕504 号
	29	王姣敏（副研究员）	甘科人〔2020〕2 号
	30	李亚杰　李　晶（副研究员）	甘科人〔2021〕2 号
	31	陈自雄（高级农经师）　董爱云　李丰先 杨薇靖　刘军秀　牛彩萍（高级农艺师）	定市农发〔2021〕12 号

附件 6　学历学位

学位	序号	姓　名	备　注
博士	1	马彦霞	2016 年考入甘肃省农业科学院
	2	马瑞丽	2021 年 5 月调入青海大学
在读博士	1	南　铭	甘肃农业大学
	2	马　瑞	甘肃农业大学
硕士	1	贾瑞玲	兰州大学
	2	王兴政　王　娟	甘肃农业大学
	3	张小静	甘肃农业大学
	4	马伟明	甘肃农业大学
	5	陈　富	甘肃农业大学
	6	叶丙鑫	甘肃农业大学
	7	李亚杰　张　晶　李　瑛	甘肃农业大学
	8	李　晶	东北农业大学
	9	黄　凯	甘肃农业大学
	10	何万春	甘肃农业大学
	11	赵小琴	华中农业大学
	12	刘全亮	河南工业大学
	13	侯云鹏	新疆石河子大学
	14	曹　宁	广西师范学院
	15	邢雅玲	内蒙古农业大学
	16	李丰先	沈阳农业大学
	17	景　芳	甘肃农业大学
	18	李　丽	南京农业大学
	19	吕海龙	甘肃农业大学
	20	张同科	湖南农业大学
	21	范　奕	华中农业大学
	22	高晓星	甘肃农业大学
	23	白　琳	黑龙江八一农垦大学
	24	杨　洁	中国农业大学
	25	张成君	甘肃农业大学
在读硕士	1	张振科	中国人民大学
	2	王廷禧	兰州大学
	3	文殷花　史丽萍　杨薇靖　王姣敏　赵永伟	甘肃农业大学

附件 7　历届人大代表、党代表、政协委员

姓名	名称	时间
黄　芬	甘肃省第五届人大代表	1979 年
丰学桂	甘肃省第六届人大代表	1983 年
刘杰英	政协定西市第一届委员会委员	2002 年
王梅春	中国共产党甘肃省第十次党代会代表	2002 年
王梅春	中国共产党定西市第二、三次党代会代表	2007 年、2011 年
刘荣清	政协定西市第三届委员会委员	2011 年
陈永军	政协定西市第三届委员会委员	2011 年
王亚东	政协定西市第三、四届委员会委员	2011 年、2016 年
张振科	政协定西市第四届委员会委员	2016 年
谢淑琴	政协定西市第四届委员会委员	2016 年
张小静	中国共产党定西市第四次党代会代表	2016 年
张小静	中国共产党甘肃省第十三次党代会代表	2017 年
石仓吉	定西县第六届政协委员	1996 年

附件 8　科研平台

序号	平台名称	批准时间	主管部门	备注
1	国家引进国外智力成果示范基地	2001 年	国家外国专家局	国家级
2	甘肃省旱作优质小麦良种繁育基地	2002 年	农业部	国家级
3	国家现代农业马铃薯产业技术体系定西综合试验站	2008 年	农业部	国家级
4	国家现代农业食用豆产业技术体系定西综合试验站	2008 年	农业部	国家级
5	国家现代农业燕荞麦产业技术体系定西综合试验站	2008 年	农业部	国家级
6	国家现代农业特色油料作物产业技术体系定西综合试验站	2008 年	农业部	国家级
7	全国马铃薯主食化加工产业联盟副理事长单位	2015 年	中国农业科学院农产品加工研究所	国家级
8	国家自然科学基金依托单位	2016 年	科技部	国家级
9	中国农科院作科所　定西市农科院“旱作农业联合研究中心”	2017 年	中国农业科学院作物科学研究所	国家级
10	甘肃省马铃薯工程技术研究中心	2001 年	甘肃省科技厅	省级
11	甘肃省马铃薯工程研究院	2013 年	甘肃省发改委	省级
12	甘肃省引进国外智力成果示范推广基地	2016 年	甘肃省外专局	省级
13	甘肃省农业科技创新联盟副理事长单位	2016 年	甘肃省农业科学院	省级
14	甘肃省科普教育基地	2017 年	甘肃省科协	省级
15	甘肃省国际科技合作基地——冬小麦种质资源和品种创新示范推广	2018 年	甘肃省科技厅	省级
16	甘肃省特色科普基地	2018 年	甘肃省科技厅	省级
17	甘肃省科技创新服务平台——甘肃中部地区主要农作物种质资源库	2019 年	甘肃省科技厅	省级
17	定西市马铃薯协同创新基地（专家工作站）	2020 年	甘肃省农业科学院马铃薯研究所	省级
19	甘肃省引才引智基地	2020 年	甘肃省科技厅	省级
20	甘肃省山黧豆产业技术创新战略联盟良种繁育基地	2020 年	兰州大学、西北农林科技大学、天水师范学院、陕西理工大学等专家学者提议发起	省级
21	定西—甘肃农大科研教学基点	1980 年	定西地区农科所与甘肃农业大学农学系联合	省级
22	定西市优势作物工程技术研究中心	2006 年	定西市科技局	市级
23	定西市菊芋工程技术研究中心	2008 年	定西市科技局	市级
24	定西市党参工程技术研究中心	2010 年	定西市科技局	市级
25	定西市设施农业工程技术研究中心	2010 年	定西市科技局	市级
26	定西市油料作物工程技术研究中心	2014 年	定西市科技局	市级
27	定西市马铃薯主食化产业开发联盟理事长单位	2015 年	定西市民政局	市级
28	东西协作定西—福州食用菌联合实验室	2017 年	福州市科技局与定西市科技局	市级
29	定西市农村实用人才实训基地	2017 年	市委组织部	市级

附件9　科研项目

科所	序号	项目名称	起止年限（年）	项目参加人员	立项	项目编号
粮食作物研究所	1	出口杂豆品种改良及产业化示范—蚕豆、豌豆品种改良及产业化示范	2006—2010年	王梅春　连荣芳　墨金萍等	国家科学技术部	2006BAD02B08
	2	优质高产冬小麦品种陇中1号原种示范推广	2008—2010年	周　谦　刘荣清等	国家科学技术部	2008GB2GL00331
	3	俄罗斯优质抗寒抗虫冬小麦种质资源和新技术引进及种质创新	2015—2018年	周　谦　李鹏程　韩儆仁　贺永斌等	国家科学技术部	2015DFR1120
	4	甘肃省优质燕麦新品种选育及产业技术示范研究	2007—2009年	刘彦明　边芳　马　宁等	农业部	nyhyzx07-009
	5	甘肃省燕麦新品种创新及产业体系示范研究	2007—2010年	刘彦明等	农业部	CARS-08-E-2
	6	优质高产专用型冬小麦品种快繁和产业化	2005年	周　谦　张宗礼　贺永斌等	科技部外国专家局	20056200040
	7	优质高产专用型冬小麦品种快繁和产业化	2006—2007年	周　谦　张宗礼　贺永斌等	科技部外国专家局	Y20066200003
	8	优质专用型冬小麦新品种及选育技术引进	2007—2008年	周　谦　张宗礼　贺永斌等	科技部外国专家局	20076200063
	9	国外冬麦育种技术的引进示范应用	2014年	周　谦　李鹏程等	科技部外国专家局	Y20146200001
	10	俄罗斯种质资源人才的引进示范应用及种质创新	2016年	周　谦　李鹏程等	科技部外国专家局	20166200001
	11	乌克兰种质资源人才的引进示范应用及种质创新	2017年	周　谦　李鹏程等	科技部外国专家局	20176200001
	12	乌克兰俄罗斯冬小麦品种资源引进示范应用	2018年	周　谦　李鹏程　李　晶　贺永斌　黄　凯　邢雅玲	科技部外国专家局	20186200005
	13	白俄罗斯优质抗寒品种资源引进与种质创新	2019年	周　谦　李鹏程　李晶等	科技部外国专家局	BC20190143002
	14	乌克兰高端人才与种质资源引进及品种科技创新	2020年	周　谦　李鹏程　李晶等	科技部外国专家局	DL20200143001
	15	白俄罗斯高端人才及农作物新品种引进试验示范	2020年	李鹏程　周　谦　李晶等	科技部外国专家局	G20200143007
	16	加拿大优质专用型燕麦新品种示范推广	2007—2008年	刘彦明等	科技部外国专家局	20076200003
	17	定西地区小麦需水规律和抗旱性鉴定方法研究	1984—1988年	周易天　唐　瑜　王梅春　刘杰英　刘立平　刘彦明	中国科学院科学基金	〔84〕科基金省准字第425号
	18	耐旱、耐病、丰产的鹰嘴豆种质资源研究	1992—1994年	寇思荣　金维汉等	国家自然科学基金（协作）	92-02-10
	19	甘肃燕麦荞麦种质资源考察收集	2009年	马　宁　刘彦明　刘杰英等	中国农科院作物科学研究所	

续表

科所	序号	项目名称	起止年限（年）	项目参加人员	立项	项目编号
粮食作物研究所	20	国家小宗粮豆区试试验	2009—2017 年	王梅春 连荣芳 墨金萍 肖 贵	全国农业技术推广服务中心、西北农林科技大学	
	21	小麦抗逆种质资源创新与利用研究	2017—2019 年	牟丽明 程小虎 王建兵	中国农业科学院作物科学研究所	中国农科院作科所（二级项目）
	22	高寒二阴区春小麦新品种选育	1986—1989 年	李 定 王玉芳	甘肃省农业科学院	86-9-30
	23	旱地豌扁豆新品种选育	1986—1990 年	骆得功 何振中 金维汉 闫芳兰	甘肃省农业科学院	86-10-31
	24	扁豆引种筛选及示范推广	1988—1992 年	骆得功 何振中 金维汉 闫芳兰	甘肃省经贸委	
	25	豌豆根腐病综合防治示范推广	1989—1992 年	伍克俊 谢正团 李秀君 王景才等	甘肃省农业科学院	89-6-32
	26	旱地春小麦新品种选育	1989—1993 年	唐 瑜 周 谦 王亚东 张宗礼 墨金萍等	甘肃省科委	89-04-1
	27	旱地莜麦大面积丰产栽培技术研究	1990—1992 年	曹玉琴 刘彦明 郸擎东 姚永谦等	甘肃省农业科学院	90-17-30
	28	二阴级水川地春小麦新品种定丰 3 号大面积示范推广	1991—1993 年	李 定 王玉芳 张建祥等	甘肃省农业科学院	
	29	春小麦新品系 802-15、79157-8 大面积示范	1991—1993 年	黄 芬 李 定等	甘肃省农业科学院	91-28-54
	30	春小麦品种资源抗旱鉴定及利用研究	1991—1995 年	王梅春 刘英杰 陈永军等	甘肃省农业科学院	91-5-8
	31	二阴区及水地春小麦新品种选育	1991—1995 年	李 定等	甘肃省农业科学院	91-2-5
	32	旱地豌豆新品种选育及资源研究	1991—1995 年	寇思荣 金维汉 王思慧 闫芳兰	甘肃省农业科学院	91-3-6
	33	燕麦营养粉研制	1993—1994 年	曹玉琴 姚永谦 刘彦明等	甘肃省农业科学院	甘农科院字〔1993〕第 57 号
	34	燕麦系列保健品开发	1993—1995 年	曹玉琴 刘彦明等	甘肃省科委	定农发〔1993〕32 号
	35	豌扁豆新品种选育	1993—1996 年	寇思荣 金维汉 王思慧 闫芳兰	甘肃省农业科学院	定地财农〔1993〕40 号
	36	旱地春小麦新品种选育	1994—1998 年	王亚东等	甘肃省科委	GK941-1-42
	37	豌豆抗病新品种选育及良种示范推广	1995—1998 年	寇思荣 金维汉 王思慧 闫芳兰	甘肃省农业科学院	甘农科院字〔1996〕第 74 号
	38	旱地豌豆新品种选育	1995—1999 年	寇思荣 王梅春 伍克俊 王思慧 余峡林 闫芳兰	甘肃省科委	QS051-C31-06
	39	荞麦新品种引种试验及示范	1996—2000 年	王梅春 刘杰英等	甘肃省农业科学院	2002J-3-02

续表

科所	序号	项目名称	起止年限（年）	项目参加人员	立项	项目编号
粮食作物研究所	40	春小麦系列新品种定丰 4 号、5 号示范推广	1997—1999 年	李　定　王玉芳　张建祥　李国林　王会蓉	甘肃省农业科学院	定地科发〔1997〕42 号
	41	优质春小麦新品系 8654 示范	1997—2000 年	李　定　王玉芳　张建祥等	甘肃省科技厅	定地科发〔1998〕42 号
	42	旱地豌豆新品种选育	1999—2003 年	王梅春　王思慧　余峡林　王春明等	甘肃省科学技术厅	QS992-C31-001
	43	甘肃小麦新品种选育联合攻关项目	2002—2005 年	李　定　王玉芳　张建祥　李国林等	甘肃省科技厅	2005229
	44	旱地春小麦新品种选育及种质创新研究	2003—2005 年	牟丽明　刘荣清等	甘肃省科技厅重大专项	2GS035-A41-001
	45	甘肃中部优质小麦新品种（定西 36 号、中旱 110）示范推广	2004—2006 年	王亚东等	甘肃省科技厅	5TS042-B81-002
	46	优质特色小杂粮新品种选育及栽培技术研究	2005—2007 年	王亚东等	甘肃省科技厅	2GS054-A41-010
	47	利用人工合成优异种质选育高产小麦新品种	2005—2007 年	周　谦等	甘肃省农牧厅	GNSW-2005-01
	48	旱地专用冬小麦新品种选育	2006—2009 年	周　谦　张宗礼　贺永斌等	甘肃省农牧厅	2006-177-15
	49	MPCR 体系构建及抗病优质旱地春小麦新品种选育	2007—2010 年	牟丽明　刘荣清等	甘肃省农牧厅农业生物技术专项	GNSW-2007-19
	50	甘肃中部优质小杂粮示范推广	2008—2009 年	刘彦明等	甘肃省农牧厅	
	51	优质丰产旱地专用冬小麦新品种选育	2008—2010 年	周　谦　张宗礼　贺永斌等	甘肃省农牧厅	2007-282-9
	52	国外冬麦育种技术的引进及研究应用	2008—2010 年	周　谦　李鹏程等	甘肃省科学技术厅	0804WCGJ136
	53	优质丰产春小麦新品种选育	2009—2011 年	牟丽明　刘荣清等	甘肃省农业科学院科技创新专项	2009GAAS41
	54	甘肃中部春小麦新品种定西 38 号、定西 39 号原种扩繁与示范推广	2010—2012 年	牟丽明　刘荣清等	甘肃省科技厅农业科技成果转化资金	1006NCNJ119
	55	旱地春小麦种质创新和新品种选育	2010—2012 年	牟丽明　刘荣清　王建兵　杨惠梅等	甘肃省科技厅重大专项	二级项目
	56	利用杂交与单倍体加倍技术选育丰产优质春小麦新品种	2011—2013 年	刘荣清　张　健　邵正阳　李　定　张　明等	甘肃省科技厅	1104NKCJ099
	57	优质高产抗锈冬小麦品种选育	2011—2013 年	周　谦　张宗礼等	甘肃省农牧厅	GNCX-2011-17
	58	国外冬麦育种技术人才的引进及研究应用	2011—2013 年	周　谦　刘荣清等	甘肃省科学技术厅	1104WCGJ180

续表

科所	序号	项目名称	起止年限（年）	项目参加人员	立项	项目编号
粮食作物研究所	59	优质抗病旱地春小麦定西 40 号示范推广	2012—2014 年	牟丽明　刘荣清等	甘肃省农牧厅农牧渔业新品种新技术引进及推广资金项目	2014Y0155
	60	多抗丰产优质春小麦新品种选育	2012—2014 年	牟丽明　刘荣清等	甘肃省农业科学院科技创新专项	2012GAAS05
	61	优质抗病旱地小麦新品种示范推广	2012—2014 年	牟丽明　刘荣清等	甘肃省科技厅农业科技成果转化资金	1205NCNJ151
	62	优质高产抗病春小麦新品种选育	2012—2014 年	刘荣清　张　健　王会蓉等	甘肃省农牧厅	GNSW-2012-03
	63	甘肃省科技重大专项《小杂粮作物品种创新与增产提质技术研究示范》课题	2012—2014 年	马　宁　贾瑞玲等	甘肃省农业科学院作物研究所	0801NKDA016
	64	优质丰产抗锈冬小麦品种选育及抗源应用	2013—2015 年	周　谦　张宗礼　贺永斌等	甘肃省农牧厅	GNCX-2013-17
	65	利用杂交转育法提高春小麦抗锈病的研究	2014—2016 年	刘荣清　张　健　王会蓉　张　明等	甘肃省财政厅、甘肃省农牧厅	GNSW-2014-4
	66	外源 DNA 导入小麦分子技术选育新品种	2015—2017 年	周　谦　韩儆仁　李　晶　贺永斌等	甘肃省农牧厅	GNSW-2015-7
	67	利用聚合杂交法选育优质高产春小麦新品种	2016—2018 年	张　健　刘荣清　王会蓉　张　明等	甘肃省农牧厅	GNSW-2016-7
	68	冬小麦种质资源和品种创新示范推广（甘肃省引智成果示范推广基地）	2016—2018 年	周　谦　李鹏程等	甘肃省外国专家局	2016-26-6
	69	陇藜 1 号示范推广及系列产品研发	2016—2018 年	马　宁　陈　富　贾瑞玲等	甘肃省农业科学院	2016GAAS21
	70	俄罗斯乌克兰种质资源引进试验示范与品种创新	2017—2019 年	李鹏程　黄　凯等	甘肃省科学技术厅	17YFIWJ171
	71	甘肃中部旱地小麦新品种选育及示范推广	2017—2020 年	牟丽明　王建兵　程小虎	甘肃省科技厅重大专项	17ZD2NA016
	72	抗旱抗寒冬小麦种质资源引进与示范（甘肃省国际合作基地）	2017—2021 年	周　谦　李鹏程等	甘肃省外国专家局	42793
	73	中部抗旱优质春小麦育种	2018—2020 年	牟丽明　程小虎等	甘肃省农牧厅小麦产业体系	GARS-01-04
	74	甘肃省特色作物产业技术体系——豌扁豆研究	2018—2020 年	连荣芳　王梅春　墨金萍　肖　贵　曹　宁等	甘肃省农业农村厅	
	75	陇中优质旱地小麦新品种育繁推一体化	2018—2021 年	程小虎等	甘肃省科协	甘科协发〔2008〕135 号
	76	甘肃省小杂粮作物新品种选育与示范子项目“豆类作物新品种选育与示范”	2018—2021 年	连荣芳　肖　贵　墨金萍等	甘肃省科学技术厅	18ZD2NA008

续表

科所	序号	项目名称	起止年限（年）	项目参加人员	立项	项目编号
粮食作物研究所	77	甘肃省小杂粮作物新品种选育与示范子项目“燕麦新品种选育与示范”	2018—2021 年	刘彦明等	甘肃省科学技术厅	18ZD2NA008
	78	甘肃省科技重大专项《特色作物新品种选育与示范》课题	2018—2021 年	马　宁　贾瑞玲 赵小琴　刘军秀	甘肃省农业科学院作物研究所	18ZD2NA008
	79	陇中干旱半干旱区优质饲草品种评价及高产栽培技术研究与示范	2020—2022 年	张　健　张　明 侯云鹏等	甘肃省农业科学院	2020GAAS05
	80	陇中干旱半干旱地区饲草型小黑麦生理特性研究	2020—2022 年	张　明　张　健 侯云鹏　王会蓉等	甘肃省气象局干旱气象研究所	IA—02003
	81	贫困地区饲草型玉米、燕麦、小黑麦新品种示范及青贮关键技术集成应用	2020—2022 年	张　健　张　明 侯云鹏　王会蓉等	甘肃省科学技术厅	20CX9NJ180
	82	优质抗寒抗病农作物种质资源引进与种质创新	2020—2022 年	李　晶　李鹏程 周谦等	甘肃省科学技术厅	20YF3WJ021
	83	水地春小麦 8290、806、8540 新品系示范	1995 年	李　定等	定西地区科技处	
	84	旱地春小麦新品种选育	1980—1984 年	唐　瑜等	定西地区科技处	
	85	二阴区及水地春小麦新品种选育	1980—1984 年	黄　芬　李　定	定西地区科技处	
	86	水地春小麦新品种选育	1982—1986 年	黄　芬　李　定 贾秀芳　张克谦等	定西地区旱农中心	
	87	豌豆抗旱品种引种筛选和丰产栽培技术研究	1984—1988 年	姚仕隆　杨俊丰等		
	88	旱地莜麦新品种选育	1985—1990 年	曹玉琴等	定西地区科技处	定行署发〔1984〕知字 19 号
	89	豌豆根腐病综合防治研究	1988—1991 年	伍克俊　骆得功 何振中　金维汉等	定西地区科技处	定行署发〔1984〕知字 19 号
	90	关于建立八五扁豆生产基地规划	1990—1995 年	寇思荣等	定西地区科技处	
	91	旱地豌扁豆新品种选育	1991—1994 年	寇思荣　骆得功	定西地区科技处	定地计发〔1995〕44 号
	92	旱地莜麦新品种选育	1991—1995 年	曹玉琴　郸擎东 姚永谦　刘彦明等	定西地区科技处	GK911-2-56
	93	优质高产旱地小麦新品系 79121—15 示范推广	1994—1996 年	唐　瑜　王亚东 周　谦等	定西地区农委	T94-4-10
	94	豌豆根腐病防治技术试验示范	1994—1997 年	王梅春　寇思荣等	定西地区科技处	
	95	豌豆抗根腐病资源筛选与良种示范推广	1995—1999 年	寇思荣　王梅春 伍克俊　王思慧等	定西地区科技处	
	96	旱地春小麦新品种选育及其产业化开发示范	1998—2000 年	李　定　王玉芳等	定西地区科技处	98-1-1

续表

科所	序号	项目名称	起止年限（年）	项目参加人员	立项	项目编号
粮食作物研究所	97	冬小麦新品种选育及其产业化开发示范	1998—2000 年	周　谦　张宗礼等	定西地区科技处	98-1-5
	98	旱地莜麦新品种选育及其产业化开发示范	1998—2000 年	曹玉琴　姚永谦　刘彦明等	定西地区科技处	98-1-7
	99	荞麦大面积示范推广	2003—2005 年	刘杰英　马　宁等	定西市科技局	
	100	旱地豌豆新品种选育	2004—2005 年	王梅春　王思慧　连荣芳　张健等	定西市科技局	
	101	裸燕麦新品种选育和示范基地建设	2006—2008 年	刘彦明等	定西市科技局	Y2007620002
	102	荞麦资源高效利用与产业化示范研究	2006—2010 年	马　宁　刘杰英等	西北农林科技大学	2006BAD02B06
	103	高产高效优质春小麦新品种定丰 12 号良种繁育示范基地建设	2007—2008 年	李　定　王玉芳　张建祥等	定西市发展和改革委员会	
	104	春小麦新品系 9016-9745 选育	2007—2009 年	张　健　李　定　王会蓉　张　明等	定西市科技局	2007-1-1
	105	优质专用型冬小麦新品系引进选育	2007—2009 年	周　谦　张宗礼　贺永斌等	定西市科技局	
	106	优质丰产抗锈冬小麦品种选育及抗源应用	2015—2017 年	周　谦　牟丽明等	定西市科技局	DX2014N02
	107	优质小麦种质资源引进筛选及新品种选育	2016—2018 年	张　健　牟丽明　张　明　王会蓉等	定西市科技局	DX2016NO1
	108	旱地小麦新品种选育及生产性应用	2019—2021 年	牟丽明　程小虎等	定西市科技局	DX2019N04
	109	饲草型小黑麦种质资源引进筛选及新品种示范推广	2021—2023 年	张　健　张　明　侯云鹏　王会蓉等	定西市科技局	DX2020NO1
	110	抗旱春小麦新品种选育	1984—1988 年	唐　瑜等	甘肃省科委	GK891-27-30
油料作物研究所	111	旱地胡麻 753-1-5-4 新品种选育	1984—1988 年	俞家煌　丰学桂等	甘肃省科委	
	112	承担甘肃省协作攻关旱地胡麻新品种选育	1984 年	俞家煌　丰学桂　石仓吉等	甘肃省科委	
	113	旱地胡麻新品种选育	1984 年	俞家煌　丰学桂　石仓吉等	甘肃省科委	甘科发〔1984〕46 号
	114	胡麻新品种选育	1985 年	俞家煌　丰学桂　石仓吉等	甘肃省科委	
	115	胡麻预测预报协作	1987 年	俞家煌　丰学桂　石仓吉等	甘肃省科委	
	116	优质稳产油、纤兼用型亚麻原料生产基地建设	1989 年	俞家煌　丰学桂　石仓吉等	甘肃省科委	甘农〔1989〕72 号
	117	胡麻新品种选育	1993—1997 年	石仓吉　张　清　陈　英　令　鹏　李文珍等	甘肃省农业科学院	定地计发〔1996〕61 号

续表

科所	序号	项目名称	起止年限（年）	项目参加人员	立项	项目编号
油料作物研究所	118	胡麻新品种选育	1998—2000 年	石仓吉　张彩玲 令　鹏　陈　英等	甘肃省科技厅	
	119	旱地油及纤用兼用亚麻新品种选育	1988—1992 年	俞家煌　石仓吉等	甘肃省科委（协作公关）	89-02-02
	120	定西地区旱地胡麻新品种示范推广	1992—1994 年	石仓吉　张　清 陈　英　张　明 李文珍等	甘肃省“两西”建设指挥部	92-05-23
	121	旱地胡麻新品种（系）推广示范	1998—2000 年	石仓吉　张　清 陈　英　令　鹏 赵　强等	甘肃省“两西”建设指挥部	
	122	胡麻新品种选育	1998—2000 年	石仓吉　张　清 陈　英　令　鹏等	定西地区科技处	98-1-8
	123	开展胡麻品种比较、播种期、油料作物亚麻生长等试验研究	1956 年	俞家煌等	定西地区科研计划	
	124	进行胡麻低产田问题调查：轮作问题、耕作问题、施肥问题、除草保苗问题	1958 年	俞家煌　丰学桂等	定西地区科研计划	
	125	胡麻新品种选育	1959 年	俞家煌　丰学桂等	定西地区科研计划	
	126	地方品种和引进品种观察	1959 年	俞家煌　丰学桂等	定西地区科研计划	
	127	制定《关于试验、大田生产、品种比较、综合栽培的 60—62 年发展规划》	1959 年	俞家煌　丰学桂等	定西地区科研计划	
	128	胡麻新品种选育、地方品种和引进品种鉴定	1960 年	俞家煌　丰学桂等	定西地区科研计划	
	129	向日葵品种观察	1960 年	俞家煌　丰学桂等	定西地区科研计划	
	130	油菜品种观察及岷县地区作物布局调查（1960.8.12—1961.5.1）	1960—1961 年	俞家煌　丰学桂等	定西地区科研计划	
	131	胡麻良种选育	1960 年	俞家煌　丰学桂等	定西地区科研计划	
	132	胡麻新品种选育	1961 年	俞家煌　丰学桂等	定西地区科研计划	
	133	胡麻技术研究	1977 年	俞家煌　丰学桂等	定西地区科研计划	
	134	胡麻新品种选育	1977 年	俞家煌　丰学桂等	定西地区科研计划	
	135	红花引种、适应性观察	1979 年	俞家煌　丰学桂等	定西地区科研计划	
	136	红花引种、适应性观察，红花引种观察试验、红花品种比较试验、油用红花 AC-1 示范	1980 年	俞家煌　丰学桂等	定西地区科研计划	
	137	红花引种栽培试验	1981 年	俞家煌　丰学桂等	定西地区科委	
	138	胡麻丰产栽培技术试验研究	1981 年	俞家煌　丰学桂等	定西地区科委	
	139	胡麻的主要病虫草综合防治	1981 年	俞家煌　丰学桂等	定西地区科研计划	
	140	胡麻育种	1982 年	俞家煌　丰学桂等	定西地区科研计划	

续表

科所	序号	项目名称	起止年限（年）	项目参加人员	立项	项目编号
油料作物研究所	141	旱地胡麻中产水平的生育状况及其栽培技术措施示范	1982 年	俞家煌　丰学桂等	定西地区科研计划	
	142	胡麻新品种选育	1956—1958 年	俞家煌　丰学桂等	定西地区科研计划	
	143	杂种优势研究试验	1971—1973 年	俞家煌　丰学桂等	定西地区科研计划	
	144	旱地胡麻新品种示范推广及新品系试验示范	1992—1994 年	石仓吉　张　清 陈　英　张　明等	定西地区科技处	95J-2-02 获奖
	145	胡麻新品种选育及产业化开发示范项目	1998—2000 年	石仓吉　令　鹏 陈　英等	定西地区科技处	
	146	胡麻新品种选育	2000—2004 年	石仓吉等	定西市列科技计划项目	
	147	胡麻新品种选育	2005—2008 年	陈　英　令　鹏 张　清　李文珍等	定西市列科技计划项目	
	148	应用化学诱变技术培育胡麻新品种	2014—2016 年	陈　英　陈永军 令　鹏等	定西市列科技计划项目	DX2014N01
	149	胡麻新品种选育及配套技术示范应用	2018—2019 年	马伟明　陈　英 赵永伟　李　瑛 陈永军等	定西市列科技计划项目	DX2018N03
	150	胡麻良种选育	1985 年	俞家煌　丰学桂 石仓吉等	定西地区科研计划	
	151	旱作区胡麻丰产栽培技术规程研究	1989 年	俞家煌　丰学桂 石仓吉等	定西地区科研计划	
	152	胡麻新品种选育	1989—1992 年	俞家煌　石仓吉	定西地区科技处	
土壤肥料植物保护研究所	153	定西地区主要农业土壤中几种微量元素分布规律的研究	1989—1990 年	姚晏如　梁淑珍 杨爱萍等	甘肃省科技厅	
	154	小麦、胡麻、党参等复合肥研制及应用研究	1993—1995 年	姚晏如　梁淑珍 罗有中等	甘肃省农业科学院	CK951-2-98B
	155	旱地台地玉米氮肥投入阈值检测试验研究	2010—2016 年	王景才等	甘肃省科技厅	201003014
	156	典型农区高效施肥技术集成研究	2013—2016 年	王景才等	甘肃省科技厅	
	157	中药材党参化肥农药减施增效技术研究与示范	2020—2022 年	令　鹏　何万春 潘晓春等	甘肃省科技厅	20YF8NJ167
	158	旱地化肥施肥技术的研究	1984—1987 年	姚晏如等	定西地区科技处	
	159	定西地区农业环境若干元素自然背景值及研究方法	1988—1990 年	姚晏如　贺　铭 梁淑珍　王明泰 安凌冰　杨晓平	定西地区科技处	
	160	旱农主要作物施肥标准新技术研究	1992—1994 年	姚晏如　李永清等	定西地区科技处	91—03—19
	161	定西半干旱区旱作土壤主要作物施肥技术的研究	2000—2002 年	梁淑珍等	定西市科技局	
	162	马铃薯中药材连作对土壤养分影响及对策研究	2013—2015 年	马　宁等	定西市科技局	定市财行〔2013〕104 号
	163	干旱半干旱区马铃薯化肥农药“双减”关键技术集成与示范	2020—2022 年	令　鹏　王兴政 潘晓春　李文珍 何万春等	定西市科技局	DX2020N09

续表

科所	序号	项目名称	起止年限（年）	项目参加人员	立项	项目编号
马铃薯研究所	164	甘肃省定西地区专用型马铃薯脱毒种薯快繁中心建设	2001—2003 年	伍克俊　王梅春　连荣芳　杨俊丰　袁安明等	科技部	2001EA860A18
	165	专用马铃薯优质高效生产技术研究与示范	2002—2003 年	伍克俊　杨俊丰　蒲育林　刘荣清　王梅春等	科技部	“十五”科技攻关
	166	马铃薯多熟高效种植及配套技术研究	2004—2005 年	伍克俊　蒲育林　杨俊丰等	科技部	2004BA520A16
	167	马铃薯优质高效配套生产技术研究与示范	2006—2010 年	伍克俊　蒲育林　杨俊丰等	科技部	2006BAD21B05
	168	干旱半干旱区马铃薯超高产技术集成研究与示范	2009—2011 年	刘荣清　王亚东　张　明　李德明　李鹏程等	甘肃省科技厅	09NKDJ062
	169	西北区马铃薯节水高效关键技术研究与示范	2011—2015 年	李德明　张小静　王娟等	科技部	2012BAD06B03
	170	系列马铃薯新品种示范推广及产业化	2014—2016 年	刘荣清　李德明　王　娟　罗　磊　张小静等	科技部	2014GB100146
	171	马铃薯脱毒种薯示范推广	2007 年	刘荣清　李德明　袁安明　潘晓春　罗磊等	国家外专局	Y20076200004
	172	高产抗旱加工型马铃薯新品种引进示范推广	2008 年	刘荣清　李德明　潘晓春　罗　磊　王瑞英等	国家外专局	Y20086200001
	173	荷兰马铃薯品种及种质资源引进利用推广	2009 年	刘荣清　李德明　袁安明　潘晓春　罗磊等	国家外专局	Y20096200001
	174	马铃薯软腐病的综合防治技术引进推广	2010 年	刘荣清　李德明　袁安明　潘晓春　罗磊等	国家外专局	
	175	荷兰马铃薯抗晚疫病育种新技术引进	2011 年	刘荣清　李德明　潘晓春　王　娟　罗磊等	国家外专局	
	176	马铃薯晚疫病综合防控技术引进与示范	2012 年	刘荣清　李德明　潘晓春　王　娟　罗磊等	国家外专局	Y20126200004
	177	旱作区马铃薯高产高效综合技术引进	2013 年	刘荣清　李德明　潘晓春　王　娟　罗磊等	国家外专局	20136200051
	178	马铃薯产业综合开发技术引进与示范推广	2014 年	刘荣清　李德明　王　娟　潘晓春　罗磊等	国家外专局	20146200053
	179	马铃薯全膜双垄连作种植对土壤质量的影响	2012—2016 年	王　娟　李德明等	国家自然科学基金	3120311

续表

科所	序号	项目名称	起止年限（年）	项目参加人员	立项	项目编号
马铃薯研究所	180	定西市新农村建设马铃薯产业人才开发基地建设	2010—2012年	刘荣清　李德明　张小静等	甘肃省委组织部	甘财行〔2010〕56号
	181	定西马铃薯、中医药特色优势产业创新人才培训服务平台建设	2012—2014年	刘荣清等	甘肃省委组织部	定旱党发〔2012〕8号
	182	优质专用马铃薯脱毒微型种薯生产技术体系研究及产业化开发	1997—2002年	伍克俊　杨俊丰　刘荣清　蒲育林　王梅春　王廷禧等	甘肃省科技厅	
	183	优质专用加工型脱毒马铃薯原种网棚基地建设	2001—2003年	伍克俊　杨俊丰等	甘肃省科技厅	
	184	专用型马铃薯新品种选育	2001—2004年	伍克俊　杨俊丰等	甘肃省科技厅	2GS012-A41—034
	185	马铃薯脱毒种薯安全限量及控制技术标准研究	2003—2005年	蒲育林　伍克俊　王梅春等	甘肃省科技厅	2002BA906A80
	186	旱地加工型马铃薯新品种选育	2006—2008年	刘荣清　潘晓春　李德明　杨俊丰　罗磊等	甘肃省科技厅	2GS064-A41-001
	187	甘肃中东部粮食作物稳产增效技术集成示范	2015—2017年	何小谦　王　娟等	甘肃省科技厅	1502NKDA003
	188	马铃薯种质资源创制及新品种选育与示范	2017—2020年	李德明　罗　磊　姚彦红　李亚杰等	甘肃省科技厅	172D2NA016
	189	优质专用马铃薯脱毒种薯生产技术体系研究及基地建设	1996—1999年	伍克俊　蒲育林　杨俊丰　王梅春等	甘肃省科技厅	
	190	引进马铃薯病毒鉴定技术和脱毒微型种薯生产技术	1997年	刘荣清等	甘肃省引智办	
	191	马铃薯微型薯供种新技术推广	1992—1994年	伍克俊　蒲育林　王梅春等	甘肃省农业委员会	92-06-24
	192	马铃薯微型脱毒种薯示范推广	1994—1996年	伍克俊　蒲育林　王梅春等	甘肃省扶贫开发办公室	
	193	干旱地区人控小气候环境下提高马铃薯育种效率的研究	2007—2009年	刘荣清　李德明　潘晓春　罗　磊等	中国气象局兰州干旱气象研究所	IAM200712
	194	甘肃省马铃薯新品种选育扶持项目	2013—2015年	刘荣清　李德明　罗　磊等	甘肃省农牧厅	甘财农〔2014〕286号
	195	半干旱区全膜覆盖马铃薯农机农艺结合高产高效栽培技术研究与集成示范	2014—2016年	何小谦　韩儆仁　王　娟等	甘肃省农业科学院	
	196	旱作马铃薯立旋深松技术研究与示范	2017—2019年	何小谦　王　娟　韩儆仁　黄　凯　谭伟军等	甘肃省农业科学院	2017GAAS61
	197	甘肃省现代农业马铃薯产业技术体系种质资源与晚熟品种选育岗位	2019—2020年	罗　磊等	甘肃省农业农村厅	GARS-03-P3

续表

科所	序号	项目名称	起止年限（年）	项目参加人员	立项	项目编号
马铃薯研究所	198	甘肃省现代农业马铃薯产业技术体系种薯生产与质量控制	2019—2020 年	王　娟等	甘肃省农业农村厅	GARS-03-P3
	199	中部旱作区马铃薯高产提质种植技术集成应用	2019—2021 年	王　娟　陈自雄　谭伟军等	甘肃省农业科学院	2019GAAS46-1
	200	联合国世界粮食计划署甘肃富锌马铃薯小农户试点项目子项目 1 灌溉区马铃薯富锌栽培体系的构建	2019—2023 年	李德明　范　奕　罗　磊　姚彦红　李亚杰等	甘肃农业大学	WFPGSPP-1
	201	甘肃省寒旱农业项目抗病优质高效系列专用马铃薯品种创新与示范推广	2020—2022 年	李德明　罗　磊　李亚杰　姚彦红　董爱云等	甘肃省种子站	GNKJ-1
	202	定西地区洋芋工程良种繁殖及示范推广	1997 年	刘荣清	定西地区行政公署科学技术处	98-2
	203	马铃薯主食化品种引进选育及示范推广	2017 年	张振科等	定西市农业局	
	204	马铃薯脱毒种薯生产	1998—2000 年	伍克俊　蒲育林　杨俊丰等	定西地区行政公署科学技术处	98-2-2
	205	专用型马铃薯种薯生产及贮藏技术研究	2003—2004 年	伍克俊　蒲育林　杨俊丰等	定西市科技局	
	206	全膜双垄马铃薯套种豌豆高效种植模式创新研究与示范	2012—2014 年	刘荣清等	定西市科技局	
	207	优质专用型马铃薯新品种选育	2012—2014 年	李德明　罗　磊　姚彦红等	定西市科技局	
	208	高产优质马铃薯新品种青薯 9 号引进与示范推广	2012—2014 年	李德明　王　娟　潘晓春等	定西市科技局	
	209	马铃薯主食化品种选育与示范	2016—2019 年	张振科等	定西市农业局	DXCZMLSZS-2016-01
	210	优质早熟专用型马铃薯新品种选育	2018—2019 年	罗　磊等	定西市科技局	DX2018N01
中药材研究所	211	十万亩优质当归栽培基地建设	1996—1998 年	徐继振　刘效瑞　祁风鹏等	科技部	HS951-2-1A
	212	甘肃当归新品系 DGA2000-03 选育及研究	2007—2010 年	李应东　刘效瑞　王春明　荆彦民　何宝刚　王富胜　尚虎山　马伟明　汪淑霞等	科技部	2007BAI37B01
	213	当归规范化种植基地优化升级及系列产品综合开发研究（子课题）	2011—2014 年	刘效瑞　王春明　马伟明　荆彦民　尚虎山　王兴政　王富胜等	科技部	2011BAI05B0202
	214	甘肃省定西市道地中药材产业化推广及惠民示范工程	2013—2016 年	刘荣清　马伟明　姜振宏　荆彦民　潘晓春等	科技部	2013GS620101

续表

科所	序号	项目名称	起止年限（年）	项目参加人员	立项	项目编号
中药材研究所	215	甘肃当归新品系 90-01 大面积示范与推广	2006—2008 年	何小谦　陈永军 王春明　潘玉琴 尚虎山　荆彦民等	科技部星火办	2006EA860072
	216	优质当归党参新品种示范及大面积推广	2011—2013 年	刘效瑞　荆彦民 何宝刚　王春明 尚虎山等	科技部中国农村技术开发中心	2011GBG100004
	217	甘肃当归提前抽薹防治及良种选育研究	1997—2003 年	刘效瑞　刘荣清 徐继振　荆彦民 梁淑珍等	国家自然科学基金	39810760156
	218	高寒阴湿区主要粮经作物高产高效综合栽培技术研究与示范应用	1990—1993 年	刘荣清　刘效瑞 王景才　罗有中等	甘肃省科技厅	90-04-16
	219	优质黄芪新品种陇芪 2 号选育及推广	1999—2003 年	刘效瑞　刘荣清 荆彦民　贾婕楠 王富胜等	甘肃省科技厅	GYC0911
	220	重离子束辐射建设选育当归新品系（DGA2000-02）	2007—2008 年	刘效瑞　荆彦民 尚虎山　刘荣清等	甘肃省科技厅	
	221	党参新品系（92-02）GAP 示范推广	2007—2008 年	陈淑珍　何宝刚 陈向东　尚虎山 文殷花等	甘肃省科技厅	0704XCNJ016
	222	黄芪新品种陇芪 1 号丰产栽培关键技术研究与示范	2008—2009 年	王春明　何宝刚 刘效瑞　荆彦民 尚虎山　汪淑霞 王富胜等	甘肃省科技厅	0805XCNJ062
	223	党参新品种渭党 2 号示范及大面积推广	2010—2013 年	何宝刚　马伟明 王兴政　王富胜 刘效瑞　尚虎山 王春明等	甘肃省科技厅	1105NCNJ113
	224	定西市道地中药材产业化推广及惠民示范工程	2012—2015 年	高占彪　刘荣清 马伟明　荆彦民 王富胜　刘效瑞等	甘肃省科技厅	1209FCMJ014
	225	定西市适生药材黄芩板蓝根良种选育及研究	2017—2019 年	王富胜　尚虎山 马伟明　王兴政 荆彦民　潘晓春 马瑞丽等	甘肃省科技厅	17YF1NJ086
	226	定西半干旱区旱作土壤主要作物需肥技术体系研究	1986—1988 年	伍克俊　马　德 姚晏如　刘效瑞 王景才等	甘肃省农业厅	88017-17
	227	中部半干旱地区主要旱农作物综合增产技术超前研究	1988—1990 年	刘荣清　蒲育林 赵华生　刘效瑞 王克敏等	甘肃省农业厅	甘农字〔1988〕106 号
	228	甘肃当归新品种 90-01 选育及研究	1999—2003 年	刘效瑞　刘荣清 荆彦民　李鹏程 王富胜等	甘肃省农业厅	甘科鉴字 2004 第 178 号

续表

科所	序号	项目名称	起止年限（年）	项目参加人员	立项	项目编号
中药材研究所	229	甘肃党参新品系 92-02 选育及研究	1999—2004 年	刘效瑞　刘荣清 荆彦民　韩儆仁 王富胜　赵荣等	甘肃省农业厅	甘科鉴字 2004 第 179 号
	230	甘肃当归新品系 90-02 选育及研究	2003—2005 年	刘效瑞　荆彦民 贾婕楠　刘荣清 徐继振等	甘肃省农业厅	甘科鉴字 2006 第 64 号
	231	当归新品种选育及推广	2009—2012 年	王春明　马伟明 王富胜　刘效瑞 韩儆仁　王兴政 荆彦民　尚虎山等	甘肃省农牧厅	GYC09-11
	232	白条党参新品种选育及推广	2009—2012 年	荆彦民　何宝刚 刘荣清　刘效瑞 王兴政　姚兰等	甘肃省农牧厅	GYC09-10
	233	特色中药材新品种筛选及标准化技术研究与应用	2010—2012 年	刘效瑞　尚虎山 荆彦民　马伟明 刘荣清　王富胜等	甘肃省农业科学院	2010GAAS13
	234	黄芪新品系 HQN03-03 扩繁及推广	2012—2013 年	刘效瑞　尚虎山 荆彦民　何宝刚 王春明　马伟明 刘荣清　王富胜等	甘肃省农牧厅	GYC12-01
	235	甘肃黄芪新品系选育及推广	2012—2014 年	尚虎山　王富胜 刘效瑞　马伟明 荆彦民　王春明 王兴政　汪淑霞 马瑞丽等	甘肃省农牧厅	GYC12-01、05
	236	应用诱变育种技术选育党参新品种及研究	2012—2014 年	荆彦民　刘效瑞 王富胜　马伟明 马瑞丽　何宝刚 潘晓春　王兴政 尚虎山等	甘肃省农牧厅	GYC12-02、05
	237	当归、黄芪、党参新品种繁育及推广	2014—2017 年	王富胜　尚虎山 荆彦民　潘晓春 王兴政　马伟明 汪淑霞等	甘肃省农牧厅	GYC14-02
	238	高寒二阴生态区农业综合试验示范基地建设	1990—1993 年	刘效瑞　伍克俊 荆彦民　罗有中等	定西地区科技处	90-5-17
	239	党参优质丰产栽培技术试验示范	1991—1994 年	徐继振　刘　华 赵　荣　刘效瑞 李清萍　王景才等	定西地区科技处	91-02-18
	240	高寒二阴生态区会川镇两高一优农业建设	1994—1996 年	刘效瑞　王景才 王天玉　徐继振等	定西地区科技处	
	241	甘肃黄芪新品系 94-02 选育及研究	1994—2008 年	刘效瑞　荆彦民 尚虎山　王春明等	定西市科技局	DX2002-004
	242	定西地区农业综合示范带建设	1995—1997 年	刘效瑞　王景才 刘荣清　荆彦民等	定西地区科技处	

续表

科所	序号	项目名称	起止年限（年）	项目参加人员	立项	项目编号
马铃薯研究所	243	高海拔贫困片带科技扶贫攻坚工程	1996—1998 年	刘效瑞　王景才 刘荣清　荆彦民等	定西地区科技处	
	244	高寒二阴生态区粮食持续增产技术试验示范	1997—1998 年	刘效瑞　王景才 袁安明　刘荣清等	定西地区科技处	定地科发〔1998〕42 号
	245	甘肃党参新品系 98-01 选育及研究	1998—2008 年	刘效瑞　荆彦民 尚虎山　何宝刚 刘荣清等	定西市科技局	DX2002-005
	246	甘肃黄芪新品系 94-01 选育及研究	1999—2004 年	刘效瑞　刘荣清 荆彦民　韩儆仁等	定西地区科技处	甘科鉴字 2004 第 177 号
	247	板蓝根新品种筛选及推广	2012—2014 年	王兴政　潘晓春 刘效瑞　王富胜 尚虎山　马瑞丽 马伟明　荆彦民等	定西市科技局	
	248	款冬花良种筛选及示范推广	2018—2019 年	潘晓春　陈向东 张　明　宋振华 何万春　杨荣洲等	定西市科技局	DX2018N02
设施农业研究所	249	干旱半干旱区菊芋资源引进及无公害栽培基础技术研究	2007—2008 年	王廷禧　石建业 曹力强　张　旦 任生兰等	科技部星火办	国科发计〔2008〕658 号
	250	定西特色优势产业技术开发	2008—2010 年	王廷禧　曹力强 姚春兰　赵　强 张　旦等	科技部星火办	2008GA860009
	251	定西抗旱作物菊芋良种繁育及精深加工技术示范	2009—2012 年	王廷禧　曹力强 姚春兰　张　旦 谢淑琴等	科技部星火办	2009GA860002
	252	干旱半干旱区设施农业科技创新服务平台建设	2010—2012 年	石建业　何小谦 任生兰　谢淑琴等	科技部	2010GA860012
	253	日光温室卷帘机自动控制器	2011—2013 年	石建业　马彦霞 张　旦　王姣敏等	科技部	11C26216206247
	254	半干旱区设施草莓新品种引进与示范推广	2014—2016 年	谢淑琴　曹力强 张　旦　马彦霞 叶丙鑫等	甘肃省委组织部	组字〔2015〕7 号
	255	2016 年中药材产业人才项目	2016—2019 年	谢淑琴　曹力强 张　晶　叶丙鑫 王姣敏等	甘肃省委组织部	定市组发〔2016〕3 号
	256	2017 年中药材产业人才项目	2017—2019 年	谢淑琴　张　晶 曹力强　张　旦 王姣敏等	甘肃省委组织部	定市组字〔2017〕74 号
	257	2018 年中药材产业人才项目	2018—2020 年	谢淑琴　曹力强 张　晶　张　旦 王姣敏等	甘肃省委组织部	定市组字〔2018〕106 号
	258	甘肃中部地区香菇反季节栽培技术研究	2018—2020 年	谢淑琴　叶丙鑫 曹力强　张旦等	甘肃省科学技术厅	18YF1NJ157

续表

科所	序号	项目名称	起止年限（年）	项目参加人员	立项	项目编号
设施农业研究所	259	定西—福州综合实验室建设	2019—2021 年	谢淑琴　曹力强 张　旦　王姣敏 张晶等	甘肃省科学技术厅	19CX2NJ009
	260	蔬菜育种及绿色增长集成技术协同攻关研究	2020—2022 年	张　旦　王姣敏 郭子军　李春花 王剑等	甘肃省科学技术厅	20CX9NJ177
	261	菊芋优良新品种选育及示范	2013—2015 年	王廷禧　曹力强等	定西市财政局	定市财行〔2013〕104 号
	262	设施农业新品种引进及技术示范基地建设	2013 年	谢淑琴　马彦霞 曹力强　叶丙鑫 王姣敏等	定西市财政局	定市财农〔2013〕129 号
	263	设施蔬菜新品种引进及生产技术试验示范	2014—2016 年	谢淑琴　马彦霞 曹力强　叶丙鑫 王姣敏等	定西市科技局	DX2014N09
	264	中药材设施育苗技术研究与推广示范	2015—2015 年	谢淑琴　马彦霞 曹力强　叶丙鑫 王姣敏等	定西市财政局	定市财农〔2014〕135 号
	265	特色蔬菜新品种引进及示范基地建设	2016—2018 年	谢淑琴　张　晶 曹力强　叶丙鑫 王姣敏等	定西市农业局	DXSK2016004
	266	高原夏菜新品种引进及“两减一增”技术集成研究与示范	2017—2018 年	谢淑琴　曹力强 张　旦　叶丙鑫 王姣敏等	定西市农业局	DXSK2017005
	267	定西市—福州市食用菌联合实验室建设	2017—2019 年	谢淑琴　叶丙鑫 曹力强　张　旦 张　晶等	定西市科学技术局	DX2017H01
	268	蔬菜绿色增长集成技术研究	2018—2019 年	谢淑琴　曹力强 王姣敏　张　旦 周东亮等	定西市农业局	DXSK2018003
	269	草莓品种筛选及脱毒种苗三级繁育体系建立	2018—2019 年	谢淑琴　张　旦 张　晶　曹力强 李春花等	定西市科学技术局	DX2018H01
	270	定西市草莓品种筛选及脱毒种苗三级繁育体系建立	2018—2021 年	谢淑琴　张　旦 张　晶　李春花等	福州市科学技术局	2018-N-13
	271	定西草莓本地化种苗繁育体系和高产高效栽培技术研究	2019—2022 年	谢淑琴　曹力强 张　旦　张　晶 李春花等	福州市科学技术局	2019-N-9
旱地农业综合研究所	272	马铃薯脱毒种薯生产技术改进研究与示范	2007—2009 年	袁安明　杨俊丰 刘荣清　陈自雄等	定西市科技局	2007-5-2
	273	马铃薯脱毒微型种薯低成本生产技术研究与示范	2008—2010 年	刘荣清　袁安明 徐祺昕　蒲育林等	甘肃省科技厅	0801NKDA014
	274	马铃薯种薯包衣研制与应用	2008—2010 年	袁安明等	甘肃省科技厅	
	275	马铃薯窖藏病害生物防治技术研究与应用	2009—2011 年	张　明　袁安明 张小静　李鹏程等	甘肃省农牧厅	GNSW-2009-12

续表

科所	序号	项目名称	起止年限（年）	项目参加人员	立项	项目编号
	276	甘肃省现代农业马铃薯产业技术体系栽培与土肥	2018—2020 年	张小静等	甘肃省农牧厅	GARS-03-P4
	277	铁皮石斛的引进试验示范	2013—2015 年	周东亮　袁安明　张小静等	定西市科技局	定市财行〔2013〕104 号
	278	马铃薯开放式组织培养技术研究	2014—2016 年	袁安明　张小静　张　明等	甘肃省科技厅	145RJZJ129
	279	“铁皮石斛”的引进及综合技术集成与试验示范	2014—2016 年	袁安明　周东亮　谭伟军　张　明　张小静等	甘肃省农牧厅	CNCX-2014-13
	280	马铃薯全程机械化高产高效栽培技术集成与示范	2014—2016 年	王亚东　袁安明　罗有中等	甘肃农牧厅	CNCX-2014-15
旱地农业综合研究所	281	马铃薯土传病害综合防控技术引进与示范推广	2016 年	张　明　袁安明等	国家外国专家局	Y20166200004
	282	马铃薯主食化专用品种引进筛选	2015—2017 年	张　明　袁安明　曹　宁　罗有中　张建祥等	定西市科技局	DX2015N01
	283	马铃薯脱毒种薯质量控制关键技术引进与研究	2017 年	张　明　袁安明　张建祥　唐彩梅　曹　宁等	国家外国专家局	Y20176200005
	284	马铃薯主食化品种引进筛选与示范推广	2017 年	张　明　袁安明　张建祥　唐彩梅　曹　宁等	国家外国专家局	Y20176200003
	285	甘肃省农业产业技术体系马铃薯在培育土肥	2018—2020 年	张小静等	甘肃省农牧厅	GARS-03-P4
	286	马铃薯专用品种综合栽培技术研究与示范推广	2019—2022 年	袁安明　张振科　张小静　张　明　唐彩梅等	甘肃省农业科学院马铃薯研究所	19ZD2WA002
	287	引洮灌区马铃薯膜下滴灌水肥一体化提质增效关键技术研究与示范	2020—2022 年	张小静　袁安明　张　明　唐彩梅　陈富等	定西市农业科学研究院	20YF3NJ028
	288	特色产业发展技术创新体系研究	2006—2008 年	王亚东等	科技部	2006EA106-11
	289	日光温室卷帘机自动控制器	2011—2013 年	石建业　王姣敏　罗有中　周东亮　谈克毅　文殷花等	科技部	11C26216206247
农产品加工研究所	290	甘肃半干旱区日光温室自动控制技术应用示范	2015—2017 年	张　明　罗有中　石建业　陈　富　任生兰等	科技部	2015GA860004
	291	食用黄芪、当归、党参产地初加工质量安全控制技术研究	2018—2019 年	罗有中　刘全亮　马菁菁　王娇敏　杨薇靖　尚虎山　王亚东等	甘肃省科技厅	18CX3ZJ030
	292	专用型马铃薯脱毒种薯企业化研究与示范推广	2003—2005 年	罗有中等	甘肃省定西市科学技术委员会	

续表

科所	序号	项目名称	起止年限（年）	项目参加人员	立项	项目编号
农产品加工研究所	293	高山隔离区马铃薯高效原种扩繁试验示范	2008—2010 年	张　明　罗有中　王亚东　王富胜　陈向东等	定西市科技局科技特派员项目	2009-3-12
	294	高寒阴湿区马铃薯原原种离地高效生产技术研究	2015—2016 年	罗有中等	甘肃省农牧厅	2016023
	295	优质特色小杂粮新品种选育及蚕豆机械化栽培技术集成创新与示范	2016—2018 年	罗有中　刘全亮　马菁菁　曹　宁　唐彩梅　张建祥　张　明等	定西市科技局	DX2016NO2
	296	玉米秸秆覆盖马铃薯技术集成试验示范	2017—2019 年	罗有中　刘全亮　曹　宁　唐彩梅　袁安明　张建祥　马菁菁等	定西市科技局	DX2017NO7
	297	马铃薯精深加工及产品开发	2020—2022 年	罗有中　刘全亮　何万春等	福州市科技局	AFZ2020FZN03010031
	298	马铃薯米绿色加工技术研究与示范	2021—2022 年	罗有中　刘全亮　李珍妮　何万春　程永龙　权小兵等	定西市科技局	DX2020NO2
	299	中部半干旱区石灰性土壤提高磷肥利用率研究	1996—1998 年	梁淑珍　韩儆仁　杨爱萍　汪仲敏　马秀英　胡西萍　孟红梅　马海涛　刘效瑞　罗有中等	甘肃省农业科学院	甘农科院字〔1996〕第 74 号

附件 10　获奖成果

科所	序号	成果名称	奖励名称	授奖部门	获奖时间	获奖人员	获奖证号
粮食作物研究所	1	青苗猫爪谷子（引进）	全省农科所所长会议确定未定推广良种并上报成果	甘肃省农业科学院	1963 年	姚仕隆	
	2	冬小麦良种 2711 选育（引进）	1963 年甘肃省首届作物育种会议确定为推广良种 1964 年上报成果	甘肃省农业科学院	1964 年	吴国盛　刘　璟	
	3	春小麦榆中红（筛选）	1963 年确定为中部干旱地区春小麦良种 1964 年全区重点示范推广并上报成果，同年省育种会议审定为推广良种选入人民出版社《甘肃粮油棉良种介绍》	甘肃省农业科学院	1964 年	俞家煌　丰学桂	
	4	华东 5 号（引进）	1964 年省作物育种座谈会定为推广良种并选入人民出版社《甘肃粮油棉良种介绍》	甘肃省农业科学院	1964 年	何平均　郝玉芳	
	5	定糜 1 号（系选）	全省作物育种座谈会审定为推广良种定为上报成果并选入人民出版社《甘肃省粮油棉良种介绍》	甘肃省农业科学院	1964 年	丰学桂　黄　芬	
	6	定糜 4 号（系选）	全省作物育种座谈会审定为推广良种定为上报成果并选入人民出版社《甘肃省粮油棉良种介绍》	甘肃省农业科学院	1964 年	丰学桂　黄　芬	
	7	通渭黄腊头（筛选）	省作物育种座谈会审查确定为推广良种并选入人民出版社《甘肃省粮油棉良种介绍》	甘肃省农业科学院	1964 年	姚仕隆	
	8	冬麦藤交（引进）	全区推广并上报成果	甘肃省农业科学院	1965 年	黄　芬　何平均	
	9	冬麦燕红（引进）	全区推广并上报成果	甘肃省农业科学院	1965 年	丰学桂　黄　芬	
	10	春小麦良种“公佳”（引进）	定名推广良种并上报成果	甘肃省农业科学院	1965 年	郝玉芳	
	11	定西 3 号（杂交）	上报成果	甘肃省农业科学院	1974 年	黄　芬	
	12	定西 5 号（杂交）	上报成果	甘肃省农业科学院	1974 年	黄　芬　唐　瑜	
	13	甘粟 2 号（系选）协作	1965 年全省育种工作会议确定为推广良种 1979 年选入省农科院编的《1965—1978 年农业科研成果选编》	甘肃省农业科学院	1979 年	姚仕隆	

续表

科所	序号	成果名称	奖励名称	授奖部门	获奖时间	获奖人员	获奖证号
粮食作物研究所	14	定西19（杂交）	上报成果	甘肃省农业科学院	1980年	黄　芬　唐　瑜	
	15	旱地春小麦定西27号选育	通过鉴定验收	甘肃省农业科学院	1980年	唐　瑜等	
	16	旱地莜麦大面积丰产栽培技术研究	甘肃省农业厅三等奖	甘肃省农业厅	1983年	曹玉琴　刘彦明　姚永谦等	92-3-04
	17	旱地春小麦良种定西24号选育	甘肃省科技进步奖一等奖	甘肃省科委	1984年	唐　瑜等	
	18	旱地春小麦良种定西24号推广	甘肃省科技进步奖一等奖	甘肃省科委	1984年	唐　瑜等	
	19	旱地春小麦丰产栽培技术研究	甘肃省农业厅技术改进二等奖	甘肃省农业厅	1987年	赵华生　姚仕隆　何振中等	
	20	春小麦新品种7616-7-8	定西地区科学技术进步二等奖	定西地区科技处	1987年	黄　芬　李　定等	
	21	二阴川水区春小麦新品种定丰1号	定西地区科学技术进步二等奖	定西地区科技处	1987年	黄　芬　李　定等	
	22	春小麦抗旱性研究（与甘肃农业大学协作）	甘肃省科委二等奖	甘肃省科委	1987年	王梅春等	
	23	定西地区小麦需水规律和抗旱性鉴定方法研究	甘肃省科学技术改进二等奖	甘肃省农业厅	1988年	周易天　王梅春　刘杰英　刘彦明　唐　瑜　刘立平	880004
	24	百万亩梯田坝地主要农作物丰产栽培技术承包	甘肃省农牧厅技术改进二等奖	甘肃省农牧厅	1988年	赵华生　刘荣清　刘效瑞等	870055
	25	旱地莜麦新品种定引高7-19	定西地区科学技术进步三等奖	定西地区科技处	1989年	曹玉琴　姚永谦等	
	26	中部半干旱地区主要旱农作物综合增产技术超前研究	甘肃省技术改进二等奖	甘肃省农业厅	1990年	刘荣清　刘效瑞等	90911
	27	半干旱区主要粮经作物综合丰产技术超前研究	甘肃省科委科技进步三等奖	甘肃省科委	1991年	刘荣清　刘效瑞等	
	28	甘肃省1800—2600米高寒阴湿贫困区粮食丰产技术推广（协作）	全国农牧渔业丰收一等奖	甘肃省农业厅	1991年	刘荣清　刘效瑞等	
	29	六倍体皮裸燕麦种间杂交及其应用（协作）	国家科技进步二等奖	甘肃省科委	1992年	曹玉琴等	
	30	定西地区水平沟和垄沟种植技术试验示范	甘肃省农业厅技术改进三等奖	甘肃省农业厅	1992年	刘荣清　刘效瑞等	92005

续表

科所	序号	成果名称	奖励名称	授奖部门	获奖时间	获奖人员	获奖证号
粮食作物研究所	31	中部干旱地区粮食作物高产栽培技术研究	甘肃省科技进步三等奖	甘肃省农业厅	1992年	刘荣清　刘效瑞等	
	32	旱地莜麦大面积丰产栽培技术研究	甘肃省农业厅三等奖	甘肃省农业厅	1992年	曹玉琴　姚永谦 刘彦明等	92-3-04
	33	春小麦新品种定丰3号	定西地区科学技术进步三等奖	定西地区科技处	1992年	黄　芬　李　定 王玉芳等	92J-3-03
	34	旱地莜麦新品种79-16-22（定莜1号）	定西地区科学技术进步三等奖	定西地科技处	1992年	曹玉琴　姚永谦 王晓明　边淑娥 高佩霞	92J-3-09
	35	豌豆根腐病综合防治研究	甘肃省科学技术进步三等奖	甘肃省科委	1993年	伍克俊　谢正团等	1993-1-02
	36	旱地春小麦79157-8（定西33号）大面积示范推广	甘肃省农业厅技术改进三等奖	甘肃省科委	1994年	唐　瑜　王廷禧 陈　勇　王思惠 杨俊丰　姚永谦 赵　荣	93J-2-01
	37	定西地区川水地双千亩示范推广	定西地区科技进步三等奖	定西地区科技处	1994年	王廷禧　刘荣清等	93J-3-02
	38	高寒二阴生态区农业综合试验示范基点建设	定西地区科技进步二等奖	定西地区科技处	1994年	伍克俊　刘荣清 刘效瑞等	定行署发〔1996〕44号
	39	旱地豌豆新品种706—12—9（定豌1号）	定西地区科学技术进步一等奖	定西地区科技处	1995年	寇思荣　骆得功 金维汉　王思慧 孙淑珍　何振中 何玉林　闫芳兰 张克谦	95J-1-02
	40	中部干旱地区旱地春小麦良种示范推广	甘肃省星火科技三等奖	甘肃省科委	1995年	唐　瑜　周　谦 王亚东　张宗礼 墨金萍　李建刚 张建邦　曹明霞等	95J-2-04
	41	耐旱耐病丰产和优质的鹰嘴豆种质资源研究	青海省科技成果奖	青海省科技厅	1995年	寇思荣　王梅春	青科成登字95-055号
	42	燕麦营养粉的开发研究	定西地区行署农业处农业科学技术成果三等奖	定西地区行署农业处处	1995年	曹玉琴　刘彦明 贺永斌　姚永谦等	94399
	43	高寒阴湿区主要粮经作物高产高效综合技术研究与示范应用	甘肃省科技进步二等奖	甘肃省科委	1995年	刘荣清等	
	44	科技扶贫开发	国家科委及香港学者协会联合授予振华科技扶贫奖励	国家科委及香港学者协会	1995年	刘荣清等	
	45	旱地莜麦新品种79-3-13（定莜2号）	甘肃省科学技术进步三等奖	甘肃省科委	1995年	曹玉琴　姚永谦 刘彦明等	95-03-064

续表

科所	序号	成果名称	奖励名称	授奖部门	获奖时间	获奖人员	获奖证号
粮食作物研究所	46	抗旱优质稳产春小麦新品系79121-15（定西35）大面积推广	定西地区科学技术进步一等奖	定西地区行署	1996 年	唐　瑜　周　谦　王亚东　张宗礼　墨金萍　曹明霞等	定行署发〔1996〕44 号
	47	春小麦定丰 3 号大面积示范推广	甘肃省星火二等奖	甘肃省科委	1996 年	李　定　王玉芳等	96X-2-003
	48	旱地春小麦新品种系 79121-15 选育（定西 35 号）	甘肃省科学技术进步二等奖	甘肃省科委	1996 年	唐　瑜　周　谦等	96-2-016
	49	陇西县粮食作物综合增产技术整乡承包	定西地区科技进步一等奖	定西地区评审委员会	1997 年	伍克俊　苟永平　贾福明等	1997J-1-03
	50	甘肃省中部地区“两高一优”农业综合技术开发研究	定西地区科技进步二等奖	定西地区科技评审委员会	1997 年	王廷禧　石建业　张　明等	1997J-2-01
	51	优质高产旱地春小麦新品系79121-15 示范	甘肃省星火三等奖	甘肃省星火奖评审委员会	1998 年	唐　瑜　周　谦　王亚东　张宗礼	97X-03-012
	52	甘肃省主要农作物品种资源研究	甘肃省科学技术进步一等奖	甘肃省科技厅	1998 年	王梅春等	1998-1-005
	53	旱地莜麦新品系 79-16-29 选育（定莜 3 号）	定西地区科学技术进步三等奖	定西地区科委	1999 年	曹玉琴　郇擎东　姚永谦　刘彦明　贺永斌	99J-3-01
	54	高产高蛋白加工型小麦品种扩大试验示范和产业化	甘肃省科学技术进步一等奖	甘肃省科委	2000 年	周　谦等	国家计委九五重大科技攻关项目（协作）
	55	春小麦新品种定丰 4 号选育	定西地区科学技术进步一等奖	定西地区科委	2000 年	李　定　王玉芳等	2000J-1-01
	56	荞麦新品种引种试验及示范	定西市科学技术进步三等奖	定西市科委	2002 年	刘杰英　王梅春等	2002J-3-02
	57	冬小麦新品种陇鉴 19 大面积推广	定西市科学技术进步二等奖	定西市科委	2003 年	周　谦　刘荣清　李鹏程等	2003J-2-9
	58	旱地豌豆新品种定豌 2 号（8711-2）	甘肃省科学技术进步奖二等奖	甘肃省科委	2003 年	寇思荣　王思慧　王梅春　余峡林　骆得功　王春明　墨金萍	2003-2-020
	59	旱地莜麦新品种定莜 4 号	定西地区科学技术进步二等奖	定西地区科委	2003 年	曹玉琴　贺永斌　刘彦明　姚永谦　马海涛等	2003J-2-02
	60	优质高产旱地春小麦新品种跨省区推广	全国农牧渔业丰收三等奖	农业部	2004 年	周　谦等	2004-120-10

续表

科所	序号	成果名称	奖励名称	授奖部门	获奖时间	获奖人员	获奖证号
粮食作物研究所	61	冬小麦新品种定鉴2号引进选育	定西市科学技术进步二等奖	定西市科委	2004年	周　谦　张宗礼 李鹏程等	2004J-2-09
	62	苦荞麦新品种——凉荞1号	定西市科学技术进步二等奖	定西市科委	2004年	王梅春　刘杰英等	2004J-2-05
	63	旱地扁豆新品种定选1号（C87）	定西市科学技术进步奖三等奖	定西市科委	2005年	王思慧　蔻思荣 王梅春　连荣芳 何小谦等	2005J-3-04
	64	甜荞麦新品种——晋甜荞1号	定西市科技进步三等奖	定西市科委	2005年	王梅春　刘杰英等	2005J-3-03
	65	定丰9号春小麦新品种选育及大面积示范推广	全国农牧渔业丰收三等奖	农业部	2006年	王玉芳　李　定 张　明　王会蓉等	2006-119-01
	66	春小麦新品种定丰12号选育	甘肃省科学技术进步二等奖	甘肃省人民政府	2006年	王玉芳　李　定 张　明　王会蓉等	2006-J2-050
	67	苦荞麦新品种定引1号	定西市科学技术进步三等奖	定西市科委	2006年	刘杰英　王梅春 马　宁等	2006J-3-04
	68	抗病丰产旱地冬小麦新品种中旱110选育	定西市科技进步三等奖	定西市科委	2007年	周　谦　张宗礼 墨金萍　陈永军 李鹏程　李国林 张　明　余峡林等	2007J-3-04
	69	优质面包冬小麦新品种苏引10号引育示范	甘肃省农牧渔业丰收三等奖	甘肃省农牧厅	2007年	周　谦　李鹏程 张宗礼　韩儆仁 贺永斌　何小谦 王富胜　文殷花等	2007-3-6
	70	旱地豌豆新品种定豌4号	定西市科学技术进步三等奖	定西市科委	2007年	王梅春　王思慧 连荣芳　何小谦	2007J-3-03
	71	旱地豌豆新品种定豌5号（8710-2）	定西市科学技术进步三等奖	定西市人民政府	2008年	王梅春　连荣芳 何小谦　墨金萍等	2008-J3-1
	72	春小麦新品种定丰11号选育	甘肃省农牧渔业丰收二等奖	甘肃省农牧厅	2008年	李　定　何小谦 王玉芳　张　明等	2008-2-1
	73	春小麦新品种定西38号选育	定西市科学技术进步二等奖	定西市人民政府	2009年	牟丽明　王亚东等	2009-J2-06
	74	旱地春小麦新品种定西39号选育	甘肃省农牧渔业丰收一等奖	甘肃省农牧厅	2009年	牟丽明　王建兵等	2019-1-1
	75	优质高产冬小麦新品种陇中1号原种繁育及示范推广	第四届中国技术市场金桥奖	中国技术市场协会	2009年	周　谦　刘荣清 李鹏程　韩儆仁 贺永斌	JQJ2009-X-139
	76	旱地莜麦新品种定莜6号（9103-18）	定西市科学技术进步二等奖	定西市人民政府	2009年	刘彦明　王景才 何玉林　刘树雄 贺永斌	2009-J2-05

续表

科所	序号	成果名称	奖励名称	授奖部门	获奖时间	获奖人员	获奖证号
粮食作物研究所	77	旱地莜麦新品种定莜5号选育	甘肃省科学技术进步二等奖	甘肃省人民政府	2009年	刘彦明　王景才 马　宁　王瑞英 姚永谦	2008-J2-069
	78	旱地高产优质冬小麦新品种陇中1号选育	甘肃省科学技术进步三等奖	甘肃省人民政府	2010年	周　谦　韩儆仁 李鹏程　张宗礼 贺永斌　何小谦 文殷花等	2010-J3-088
	79	半干旱区小麦稳产技术集成与示范推广	甘肃省农牧渔业丰收三等奖	甘肃省农牧厅	2010年	李鹏程　牟丽明 郭菊梅等	2010-3-10
	80	优质高产冬小麦新品种陇中1号原种繁育及示范推广	甘肃省农牧渔业丰收二等奖	甘肃省农牧厅	2011年	周　谦　李鹏程 韩儆仁　贺永斌 周东亮　何小谦 张宗礼等	2011-2-12
	81	荞麦新品种定甜荞2号（定甜2001-1）选育	定西市科学技术进步一等奖	定西市人民政府	2011年	马　宁　刘杰英 刘荣清　魏立平 魏玉琴　汪仲敏 孟红梅等	2011-J1-06
	82	旱地春小麦新品种定西40号选育研究及示范应用	甘肃省科学技术进步二等奖	甘肃省人民政府	2012年	牟丽明　刘荣清 李鹏程　王建兵 杨惠梅等	2012-J2-012
	83	抗旱、高蛋白、耐根腐病豌豆新品种定豌6号选育和示范推广	甘肃省科学技术进步奖三等奖	甘肃省人民政府	2012年	王梅春　连荣芳 墨金萍　李鹏程 韩儆仁　肖　贵	2012-J3-081
	84	淀粉专用型豌豆新品种定豌7号选育与示范	定西市科学技术进步一等奖	定西市人民政府	2012年	王梅春　连荣芳 墨金萍　李鹏程 肖　贵等	2012-J1-02
	85	丰产优质春小麦新品种定丰16号（原代号9745）选育	定西市科技进步二等奖	定西市人民政府	2012年	张　明　张　健 王会蓉　李　定等	定政发〔2012〕131号
	86	优质抗病旱地冬小麦新品种陇中2号选育与示范推广	定西市科学技术进步一等奖	定西市人民政府	2013年	周　谦　韩儆仁 张宗礼　李鹏程 贺永斌等	2013-J1-01
	87	旱地莜麦新品种定莜8号选育（9626-6）	定西市科学技术进步一等奖	定西市人民政府	2013年	刘彦明　任生兰 边　芳　陈　富等	2013-J1-03
	88	甘肃中部春小麦新品种定西38号　定西39号原种扩繁与示范推广	定西市科学技术进步二等奖	定西市人民政府	2014年	牟丽明　严明春等	2014-J2-05
	89	小麦新品种定西41号选育及应用	甘肃省农牧渔业丰收二等奖	甘肃省农牧厅	2015年	牟丽明等	2015-2-15

续表

科所	序号	成果名称	奖励名称	授奖部门	获奖时间	获奖人员	获奖证号
粮食作物研究所	90	优质高产抗锈冬小麦新品种选育及抗源利用	甘肃省农牧渔业丰收二等奖	甘肃省农牧厅	2015年	周　谦　李鹏程　贺永斌　韩儆仁　李　晶　何小谦　周东亮　姚　兰　文殷花等	2015-2-14
	91	优质抗寒抗病旱地冬小麦新品种陇中3号选育与示范应用	甘肃省科学技术进步二等奖	甘肃省人民政府	2015年	周　谦　韩儆仁　贺永斌　张宗礼　李鹏程　何小谦　李　晶　张　明	2015-J2-056
	92	旱地高产优质冬小麦新品种选育技术	三农科技服务金桥奖	中国技术市场协会	2015年	周　谦等	SNJQJ-X101
	93	旱地豌豆新品种定豌8号选育及示范推广	甘肃省科学技术进步三等奖	甘肃省人民政府	2015年	王梅春　连荣芳　墨金萍　李鹏程　肖　贵　史丽萍等	2015-J3-086
	94	定西市食用豆病虫害调查研究与防治技术规范	定西市科学技术进步奖二等奖	定西市人民政府	2015年	王梅春　连荣芳等	2014-J2-12
	95	荞麦新品种定甜荞3号（定2001-02）选育	定西市科学技术进步二等奖	定西市人民政府	2015年	马　宁　贾瑞玲　魏立平　陈　富　刘彦明　魏玉琴　南　铭	2015-J2-02
	96	半干旱区抗旱高蛋白莜麦新品种定莜8号选育及示范推广	中国商业联合会科学技术奖全国商业科学技术进步奖二等奖	中国商业联合会	2015年	刘彦明　任生兰　南　铭	2015-2-15
	97	优质高产抗病春小麦新品种选育	甘肃省农牧渔业丰收二等奖	甘肃省农牧厅	2016年	张　健　张　明　王会蓉等	2016-2-19
	98	丰产优质抗病春小麦新品种定丰17号（原代号200311-9）选育	定西市科学技术进步一等奖	定西市人民政府	2016年	张　健　刘荣清　张　明　王会蓉等	2016-J1-03
	99	小麦新品种定西42号选育和示范应用	定西市科学技术进步二等奖	定西市人民政府	2017年	牟丽明　姚　兰等	2017-J2-06
	100	抗旱抗寒抗病冬小麦新品种陇中4号选育与示范应用	定西市科学技术进步一等奖	定西市人民政府	2017年	李鹏程　李　晶　贺永斌　韩儆仁　周东亮等	2017-J1-01
	101	抗旱高蛋白燕麦新品种定莜9号选育及示范推广	定西市科学技术进步二等奖	定西市人民政府	2017年	刘彦明　任生兰　南　铭　边　芳　陈　富	2017-J2-05
	102	优质广适丰产荞麦品种选育与应用	定西市科学技术进步一等奖	定西市人民政府	2017年	刘彦明　陈　富等	2017-J1-02

续表

科所	序号	成果名称	奖励名称	授奖部门	获奖时间	获奖人员	获奖证号
粮食作物研究所	103	燕麦产业化关键技术创新及应用	2017 年度中国作物科技奖	中国作物学会	2017 年	刘彦明等	2017-KJ-4
	104	优质抗寒抗病旱地冬小麦新品种陇中 3 号选育与示范应用	定西市优秀科技成果奖	定西市委、市政府	2018 年	周　谦　韩儆仁 贺永斌　张宗礼 李鹏程　何小谦 李　晶　张　明	
	105	优质广适丰产荞麦品种选育与应用	甘肃省科学技术进步三等奖	甘肃省人民政府	2018 年	马　宁　贾瑞玲 魏立平　陈　富 刘彦明　魏玉琴 南　铭	2017-J3-120
	106	利用杂交转育法提高春小麦抗锈病的研究	定西市优秀科技成果一等奖	定西市人民政府	2019 年	张　健　刘荣清 张　明　王会蓉等	2018-J1-04
	107	旱地饲用燕麦新品种定燕 2 号选育及示范推广	定西市二 0 一九年度优秀科技成果一等奖	定西市人民政府	2019 年	刘彦明　任生兰 南　铭　陈　富 边　芳	2019-J1-06
	108	小杂粮作物品种创新与增产提质技术研究示范推广	全国农牧渔业丰收二等奖（农业技术推广成果奖）	农业农村部	2019 年	刘彦明等	FCG-2019-2-223
	109	甘肃中东部小麦抗旱耐寒栽培机制及技术集成示范	甘肃省科学技术进步二等奖	甘肃省人民政府	2020 年	张　健等	2020-J2-047
	110	优质小麦种质资源引进筛选及新品种选育	定西市优秀科技成果奖一等奖	定西市人民政府	2020 年	刘荣清　张　健 张　明　王会蓉等	2019-J1-04
	111	国鉴荞麦新品种定苦荞 1 号选育示范推广	2019 年度定西市优秀科技成果一等奖	定西市人民政府	2020 年	马　宁　贾瑞玲 魏立平　陈　富 刘彦明　南　铭 赵小琴　刘军秀	2019-J1-02
油料作物研究所	112	匈系 2 号（引进）	1963 年全省农科所所长会议定为推广良种并选入《科技资料选辑》	甘肃省农科院	1963 年	丰学桂　俞家煌	
	113	胡麻良种雁农 1 号	1963 年全省作物育种会议正式定为全省推广良种 1964 年上报成果并选入人民出版社《甘肃粮油棉良种介绍》	甘肃省农科院	1964 年	姚仕隆　俞家煌	
	114	胡麻良种“奥拉”（引进）	1965 年上报成果并选入《中国亚麻品种志》	甘肃省农科院	1965 年	俞家煌　丰学桂	
	115	胡麻良种“谢列波”（引进）	1965 年上报成果	甘肃省农科院	1965 年	俞家煌　丰学桂	
	116	胡麻 3-33（定亚 1 号）（杂交）	1977 年甘肃省定为全省推广品种	甘肃省农科院	1977 年	俞家煌　丰学桂	

续表

科所	序号	成果名称	奖励名称	授奖部门	获奖时间	获奖人员	获奖证号
油料作物研究所	117	胡麻 662-2（定亚 10 号）（杂交）	1977 年通过地区签定验收　省列项目 甘肃省科委科技成果奖	甘肃省科委	1978 年	俞家煌　丰学桂等	
	118	胡麻 6610-7（定亚 12 号）（杂交）	1977 年通过地区签定验收并定名甘肃省定为全省推广品种省列项目 1978 年获省科委科技成果奖	甘肃省科委	1978 年	俞家煌　丰学桂等	
	119	胡麻 6612-1（定亚 14 号）（杂交）	甘肃省科委科技成果奖　1981 年列入《中国亚麻品种志》	甘肃省科委	1978 年	俞家煌　丰学桂等	
	120	胡麻 73-381（定亚 15 号）（杂交）	1977 年完成 1978 年通过地区签定验收并正式定名	定西地区科委	1978 年	俞家煌　丰学桂等	
	121	定西红胡麻（筛选）	1981 年收入《中国亚麻品种志》		1981 年	俞家煌　丰学桂等	
	122	旱地胡麻新品种选育（定亚 16 号）	甘肃省科学技术进步三等奖	甘肃省科委	1987 年	俞家煌　丰学桂等	
	123	中国亚麻品种资源目录	中国农牧渔业部技术改进二等奖（协作）	中国农牧渔业部	1984 年	俞家煌　丰学桂等	84　0233
	124	中国亚麻品种志	中国农牧渔业部技术改进二等奖（协作）	中国农牧渔业部	1984 年	俞家煌　丰学桂等	84　0233
	125	定亚 17 号胡麻新品种选育	甘肃省科学技术进步三等奖	甘肃省科委	1989 年	丰学桂　俞家煌 石仓吉　祁风鹏 姚春兰	89-3-18
	126	胡麻新品种 7819-2-1-1-1（定亚 18 号）	定西地区科技进步三等奖	定西地区科学技术进步奖评审委员会	1993 年	石仓吉　刘树雄 顾兴泉　俞家煌 丰学桂	93J-3-02
	127	定亚 19 号兼用亚麻新品种选育	定西地区科学技术进步三等奖	定西地区科学技术奖励委员会	1995 年	石仓吉　俞家煌 张　清　赵得有 丰学桂等	定地科奖证字 95J-1-01
	128	旱地胡麻新品种示范推广及新品系试验示范	定西地区科学技术进步二等奖	定西地区科学技术奖励委员会	1995 年	石仓吉　张　清 陈效珍　陈　英 张　明等	95J-2-02
	129	定亚 20 号新品种选育	定西地区科学技术进步一等奖	定西地区科学技术奖励委员会	1996 年	石仓吉　张　清 俞家煌　丰学桂 赵　强　姚春兰 陈永军等	定地科奖证字 965-1-02 号
	130	中部胡麻新品种良种良法配套栽培技术研究	农业技术成果三等奖	定西地区行署农业处	1998 年	石仓吉　张　清 陈效珍　陈　英 张　明　赵　强 吴小芸　王国杰	98-888
	131	甘肃省胡麻新品种推广	全国农牧渔业丰收三等奖	农业部	2001 年	石仓吉等	2001-180-04

续表

科所	序号	成果名称	奖励名称	授奖部门	获奖时间	获奖人员	获奖证号
油料作物研究所	132	胡麻新品种定亚21号选育	甘肃省科学技术进步三等奖	甘肃省科委	2004年	石仓吉　张　明等	2003-3-038
	133	胡麻新品种定亚24号选育	定西市科学技术进步二等奖	定西市人民政府	2016年	陈　英　令　鹏 张　清　陈永军 李文珍　张彩玲 李　瑛	2016J-2-02
土壤肥料植物保护研究所	134	定西半干旱区旱作土壤主要作物施肥技术体系的研究	甘肃省农业厅技术改进二等奖	甘肃省农业厅	1988年	伍克俊　刘效瑞等	
	135	高寒二阴区粮食作物综合丰产栽培技术试验示范（与省农科院协作）	国家星火一等奖	甘肃省农业科学院	1992年	刘效瑞　刘荣清等	
	136	氯化铵肥效与科学施用技术研究（与省农科院土肥所协作）	甘肃省科委科技进步三等奖	甘肃省科委	1992年	姚晏如等	
	137	定西地区重要农业土壤中13种元素自然背景值研究	甘肃省农业技术改进三等奖	甘肃省农业厅	1991年	姚晏如　梁淑珍 杨爱萍　汪仲敏 马秀英等	甘农奖字第91315
	138	定西地区农业土壤中微量元素分布规律研究	甘肃省农业技术改进三等奖	甘肃省农业厅	1992年	姚晏如　梁淑珍 马秀英　杨爱萍 汪钟敏等	定行署发〔1989〕16号
	139	高寒二阴生态区农业综合试验基点建设	定西地区科学技术进步二等奖	定西地区科委	1994年	刘效瑞　王景才等	
	140	高寒二阴生态区会川镇两高一优农业建设	定西地区科技进步三等奖	定西地区科技评审委员会	1997年	刘效瑞　王景才等	1997J-3-04
	141	小麦　胡麻　党参等复合肥研制及应用一研究	定西地区科学技术进步三等奖	甘肃省定西地区科学技术进步奖评审委员会	1998年	梁淑珍　罗有中 杨爱萍　马秀英 汪仲敏　胡西萍等	98-5-3
	142	中部半干旱区石灰性土壤提高磷肥利用率研究	定西地区行署农业处农业科学技术成果二等奖	甘肃省定西地区行署农业处	1999年	梁淑珍　韩儆仁 杨爱萍等	1999J-2-01
	143	高寒二阴区粮食持续增产综合配套技术大面积示范推广	定西地区科学技术进步三等奖	定西地区科学技术奖励委员会	2001年	刘效瑞　梁淑珍等	2001J-3-09
	144	定西地区中药材产地环境条件评价	定西市科学技术进步三等奖	定西市科委	2004年	梁淑珍等	2004J-3
	145	北方高原山地区氮磷化肥投入阈值及面源防控技术研究与示范	甘肃省科学技术进步二等奖	甘肃省人民政府	2019年	王景才等	2018-J2-037-D7

续表

科所	序号	成果名称	奖励名称	授奖部门	获奖时间	获奖人员	获奖证号
马铃薯研究所	146	食用蕨菜人工培养及应用开发研究	甘肃省科技进步三等奖	甘肃省科学技术进步奖评审委员会	1998 年	杨俊丰　谢正团　伍克俊等	1998J-2-01
	147	优质专用马铃薯脱毒微型种薯生产技术体系研究及产业化开发	甘肃省科学技术二等奖	甘肃省科委	2002 年	伍克俊　杨俊丰　蒲育林　刘荣清　王梅春等	2001-2-020
	148	优质加工型马铃薯示范推广及良种繁育技术体系建设研究	甘肃省高校科学技术进步一等奖	甘肃省教委	2004 年	蒲育林等	2004-1-16
	149	定西地区专用薯大西洋、夏波蒂适应性研究及示范	定西市科技进步二等奖	定西市科技局	2004 年	杨俊丰等	2004J-2-04
	150	专用型马铃薯脱毒种薯繁育及贮藏技术体系研究	定西市科技进步一等奖	定西市科技局	2005 年	李鹏程　王梅春等	2005J-1-02
	151	马铃薯脱毒种薯生产繁育体系及产业化开发	定西市科学技术进步一等奖	定西市科技局	2005 年	王廷禧　张　明　石建业等	2005J-1-09
	152	抗旱耐低温糖化加工型马铃薯育种材料创新和品种选育	甘肃省科技进步二等奖	甘肃省人民政府	2009 年	蒲育林等	2008-J2-026-D2
	153	旱地马铃薯新品种定薯 1 号选育	定西市科学技术进步一等奖	定西市人民政府	2011 年	刘荣清　潘晓春　李德明　杨俊丰　罗　磊　王瑞英　姚彦红　王　娟等	2011-J1-01
	154	马铃薯脱毒种薯低成本生产技术研究与示范	定西市科学技术进步三等奖	定西市人民政府	2011 年	刘荣清　袁安明　徐祺昕　蒲育林等	2011-J3-23
	155	旱地马铃薯新品种定薯 1 号选育	甘肃省科学技术三等奖	甘肃省人民政府	2012 年	刘荣清　潘晓春　李德明　杨俊丰　罗　磊　王瑞英　姚彦红　王　娟	2011-J3-093
	156	马铃薯优质高效配套生产技术研究与示范	甘肃省科学技术进步一等奖	甘肃省人民政府	2012 年	蒲育林等	2011-J1-001-D4
	157	定西市马铃薯产业关键技术研究与示范	定西市科学技术奖二等奖	定西市人民政府	2013 年	刘荣清　李德明　李鹏程　张小静　潘晓春　罗　磊等	2013-J2-03
	158	马铃薯新品种定薯 1 号快繁	定西市科学技术进步二等奖	定西市人民政府	2016 年	何小谦　韩儆仁　谢淑琴　史丽萍　谭伟军	2016-J2-14

续表

科所	序号	成果名称	奖励名称	授奖部门	获奖时间	获奖人员	获奖证号
马铃薯研究所	159	马铃薯新品种青薯9号脱毒种薯扩繁及栽培技术集成与示范推广	定西市优秀科技成果一等奖	定西市人民政府	2016年	何小谦　王　娟 李德明　韩儆仁 谭伟军　黄　凯 陈自雄	2018-J1-05
	160	半干旱区马铃薯全膜覆盖垄作高产增效机理及技术集成示范	甘肃省科学技术二等奖	甘肃省人民政府	2017年	何小谦　王　娟 韩儆仁等	2016-J2-015
	161	高产优质马铃薯新品种青薯9号引进与示范推广	定西市科学技术进步二等奖	定西市人民政府	2017年	李德明　王　娟 姚彦红　罗　磊 李亚杰　张小静 刘惠霞	2017-J2-03
	162	定薯系列马铃薯新品种选育及大面积推广	全国农牧渔业丰收二等奖	农业农村部	2019年	李德明　罗　磊 姚彦红　王　娟 潘晓春　李亚杰 董爱云等	FCG-2019-2-224
	163	马铃薯品种定薯1号	定西市质量品牌奖	定西市人民政府	2019年	李德明　罗　磊等	定政发〔2019〕59号
	164	马铃薯新品种定薯3号选育与示范推广	甘肃省农牧渔业丰收一等奖	甘肃省人社厅　甘肃省农业农村厅	2020年	李德明　刘荣清 王　娟　姚彦红 罗　磊等	2019-1-2
	165	马铃薯新品种青薯9号脱毒种薯扩繁及栽培技术集成与示范推广	甘肃省农牧渔业丰收一等奖	甘肃省人社厅　甘肃省农业农村厅	2020年	何小谦　王　娟 韩儆仁　谭伟军 李德明等	2019-1-1
	166	优质抗病马铃薯新品种定薯3号选育与示范推广	定西市优秀科技成果一等奖	定西市人民政府	2020年	王　娟　潘晓春 罗　磊　姚彦红等	2019-J1-03
	167	优质专用型定薯系列马铃薯新品种选育及产业化应用	甘肃省科学技术进步三等奖	甘肃省人民政府	2020年	李德明　王　娟 罗　磊　姚彦红 潘晓春　李亚杰	2020-J3-052
中药材研究所	168	全国大区级小麦良种区试（与国家种子公司协作）	国家科委科技进步二等奖	国家科委	1988年	徐继振等	“六五”成果应用
	169	党参优质丰产栽培技术试验示范	定西地区科技进步一等奖	定西地区行政公署	1996年	徐继振　刘　华 赵　荣等	定行署发〔1996〕44号
	170	十万亩优质当归栽培基地建设	甘肃省科学技术进步二等奖	甘肃省科学技术进步奖评审委员会	1999年	徐继振　刘效瑞 祁风鹏　荆彦民 赵　荣等	1999-J2-036
	171	甘肃当归新品系90-01选育及研究	甘肃省科学技术进步三等奖	甘肃省科学技术进步奖评审委员会	2005年	刘效瑞　刘荣清 荆彦民　李鹏程 王富胜　姚　兰等	2005-3-56

续表

科所	序号	成果名称	奖励名称	授奖部门	获奖时间	获奖人员	获奖证号
中药材研究所	172	甘肃党参新品系92-02选育及研究	定西市科技进步二等奖	定西市人民政府	2006年	刘效瑞　刘荣清　荆彦民　韩儆仁　王富胜　赵荣等	2006-J2-01
	173	甘肃当归新品系90-02选育及研究	甘肃省科学技术进步三等奖	甘肃省人民政府	2008年	刘效瑞　荆彦民　贾婕楠　刘荣清　韩儆仁　徐继振等	2007-J3-144
	174	甘肃当归提前抽薹的防治及良种选育研究	定西市科学技术进步二等奖	定西市人民政府	2009年	刘效瑞　刘荣清　何小谦　徐继振　荆彦民　梁淑珍等	国家教育部NO.〔1997〕959
	175	定西市主栽中药材规范化技术推广（协作）	全国农牧渔业丰收二等奖	农业部	2010年	刘效瑞等	FCG-2010-2-083
	176	黄芪新品种陇芪1号丰产栽培关键技术研究与示范	甘肃省农牧渔业丰收二等奖	甘肃省农牧厅	2010年	王春明　何宝刚　刘效瑞　荆彦民　尚虎山　王富胜等	2010-2-15
	177	党参新品种渭党2号选育及推广	甘肃省科学技术进步三等奖	甘肃省人民政府	2011年	刘效瑞　荆彦民　尚虎山　刘荣清　王富胜等	2010-J3-092
	178	当归新品种岷归4号选育及推广	甘肃省农牧渔业丰收二等奖	甘肃省农牧厅	2013年	刘效瑞　王春明　荆彦民　王富胜等	2013-2-17
	179	优质黄芪新品种陇芪2号选育及推广	甘肃省科学技术进步三等奖	甘肃省人民政府	2014年	刘效瑞　荆彦民　尚虎山　陈永军　何宝刚等	2013-J3-122
	180	高产优质抗病黄芪新品种陇芪3号选育及推广	甘肃省科学技术进步三等奖	甘肃省人民政府	2015年	刘效瑞　尚虎山　汪淑霞等	2014-J3-082
	181	高产优质抗病当归新品种岷归5号选育及推广	定西市科学技术进步二等奖	定西市人民政府	2015年	王春明　马伟明　王富胜　刘效瑞　荆彦民等	2015-J2-03
	182	优质当归党参新品种示范及大面积推广	甘肃省农牧渔业丰收三等奖	甘肃省农牧厅	2015年	刘效瑞　王春明　王兴政　尚虎山　王富胜　马伟明　汪淑霞等	2015-3-8
	183	旱农区主要粮经作物规范化生产技术研究与应用	甘肃省科技情报学会科学技术三等奖	甘肃省科技情报学会	2015年	刘效瑞　王富胜　刘荣清等	2015-KQ3-13
	184	优质抗病黄芪新品种陇芪4号的选育研究	定西市科学技术进步一等奖	定西市人民政府	2016年	尚虎山　王富胜　刘效瑞　南　铭　马伟明　荆彦民　王春明等	2016-J1-02
	185	优质高产耐根腐病黄芪新品系陇芪4号的选育及示范应用	甘肃省科学技术进步三等奖	甘肃省人民政府	2017年	尚虎山　王富胜　刘效瑞　南　铭　马伟明　荆彦民　王春明等	2016-J3-130

续表

科所	序号	成果名称	奖励名称	授奖部门	获奖时间	获奖人员	获奖证号
中药材研究所	186	甘肃省定西市道地中药材产业化推广及惠民示范工程	甘肃省科学技术进步三等奖	甘肃省人民政府	2019 年	刘荣清　马伟明 姜振宏　荆彦民 潘晓春　管青霞 徐福祥等	2018-J3-063
	187	甘肃大宗中药材种子种苗国家技术集成创新及良繁基地建设	甘肃省科学技术进步三等奖	甘肃省人民政府	2019 年	王富胜　王兴政等	2018-J3-064
	188	板蓝根新品种筛选及推广	定西市优秀科技成果一等奖	定西市人民政府	2019 年	王兴政　潘　遐 潘晓春　王富胜 马瑞丽　马伟明 荆彦民等	2018-J1-07
设施农业研究所	189	干旱半干旱区菊芋资源引进及无公害栽培集成技术研究	甘肃省科学技术进步奖三等奖	甘肃省科技厅	2010 年	王廷禧　曹力强 张　旦　谢淑琴等	2009-J3-083
	190	夏季高原蔬菜新品种引进及无公害栽培技术研究	甘肃省农牧渔业丰收奖三等奖	甘肃省农牧厅	2010 年	石建业　谢淑琴 曹力强　张　旦 马彦霞等	2010-3-9
	191	定芋 1 号（菊芋抗旱新品系 R8 选育）	定西市科学技术进步奖一等奖	定西市科学技术局	2011 年	王廷禧　曹力强 张　旦　谢淑琴等	2011-J1-02
	192	特色花卉关键生产技术研究与开发	定西市科学技术进步奖二等奖	定西市科学技术局	2011 年	石建业　谢淑琴 曹力强　张　旦 文殷花　马彦霞	2011-J2-09
	193	甘肃半干旱区设施农业关键技术研究与示范	定西市科学技术进步奖二等奖	定西市科学技术局	2013 年	石建业　谢淑琴 张　旦　马彦霞 文殷花	2013-J2-05
	194	菊芋新品系 B5 选育	定西市科学技术进步奖一等奖	定西市科技局	2014 年	王廷禧　曹力强 张旦等	2014-J1-03
	195	日光温室草莓新品种引进及关键技术研究应用	定西市优秀科技成果奖一等奖	定西市科学技术局	2019 年	谢淑琴　叶丙鑫 张晶等	2018-J1-14
	196	日光温室蔬菜高效育苗技术及栽培技术研究与推广	定西市优秀科技成果奖二等奖	定西市科学技术局	2020 年	谢淑琴　王姣敏 曹力强等	2019-J2-20
旱地农业综合研究所	197	马铃薯脱毒种薯低成本生产技术研究与示范	定西市科学技术进步奖三等奖	定西市人民政府	2011 年	刘荣清　袁安明 徐祺昕　蒲育林 杨俊丰　张小静等	2011-J3-23
	198	高山隔离区马铃薯高效扩繁试验示范	甘肃省农牧渔业丰收奖三等奖	甘肃省农牧厅	2012 年	罗有中　王亚东 张建祥　王克敏 康小平等	2012—3—7
	199	干旱半干旱区马铃薯超高产技术集成研究与示范	定西市科学技术进步奖	定西市人民政府	2013 年	王亚东　刘荣清 张　明　罗有中等	2013-J2-06

续表

科所	序号	成果名称	奖励名称	授奖部门	获奖时间	获奖人员	获奖证号
旱地农业综合研究所	200	马铃薯窖藏病害生物防治技术研究　与应用	定西市科学技术进步奖	定西市人民政府	2016年	袁安明　张　明 张小静等	2016-J2-20
	201	马铃薯脱毒种薯快繁技术研究与示范	定西市科学技术进步奖	定西市人民政府	2017年	张小静　张　明等	2017-J2-16
	202	马铃薯水肥高效及连作逆境克服关键技术创建与应用	甘肃省科学技术进步奖二等奖	甘肃省人民政府	2018年	张小静等	2017-2-043
	203	铁皮石斛引进试验示范	定西市优秀科技成果奖二等奖	定西市人民政府	2020年	周东亮　袁安明 叶丙鑫　王姣敏 张小静等	2019-J2-02
农产品加工研究所	204	高山隔离区马铃薯高效扩繁试验示范	甘肃省农牧渔业丰收奖三等奖	甘肃省农牧厅	2012年	罗有中　陈向东 张　明等	2012-3-7
	205	半干旱区日光温室环境智能化监控系统研究与开发	定西市优秀科技成果奖二等奖	定西市人民政府	2019年	罗有中　王姣敏等	2018-J2-02
	206	高寒阴湿区马铃薯原原种离地高效生产技术研究	定西市优秀科技成果奖二等奖	定西市人民政府	2020年	罗有中等	2019-J2-14

附件 11　审定（认定）登记品种

科所	序号	作物类型	品种名称	审定编号	申请者或育种者
粮食作物研究所	1	小麦	定西 3 号	GS02023-1989	甘肃省定西地区农科所
	2	小麦	定西 5 号		甘肃省定西地区农科所
	3	小麦	定西 19 号		甘肃省定西地区农科所
	4	小麦	定西 24 号		甘肃省定西地区农科所
	5	小麦	定西 27 号		定西地区旱作农业科研推广中心
	6	小麦	定西 32 号		定西地区旱作农业科研推广中心
	7	小麦	定西 33 号	1994 年省科技进步奖	定西地区旱作农业科研推广中心
	8	小麦	定西 35 号	甘种审字第 177 号	定西市旱作农业科研推广中心
	9	小麦	定西 38 号	甘审麦 2008003	定西市旱作农业科研推广中心
	10	小麦	定西 39 号	甘审麦 2008004	定西市旱作农业科研推广中心
	11	小麦	定西 40 号	国审麦 2009032	定西市旱作农业科研推广中心
	12	小麦	定西 41 号	甘审麦 201004	定西市旱作农业科研推广中心
	13	小麦	定西 42 号	甘审麦 2014004	定西市农业科学研究院
	14	小麦	定西 48 号	甘审麦 2019001	定西市农业科学研究院
	15	小麦	定西 49 号	甘审麦 2021001	定西市农业科学研究院
	16	冬小麦	陇中 1 号	国审麦 2007023	定西市旱作农业科研推广中心
	17	冬小麦	陇中 2 号	甘审麦 2011008	定西市旱作农业科研推广中心
	18	冬小麦	陇中 3 号	甘审麦 2014008	定西市农业科学研究院
	19	冬小麦	陇中 4 号	甘审麦 2016006	定西市农业科学研究院
	20	冬小麦	陇中 5 号	甘审麦 2018007	定西市农业科学研究院
	21	冬小麦	陇中 6 号	甘审麦 20190014	定西市农业科学研究院
	22	春小麦	定丰 1 号	DB64/T085-93	黄　芬　李　定等
	23	春小麦	定丰 3 号		黄　芬　李　定等
	24	春小麦	定丰 4 号	甘农〔1995〕118 号	李　定　王玉芳等
	25	春小麦	定丰 5 号	甘农〔1995〕118 号	李　定　王玉芳等
	26	春小麦	定丰 9 号	甘审麦 2001008 号	李　定　王玉芳等
	27	春小麦	定丰 10 号	甘审麦 2005004 号	李　定　王玉芳　王会蓉
	28	春小麦	定丰 11 号	甘审麦 2007003 号	李　定　王玉芳　王会蓉
	29	春小麦	定丰 12 号	甘审麦 2005003 号	李　定　王玉芳　王会蓉
	30	春小麦	定丰 16 号	甘审麦 2011002 号	张　健　王会蓉
	31	春小麦	定丰 17 号	甘审麦 2014001 号	张　健　王会蓉
	32	春小麦	定丰 18 号	甘审麦 20170002 号	张　健　王会蓉
	33	春小麦	定丰 19 号	甘审麦 20200003 号	张　健　王会蓉　侯云鹏
	34	莜麦（引进）	高 719（7-19）	甘种审字第 91 号	曹玉琴　蒲育林　姚永谦等
	35	莜麦（选育）	定莜 1 号（79-16-22）	甘种审字第 125 号	曹玉琴　姚永谦　边淑娥等

续表

科所	序号	作物类型	品种名称	审定编号	申请者或育种者
粮食作物研究所	36	莜麦（选育）	定莜2号（79-3-13）	甘农〔1993〕74号	曹玉琴　姚永谦　边淑娥等
	37	莜麦（选育）	定莜3号（79-16-29）	甘种审字第256号	曹玉琴　郸擎东　姚永谦　刘彦明　贺永斌等
	38	莜麦（选育）	定莜4号（原代号8309-6）		曹玉琴　刘彦明　贺永斌　姚永谦　马海涛等
	39	燕麦（选育）	定莜5号（原代号9002-1）	甘认麦2008004	刘彦明　王景才　马　宁　王瑞英　姚永谦等
	40	燕麦（选育）	定莜6号（原代号9103-18）	甘认麦2008005	刘彦明　王景才　何玉林　贺永斌等
	41	燕麦（选育）	定莜7号（原代号8652-3）	甘认麦2010007	刘彦明　任生兰　边　芳等
	42	燕麦（选育）	定莜8号（原代号9626-6）	甘认麦2011003	刘彦明　任生兰　边　芳　陈　富等
	43	燕麦（选育）	定莜9号（原代号9227-3）	甘认麦2014002	刘彦明　任生兰　南　铭　陈　富　边　芳等
	44	燕麦（选育）	定燕2号（原代号9642-2）	甘认麦2016003	刘彦明　任生兰　南　铭　陈　富　边　芳等
	45	燕麦（引进）	魁北克燕麦（原代号Ac.Rigdon）	甘认麦2016004	刘彦明　陈　富　任生兰　南　铭　边　芳等
	46	小扁豆	定选1号	甘种审字第290号	王思慧　寇思荣　王梅春　余峡林　王春明　骆得功　金维汉　闫芳兰
	47	小扁豆	定选2号	甘认豆2009005	王梅春　连荣芳　墨金萍　王思慧等
	48	豌豆	定豌1号	甘种审字第187号	寇思荣　骆得功　金维汉　王思慧　孙淑珍　何振中　何玉林　闫芳兰　张克谦
	49	豌豆	定豌2号	甘种审字第288号	寇思荣　王思慧　王梅春　余峡林　骆得功　王春明　金维汉　闫芳兰
	50	豌豆	定豌3号	甘种审字第289号	寇思荣　王梅春　王思慧　骆得功　余峡林　王春明　金维汉　闫芳兰
	51	豌豆	定豌4号	甘认豆2008003 GPD豌豆（2020）620028	王梅春　王思慧　寇思荣　连荣芳　墨金萍　金维汉　闫芳兰　王春明
	52	豌豆	定豌5号	甘认豆2008004	王梅春　王思慧　连荣芳　墨金萍　寇思荣　王春明　金维汉　闫芳兰等
	53	豌豆	定豌6号	甘认豆2009003 GPD豌豆（2018）620054	王梅春　连荣芳　墨金萍等
	54	豌豆	定豌7号	甘认豆2010003	王梅春　墨金萍　连荣芳　肖　贵等
	55	豌豆	定豌8号	甘认豆2014001 GPD豌豆（2018）620055	王梅春　连荣芳　墨金萍　肖　贵等
	56	豌豆	定豌9号	GPD豌豆（2019）620019	王梅春　连荣芳　肖　贵　墨金萍　曹　宁

续表

科所	序号	作物类型	品种名称	审定编号	申请者或育种者
粮食作物研究所	57	豌豆	定豌 10 号	GPD 豌豆（2019）620035	连荣芳　肖　贵　墨金萍　曹　宁　王梅春
	58	荞麦	定甜荞 1 号	国品鉴杂 2004013	定西市旱作农业科研推广中心
	59	荞麦	定甜荞 2 号	甘认荞 2010001	定西市旱作农业科研推广中心
	60	荞麦	定甜荞 3 号	甘认荞 2014001	定西市农业科学研究院
	61	荞麦	定苦荞 1 号	国品鉴杂 2015002	定西市农业科学研究院
油料作物研究所	62	胡麻	定亚 1 号		俞家煌　丰学桂
	63	胡麻	定亚 2 号		俞家煌　丰学桂
	64	胡麻	定亚 3 号		俞家煌　丰学桂
	65	胡麻	定亚 4 号		俞家煌　丰学桂
	66	胡麻	定亚 5 号		俞家煌　丰学桂
	67	胡麻	定亚 6 号		俞家煌　丰学桂
	68	胡麻	定亚 7 号		俞家煌　丰学桂
	69	胡麻	定亚 8 号		俞家煌　丰学桂
	70	胡麻	定亚 9 号		俞家煌　丰学桂
	71	胡麻	定亚 10 号	1978 年 11 月 10 日甘肃省定西地区科学技术委员会定名	俞家煌　丰学桂
	72	胡麻	定亚 11 号	1978 年 11 月 10 日甘肃省定西地区科学技术委员会定名	俞家煌　丰学桂
	73	胡麻	定亚 12 号	1978 年 11 月 10 日甘肃省定西地区科学技术委员会定名	俞家煌　丰学桂
	74	胡麻	定亚 13 号	1978 年 11 月 10 日甘肃省定西地区科学技术委员会定名	俞家煌　丰学桂
	75	胡麻	定亚 14 号	1978 年 11 月 10 日甘肃省定西地区科学技术委员会定名	俞家煌　丰学桂
	76	胡麻	定亚 15 号	1978 年 11 月 10 日甘肃省定西地区科学技术委员会定名	俞家煌　丰学桂
	77	胡麻	定亚 16 号		俞家煌　丰学桂
	78	胡麻	定亚 17 号	甘农〔1989〕71 号	丰学桂　俞家煌　石仓吉　姚春兰　祁风鹏
	79	胡麻	定亚 18 号	1992 年 5 月	俞家煌　丰学桂　石仓吉　顾兴泉　刘树雄
	80	胡麻	定亚 19 号	定种审字第 003 号（1993 年）	石仓吉　俞家煌　桑德福　张　清　赵得有　丰学桂　刘树雄　赵　强　陈　英

续表

科所	序号	作物类型	品种名称	审定编号	申请者或育种者
油料作物研究所	81	胡麻	定亚 20 号	甘农〔1995〕118 号	石仓吉　张　清　俞家煌　丰学桂　赵　强
	82	胡麻	定亚 21 号	甘审麻 2001001	石仓吉　张　明　张　清　陈　英　康春英　万海山　马继武　李鹏程
	83	胡麻	定亚 22 号	定种审字第 002 号（1995 年）	石仓吉　张彩玲　吴小芸　令　鹏　陈　英等
	84	胡麻	定亚 23 号	甘审油 2011001 国品鉴亚麻 2011001	石仓吉　陈　英　张　清　陈永军　张彩玲　刘树雄　令　鹏　李文珍等
	85	胡麻	定亚 24 号	甘审油 2014005	陈　英　令　鹏　张　清　陈永军　李文珍　张彩玲　李　瑛　赵永伟　刘宝文　董爱云　刘惠霞
	86	胡麻	定亚 25 号	GPD 亚麻（胡麻）（2019）620006	陈　英　李　瑛　令　鹏　李文珍　刘宝文　赵永伟　陈永军　张彩玲　汪国锋　何宝刚　马伟明　邵正阳
马铃薯研究所	87	马铃薯	定薯 1 号	甘审薯 2009005	刘荣清　潘晓春　李德明　杨俊丰　罗　磊　王瑞英　姚彦红　王　娟等
	88	马铃薯	定薯 2 号	甘审薯 2009006	刘荣清　李德明　潘晓春　杨俊丰　伍克俊　罗　磊　王瑞英　姚彦红　戴朝羲　王梅春　郸擎东　罗有中　赵　荣　袁安明　陈自雄
	89	马铃薯	定薯 3 号	国品鉴马铃薯 2016005	刘荣清　李德明　王　娟　潘晓春　罗　磊　姚彦红　王瑞英　李亚杰　黄　凯　张小静　董爱云　刘惠霞　陈自雄　谭伟军　孟红梅　徐祺昕　刘全亮
	90	马铃薯	定薯 4 号	甘审薯 2016006	李德明　刘荣清　罗　磊　姚彦红　潘晓春　王　娟　王瑞英　李亚杰　黄　凯　张小静　陈自雄　董爱云　刘惠霞　谭伟军　徐祺昕　孟红梅　马海涛
	91	马铃薯	定薯 5 号	GPD 马铃薯（2020）620091	李德明　罗　磊　姚彦红　李亚杰　董爱云　刘惠霞　李丰先
	92	马铃薯	定薯 6 号	GPD 马铃薯（2020）620092	牛彩萍　马瑞　范奕　史丽萍　冯梅
中药材研究所	93	当归	岷归 2 号	甘认药 2008001	定西市旱作农业科研推广中心、中国科学院近代物理研究所、岷县药材产业办公室、岷县农业技术推广站
	94	党参	渭党 1 号	甘认药 2008002	定西市农业科学研究院渭源县科学技术局、渭源县农业技术推广中心
	95	当归	岷归 1 号	甘认药 2009001	定西市旱作农业科研推广中心、甘肃农业大学
	96	当归	岷归 3 号	甘认药 2009002	定西市旱作农业科研推广中心、中国科学院近代物理研究所、岷县药材产业办公室、岷县农业技术推广站

续表

科所	序号	作物类型	品种名称	审定编号	申请者或育种者
中药材研究所	97	党参	渭党 2 号	甘认药 2009003	定西市旱作农业科研推广中心、中国科学院近代物理研究所
	98	黄芪	陇芪 1 号	甘认药 2009004	定西市旱作农业科研推广中心
	99	黄芪	陇芪 2 号	甘认药 2009005	定西市旱作农业科研推广中心、甘肃中医药大学、中国科学院近代物理研究所
	100	当归	岷归 4 号	甘认药 2011001	定西市旱作农业科研推广中心、甘肃中医药大学
	101	黄芪	陇芪 3 号	甘认药 2013001	定西市农业科学研究院、中国科学院近代物理研究所
	102	党参	渭党 3 号	甘认药 2013002	定西市农业科学研究院、中国科学院近代物理研究所
	103	当归	岷归 5 号	甘认药 2013003	定西市农业科学研究院
	104	黄芪	陇芪 4 号	甘认药 2015001	定西市农业科学研究院
	105	党参	渭党 4 号	甘认药 2015002	定西市农业科学研究院
	106	板蓝根	定蓝 1 号	甘认药 2015003	定西市农业科学研究院
	107	当归	岷归 6 号	甘认药 2016006	定西市农业科学研究院、甘肃中医药大学
设施农业研究所	108	菊芋	定芋 1 号	甘认菜 2011001	王廷禧　曹力强
	109	菊芋	定芋 2 号	甘认菜 2014037	王廷禧　曹力强

附件 12　验收（登记）成果

科所	序号	成果名称	第一完成单位	起止时间	推荐	验收（登记）
粮食作物研究所	1	旱地豌豆新品系 706-12-9	定西地区旱作农业科研推广中心	1970—1980 年 1986—1993 年	定西地区农业处	定西地区科技处
	2	水川区春小麦新品种选育——“7633-12”	定西地区农科所	1982—1984 年	定西地区农业处	定西地区科技处
	3	定西地区小麦需水规律和抗旱性鉴定方法研究	定西地区旱作农业科研推广中心	1984—1988 年	定西地区农业处	甘肃省农业科学院
	4	旱地扁豆新品种英国扁豆（English Lentils）引种选育	定西地区旱作农业科研推广中心	1986—1990 年	定西地区农业处	定西地区科技处
	5	旱地扁豆新品种中绿扁豆（Medium Green Lentils）引种选育	定西地区旱作农业科研推广中心	1986—1991 年	定西地区农业处	定西地区科技处
	6	春小麦品种资源抗旱鉴定及利用研究	定西地区旱作农业科研推广中心	1991—1995 年	定西地区农业处	甘肃省农业科学院
	7	豌豆新品种定豌 8 号	定西市农业科学研究院	1993—2011 年	甘肃省科技厅	甘肃省科技厅
	8	冬小麦新品种陇中 1 号选育	定西市旱作农业科研推广中心	1993—2007 年	定西市科技局	甘肃省科技厅
	9	冬小麦新品种陇中 2 号选育	定西市旱作农业科研推广中心	1994—2006 年	定西市科技局	甘肃省科技厅
	10	旱地豌豆新品种定豌 7 号（9431-1）选育	定西市旱作农业科研推广中心	1994—2011 年（成果登记）	定西市科技局	甘肃省科技厅
	11	旱地豌豆 8711-2 选育	定西地区旱作农业科研推广中心	1995—1999 年	定西市科技局	甘肃省科技厅
	12	旱地豌豆新品系 8750-5 选育	定西地区旱作农业科研推广中心	1995—1999 年	定西市科技局	甘肃省科技厅
	13	旱地小扁豆 C87 选育	定西地区旱作农业科研推广中心	1996—2000 年	定西市科技局	甘肃省科技厅
	14	燕麦品种定燕 2 号	定西市农业科学研究院	1996—2015 年	定西市科技局	甘肃省科技厅
	15	冬小麦新品种陇中 3 号选育	定西市旱作农业科研推广中心	1997—2010 年	定西市科技局	甘肃省科技厅
	16	旱地豌豆 S9107 选育	定西地区旱作农业科研推广中心	1999—2003 年	定西地区科技处	甘肃省科技厅
	17	旱地小麦新品系 8821-1-1 选育	定西市旱作农业科研推广中心	2000—2004 年	定西市科技局	甘肃省科技厅
	18	优质春小麦新品种定丰 9 号大面积示范推广	定西市旱作农业科研推广中心	2001—2005 年	定西市农业局	定西市科技局
	19	春小麦新品系 889-1 选育	定西市旱作农业科研推广中心	2001—2005 年	定西市农业局	定西市科技局
	20	旱地豌豆 8710-2 选育	定西地区旱作农业科研推广中心	2001—2005 年	定西市农业局	定西市科技局

续表

科所	序号	成果名称	第一完成单位	起止时间	推荐	验收（登记）
粮食作物研究所	21	荞麦品种定甜荞 3 号	定西市农业科学研究院	2001—2013 年	定西市科技局	甘肃省科技厅/2014Y0150
	22	荞麦品种定苦荞 1 号	定西市农业科学研究院	2001—2014 年	定西市科技局	甘肃省科技厅/2015Y0406
	23	利用人工合成优异种质选育高产小麦新品种	定西市旱作农业科研推广中心	2005—2007 年	定西市农业局	甘肃省农牧厅
	24	旱地扁豆新品系 ILL6980 选育	定西市旱作农业科研推广中心	2005—2007 年	定西市科技局	甘肃省科技厅
	25	旱地豌豆新品系 9236-1 选育	定西市旱作农业科研推广中心	2005—2007 年	定西市科技局	甘肃省科技厅
	26	旱地专用冬小麦新品种选育	定西市旱作农业科研推广中心	2006—2009 年	定西市农业局	甘肃省农牧厅
	27	春小麦新品系 9016 选育	定西市旱作农业科研推广中心	2007—2009 年	定西市农业局	甘肃省科技厅
	28	丰产优质春小麦新品系 9745 选育	定西市旱作农业科研推广中心	2007—2009 年	定西市农业局	甘肃省科技厅
	29	优质专用型冬小麦新品系引进选育	定西市旱作农业科研推广中心	2007—2009 年	定西市农业局	定西市科技局
	30	冬小麦新品种陇中 4 号选育	定西市农业科学研究院	2007—2013 年	定西市科技局	甘肃省科技厅
	31	冬小麦新品种陇中 5 号选育	定西市农业科学研究院	2007—2017 年	定西市科技局	甘肃省科技厅
	32	冬小麦新品种陇中 6 号选育	定西市农业科学研究院	2007—2018 年	定西市科技局	甘肃省科技厅
	33	小麦新品种定西 41 号	定西市旱作农业科研推广中心	2008—2010 年	定西市科技局	甘肃省科技厅
	34	优质丰产旱地专用冬小麦新品种选育	定西市旱作农业科研推广中心	2008—2010 年	定西市农业局	甘肃省农牧厅
	35	淀粉专用型豌豆新品种定豌 7 号选育与示范	定西市旱作农业科研推广中心	2008—2010 年（鉴定）	定西市科技局	甘肃省科技厅
	36	燕麦新品种魁北克	定西市农业科学研究院	2008—2015 年	定西市科技局	甘肃省科技厅
	37	小麦新品种定西 42 号	定西市农业科学研究院	2009—2014 年	定西市科技局	甘肃省科技厅
	38	甘肃中部春小麦新品种定西 38 号、定西 39 号原种扩繁与示范推广	定西市旱作农业科研推广中心	2010—2012 年	定西市科技局	甘肃省科技厅
	39	利用杂交与单倍体加倍技术选育丰产优质春小麦新品种	定西市农业科学研究院	2011—2013 年	定西市农业局	甘肃省科技厅
	40	优质高产抗锈冬小麦品种选育	定西市农业科学研究院	2011—2013 年	定西市农业局	甘肃省农牧厅

续表

科所	序号	成果名称	第一完成单位	起止时间	推荐	验收（登记）
粮食作物研究所	41	燕麦新品种定莜 9 号	定西市农业科学研究院	2011—2013 年	定西市科技局	甘肃省科技厅
	42	定西市食用豆病虫害调查研究与防治技术示范	定西市植保植检站	2011—2013 年	定西市农业局	定西市科技局
	43	优质抗病旱地小麦新品种示范推广	定西市农业科学研究院	2012—2014 年	定西市科技局	甘肃省科技厅
	44	优质高产抗病春小麦新品种选育	定西市农业科学研究院	2012—2014 年	定西市科技局	甘肃省科技厅
	45	优质丰产抗锈冬小麦品种选育及抗源应用	定西市农业科学研究院	2013—2015 年	定西市农业局	甘肃省农牧厅
	46	丰产优质抗病春小麦新品种定丰 18 号（原代号 SW-14）选育	定西市农业科学研究院	2014—2016 年	定西市科技局	甘肃省科技厅
	47	利用杂交转育法提高春小麦抗锈病的研究	定西市农业科学研究院	2014—2016 年	定西市农业局	甘肃省农牧厅
	48	外源 DNA 导入小麦分子技术选育新品种	定西市农业科学研究院	2015—2017 年	定西市农业局	甘肃省农牧厅
	49	小麦新品种定西 48 号	定西市农业科学研究院	2015—2018 年	定西市科技局	甘肃省科技厅
	50	俄罗斯优质抗寒抗虫冬小麦种质资源和新技术引进及种质创新（秘密）	定西市农业科学研究院	2015—2018 年	甘肃省科技厅	国家科学技术部
	51	豌豆新品种定豌 9 号	定西市农业科学研究院	2015—2019 年	定西市科技局	甘肃省科技厅
	52	豌豆新品种定豌 10 号	定西市农业科学研究院	2015—2019 年	定西市科技局	甘肃省科技厅
	53	优质小麦种质资源引进筛选及新品种选育	定西市农业科学研究院	2016—2018 年	定西市农业局	定西市科技局
	54	利用聚合杂交法选育优质高产春小麦新品种	定西市农业科学研究院	2016—2018 年	定西市科技局	甘肃省科技厅
	55	俄罗斯乌克兰种质资源引进试验示范与品种创新	定西市农业科学研究院	2017—2019 年	定西市科技局	甘肃省科技厅
	56	旱地春小麦 743-2-5 新品种选育	定西地区旱作农业科研推广中心	1974—1988 年	定西地区科技处	甘肃省科委
	57	旱地春小麦 79157-8 新品种选育	定西地区旱作农业科研推广中心	1979—1992 年	定西地区科技处	甘肃省科委
	58	旱地扁豆新品种英国小扁豆	定西市旱作农业科研推广中心	1986—1990 年	定西地区科技处	甘肃省科技厅
	59	旱地扁豆新品种中绿扁豆	定西市旱作农业科研推广中心	1986—1990 年	定西地区科技处	甘肃省科技厅
	60	旱地莜麦新品系 8652-3 选育	定西市旱作农业科研推广中心	1986—2010 年	定西地区科技处	甘肃省科技厅
	61	旱地莜麦新品系 9626-6 选育	定西市旱作农业科研推广中心	1996—2012 年	定西地区科技处	甘肃省科技厅

续表

科所	序号	成果名称	第一完成单位	起止时间	推荐	验收（登记）
油料作物研究所	62	定亚 10 号	定西专区农科所西寨良种场（1975 年改为定西地区油料试验站）	1966—1977 年	定西地区农业处	甘肃省油料科技协作会
	63	定亚 12 号	定西专区农科所西寨良种场（1975 年改为定西地区油料试验站）	1966—1978 年	定西地区农业处	定西地区科委
	64	定亚 15 号	定西专区农科所西寨良种场（1975 年改为定西地区油料试验站）	1966—1978 年	定西地区农业处	定西地区科委
	65	741-26-10-1 胡麻新品系选育	定西地区油料试验站	1974—1985 年	定西地区农业处	定西地区科技处
	66	753-1-5-4	定西地区油料试验站	1975—1988 年	定西地区科技处	甘肃省科委
	67	7819-2-1-1-1	定西地区油料试验站	1978—1988 年	定西地区农业处	定西地区科技处
	68	7916-12-2-12-1	定西地区油料试验站	1979—1991 年	定西地区科技处	甘肃省科委
	69	8227-38-2-1 油纤兼用型胡麻新品系	定西地区油料试验站	1982—1992 年	定西地区农业处	定西地区科技处
	70	胡麻新品系 8710 选育	定西地区旱农中心西寨油料试验站	1987—1998 年	定西地区科技处	甘肃省科技厅
	71	胡麻新品系定亚 18 号选育	定西地区旱农中心西寨油料试验站	1988—2003 年	定西地区农业处	定西市科技局
	72	胡麻新品系 9135-16-10-1 选育	定西地区旱农中心西寨油料试验站	1991—2008 年	定西地区科技处	甘肃省科技厅
	73	定西地区旱地胡麻新品种示范推广	定西地区油料试验站	1992—1994 年	定西地区农业处	甘肃省“两西”建设指挥部
	74	中部胡麻新品种良种良法配套栽培技术研究	定西地区油料试验站	1994—1997 年	定西地区农业处	甘肃省“两西”建设指挥部
	75	旱地胡麻新品种示范推广及新品系试验示范	定西地区油料试验站	1994—1997 年	定西地区科技处	甘肃省科委
	76	定亚 25 号	定西市旱作农业科研推广中心	2005—2016 年	定西市科技局	甘肃省科技厅
	77	胡麻新品种定亚 24 号	定西市旱作农业科研推广中心	2010—2013 年	定西市农业局	定西市科技局
	78	应用化学诱变技术培育胡麻新品种	定西市农业科学研究院	2014—2016 年	定西市农业局	定西市科技局
	79	胡麻新品种选育及配套技术示范应用	定西市农业科学研究院	2018—2019 年	定西市农业局	定西市科技局

续表

科所	序号	成果名称	第一完成单位	起止时间	推荐	验收（登记）
土壤肥料植物保护研究所	80	定西地区重要农业土壤中13种元素自然背景值研究	定西地区旱农科研推广中心	1988—1990年	定西地区农业处	甘肃省农业厅
	81	定西地区农业土壤中微量元素分布规律研究	定西地区旱农科研推广中心	1989—1990年	定西地区农业处	定西地区科技处
	82	小麦、胡麻、党参等复合肥研制及应用研究	定西地区旱农科研推广中心	1993—1995年	定西地区农业处	定西地区科技处
	83	中部半干旱区石灰性土壤提高磷肥利用率研究	定西地区旱农科研推广中心	1996—1998年	定西地区农业处	定西地区科技处
	84	高寒二阴区粮食持续增产综合配套技术大面积示范推广	定西地区旱农科研推广中心	1998—2000年	定西地区农业处	定西地区科技处
	85	定西市中药材GAP基地环境质量检测与评价	定西地区旱农科研推广中心	2000—2003年	定西市科技局	甘肃省科技厅
	86	定西地区中药材产地环境条件评价	定西地区旱农科研推广中心	2001—2003年	定西地区农业处	定西市科技局
	87	北方高原山地区氮磷化肥投入阈值及面源防控技术研究与示范	甘肃省农业科学院	2012—2016年	甘肃省科技厅	甘肃省科技厅
马铃薯研究所	88	优质专用型马铃薯新品种选育	定西市农业科学研究院	2012—2014年	甘肃省科技厅	甘肃省科技厅
	89	马铃薯新品种定薯3号	定西市农业科学研究院	2016年	定西市科技局	甘肃省科技厅
	90	马铃薯新品种青薯9号脱毒种薯扩繁及栽培技术集成与示范推广	定西市农业科学研究院	2016年	定西市科技局	甘肃省科技厅 2016Y0657
	91	马铃薯良种扩繁技术示范	定西市农业科学研究院	2016年	定西市科技局	甘科验（2016）第380号
	92	马铃薯新品种定薯4号	定西市农业科学研究院	2016年	甘肃省科技厅	甘肃省科技厅 2016Y0668
	93	系列马铃薯新品种示范推广及产业化	定西市农业科学研究院	2017年	甘肃省科技厅	甘肃省科技厅 2014GB2G100146
	94	马铃薯全膜双垄连作种植对土壤质量的影响	定西市农业科学研究院	2017年	甘肃农业大学	甘肃省科技厅 3120311
	95	旱作马铃薯立旋深松技术研究与示范	甘肃省农业科学院旱地农业研究所	2017—2019年	甘肃省农业科学院	甘肃省农业科学院甘农科院验2016第04号
	96	定薯系列马铃薯新品种选育及大面积推广	定西市农业科学研究院	2018年	甘肃省农业厅	甘农科验字〔2018〕81号
	97	马铃薯新品种定薯3号选育及示范推广	定西市农业科学研究院	2018年	甘肃省农业厅	甘农科验字〔2018〕82号
	98	非主要农作物品种登记定薯5号	定西市农业科学研究院	2020年	甘肃省科技厅	甘肃省科技厅 9622020Y0897
	99	非主要农作物品种登记定薯6号	定西市农业科学研究院	2020年	甘肃省科技厅	甘肃省科技厅 9622020Y0898
	100	优质早熟专用型马铃薯新品种选育	定西市农业科学研究院	2018—2019年	定西市农业局	定西市科学技术局定科验〔2020〕第4号

续表

科所	序号	成果名称	第一完成单位	起止时间	推荐	验收（登记）
中药材研究所	101	甘肃黄芪新品系 94-02 选育及研究	定西市农业科学研究院	1994—2008 年	定西市科技处	甘肃省科技厅
	102	甘肃当归提前抽薹防治及良种选育研究	定西市农业科学研究院	1997—2003 年	定西地区科技处	甘肃省科技厅
	103	甘肃当归新品种 90-01 选育及研究	定西市农业科学研究院	1999—2003 年	定西地区科技处	甘肃省科技厅
	104	甘肃黄芪新品系 94-01 选育及研究	定西市农业科学研究院	1999—2004 年	定西地区科技处	甘肃省科技厅
	105	甘肃党参新品系 98-01 选育及研究	定西市农业科学研究院	2007—2008 年	定西市科技局	甘肃省科技厅
	106	党参新品系（92-02）GAP 示范推广	定西市农业科学研究院	2007—2008 年	定西市科技局	甘肃省科技厅
	107	甘肃当归新品系 DGA2000-03 选育及研究	定西市农业科学研究院	2007—2010 年	定西市科技局	甘肃省科技厅
	108	特色中药材新品种筛选及标准化技术研究与应用	定西市农业科学研究院	2010—2012 年	甘肃省农业科学院	甘肃省科技厅
	109	优质当归党参新品种示范及大面积推广	定西市农业科学研究院	2011—2013 年	定西市科技局	甘肃省科技厅
	110	当归规范化种植基地优化升级及系列产品综合开发研究（子课题）	定西市农业科学研究院	2011—2014 年	定西市科技局	甘肃省科技厅
	111	应用诱变育种技术选育党参新品种及研究	定西市农业科学研究院	2012—2014 年	定西市科技局	甘肃省科技厅
	112	当归、黄芪、党参新品种繁育及推广	定西市农业科学研究院	2014—2017 年	定西市科技局	甘肃省农牧厅
	113	定西市适生药材黄芩板蓝根良种选育及研究	定西市农业科学研究院	2017—2019 年	定西市科技局	甘肃省科技厅
设施农业研究所	114	特色花卉产业化技术研究与开发	定西市旱农科研推广中心实验农场	2009—2010 年	定西市科技局	甘肃省科技厅
	115	紫斑牡丹反季节盆栽关键技术研究及应用	定西市农业科学研究院	2010—2011 年	定西市科技局	甘肃省科技厅甘肃鉴字〔2011〕第 548 号
	116	甘肃半干旱区设施农业关键技术研究与示范	定西市丰源农业科技有限责任公司	2010—2012 年	定西市科技局	甘科鉴字〔2012〕第 0417 号
	117	日光温室蔬菜高效育苗技术研究与示范	定西市农业科学研究院	2013—2015 年	定西市科技局	定西市科技局
	118	日光温室草莓新品种引进及关键技术研究应用	定西市农业科学研究院	2013—2015 年	定西市科技局	定西市科技局
	119	甘肃寒旱区高原蔬菜新品种引育及绿色增长配套技术研究与推广	定西市农业科学研究院	2013—2020 年	定西市科技术局	甘肃省科技厅

续表

科所	序号	成果名称	第一完成单位	起止时间	推荐	验收（登记）
旱地农业综合研究所	120	马铃薯脱毒种薯节本高效扩繁技术研究与应用	定西市农业科学研究院	2009—2012 年	定西市委人才办	甘肃省农牧厅　甘农科验字〔2014〕11 号
	121	马铃薯中药材连作对土壤养分影响及对策研究	定西市农业科学研究院	2013—2015 年	定西市科技局	定西市科技局定科验〔2016〕第 03 号
	122	“铁皮石斛”的引进及综合技术集成与试验示范	定西市农业科学研究院	2014—2016 年	甘肃省农牧厅	甘肃省农牧厅甘农科验字〔2016〕48 号
	123	马铃薯开放式组织培养技术研究	定西市农业科学研究院	2015—2016 年	定西市科技局	甘肃省科技厅〔登记号：9622018J0009
	124	马铃薯主粮化专用品种引进筛选	定西市农业科学研究院	2015—2017 年	定西市科技局	定西市科技局　定科验〔2018〕第 1 号
农产品加工研究所	125	甘肃半干旱区日光温室自动控制技术应用示范	定西市农业科学研究院	2015—2017 年	定西市科技局	科技部
	126	优质特色小杂粮新品种选育及蚕豆机械化栽培技术集成创新与示范	定西市农业科学研究院	2016—2018 年	定西市农业局	定西市科技局
	127	玉米秸秆覆盖马铃薯技术集成试验示范	定西市农业科学研究院	2017—2019 年	定西市农业局	定西市科技局
	128	食用黄芪、当归、党参产地初加工质量安全控制技术研究	定西市农业科学研究院	2018—2019 年	定西市科技局	甘肃省科技厅

附件 13　出版专著

科/所	序号	书名	编委	出版社	发表时间（年）	书号
粮食作物研究所	1	中国食用豆类品种志	王梅春	中国农业科学技术出版社	2009	ISBN 978-7-80233-956-9
	2	中国燕麦学	刘彦明	中国农业出版社	2013	ISBN 978-7-109-18550-0
	3	黄土高原食用豆类	主　编：邢宝龙　杨晓明 王梅春 副主编：连荣芳等	中国农业科学技术出版社	2015	ISBN 978-7-5116-2367-6
	4	中国荞麦学	刘彦明	中国农业出版社	2015	ISBN 978-7-109-20071-5
	5	豌豆生产技术	王梅春	北京出版集团公司 北京教育出版社	2016	ISBN 978-7-5522-6982-6
	6	饭豆、小扁豆等生产技术	王梅春	北京出版集团公司 北京教育出版社	2016	ISBN 978-7-5522-6983-3
	7	箭筈豌豆	主　编：王梅春　邢宝龙 副主编：曹　宁　肖　贵等 编　委：连荣芳　墨金萍等	中国农业科学技术出版社	2019	ISBN 978-7-5116-4050-5
	8	小扁豆	主　编：杨晓明　王梅春 编　委：连荣芳　肖　贵 曹　宁　墨金萍等	中国农业科学技术出版社	2021	ISBN 978-7-5116-5149-5
油料作物研究所马铃薯研究所	9	中国北方高原地区胡麻种植	杨建春　童海生　马伟明 李　瑛　陈　英　陈永军 赵永伟等	气象出版社	2020	ISBN 978-7-5029-7229-5
	10	胡麻产业技术	陈永军	兰州大学出版社	2015	ISBN 978-7-311-04782-5
	11	马铃薯产业原理与技术	韩黎明　杨俊丰　景履贞 刘荣清	中国农业科学技术出版社	2010	ISBN 978-7-5116-0266-4
	12	定西农作物品种志	主　编：高占彪 副主编：李德明　马伟明 李鹏程　刘彦明　陈　英等	甘肃科学技术出版社	2017	ISBN 978-7-5424-1386-4
	13	马铃薯产业与美丽乡村	刘荣清　李德明	黑龙江科学技术出版社	2020	ISBN 978-7-5719-0631-3
中药材研究所	14	甘肃道地中药材当归研究	刘效瑞　荆彦民	甘肃科学技术出版社	2012	ISBN 978-7-5424-1443-4
	15	旱农区主要粮经作物规范化生产技术研究与应用	主　编：刘效瑞 副主编：王富胜　刘荣清 宋振华 编　委：徐继振　王兴政 荆彦民　马伟明　尚虎山 汪淑霞　马瑞丽等	甘肃科学技术出版社	2014	ISBN 978-7-5424-2065-7
	16	甘肃省道地中药材实用栽培技术	王富胜	甘肃科学技术出版社	2016	ISBN 978-7-5424-2316-0
	17	党参生产加工适宜技术	王富胜	中国医药科技出版社	2017	ISBN 978-7-5067-9572-2
	18	甘肃道地药用植物黄芪栽培及产后加工技术	主　编：尚虎山　张　明 编　委：王富胜　谢淑琴 张　晶　杨荣洲　荆彦民 王兴政　马瑞丽等	甘肃科学技术出版社	2018	ISBN 978-7-5424-2633-8
	19	当归研究	刘效瑞　王富胜	甘肃科学技术出版社	2021	ISBN 787 × 1092 1/16

续表

科 / 所	序号	书名	编委	出版社	发表时间（年）	书号
旱地农业综合研究所	20	气候变化下旱区农事技术	袁安明	兰州大学出版社	2014	ISBN 978-7-311-04266-0

附件 14　发表论文

科所	序号	论文题目	刊物名称	发表时间（年）	作者
粮食作物研究所	1	旱地春小麦品种——定西 24 号	甘肃农业科技	1981	唐　瑜
	2	干旱地区旱地春小麦育种的体会	甘肃农业科技	1982	唐　瑜
	3	旱地春小麦定西 24 号栽培技术初探	甘肃农业科技	1985	唐　瑜
	4	三十烷醇对春小麦的增产效应	甘肃农业科技	1986	周易天
	5	用电导法鉴定春小麦的抗旱性	甘肃农业科技	1986	王梅春　刘杰英　周易天　刘立平
	6	春小麦抗旱性与脯氨酸的关系	定西科技	1986	王梅春　刘杰英　周易天
	7	旱地莜麦品种抗旱形态特征的研究	甘肃农业科技	1987	曹玉琴
	8	春小麦出苗阶段抗旱性鉴定方法	定西科技	1988	王梅春　刘杰英　刘彦明
	9	莜麦主要性状的相关分析	甘肃农业科技	1988	曹玉琴　蒲育林　姚永谦
	10	定西半干旱地区春小麦需水规律的研究	干旱地区农业研究	1989	王梅春　刘彦明　刘杰英　周易天
	11	外引旱地小扁豆品种的丰产性稳产性和适应性分析	甘肃农业科技	1989	骆得功　金维汉
	12	燕麦数量性状配合力研究	甘肃农业科技	1990	曹玉琴　姚永谦
	13	旱地扁豆新品种英国扁豆、中绿扁豆	作物杂志	1990	骆得功
	14	覆盖栽培研究初报	耕作与栽培	1990	王梅春　刘杰英　刘彦明
	15	充分有效利用降水的耕作方法	干旱气象研究论文集	1991	王梅春
	16	春小麦定西 24 号高产生理分析	甘肃农业科技	1991	王梅春　刘杰英　周易天
	17	旱地春小麦叶面喷施磷酸二氢钾效果研究报告	干旱地区农业研究	1992	刘杰英　王梅春　陈永军
	18	旱地春小麦新品种定西 33 号选育报告	甘肃农业科技	1992	唐　瑜
	19	旱地春小麦新品种 79121–15 的选育	甘肃农业科技	1993	唐　瑜
	20	旱地莜麦栽培技术研究	甘肃农业科技	1993	曹玉琴　刘彦明　贺永斌
	21	莜麦新品种“定莜 1 号”选育报告	甘肃农业科技	1993	曹玉琴
	22	春小麦品种资源抗旱性研究初报	作物杂志	1994	王梅春　刘杰英　陈永军
	23	旱作农田沟垄覆盖集水栽培技术的试验研究	干旱地区农业研究	1994	曹玉琴　刘彦明　王梅春　刘杰英
	24	甘肃省春小麦品种资源研究及利用意见	干旱地区农业研究	1994	刘杰英　王梅春　陈永军
	25	旱地春小麦应用化学试剂的效益分析	甘肃科技情报	1994	王梅春　刘杰英　陈永军
	26	旱地春小麦 87–175 的特征特性和栽培要点	甘肃农业科技	1994	唐　瑜
	27	春小麦新品系 82104-6	甘肃农业科技	1994	王玉芳
	28	旱作农田沟垄覆盖集水栽培技术的试验研究	干旱地区农业研究	1994	曹玉琴　刘彦明　王梅春　刘杰英

续表

科所	序号	论文题目	刊物名称	发表时间（年）	作者
粮食作物研究所	29	旱地莜麦新品种“定莜2号”选育报告	甘肃农业科技	1994	曹玉琴
	30	旱地莜麦丰产栽培综合农艺措施优化方案的研究	干旱地区农业研究	1994	刘彦明　曹玉琴　郇擎东　贺永斌　姚永谦
	31	旱地豌豆新品系 706–12–9	甘肃农业科技	1994	寇思荣　金维汉　王思慧
	32	甘肃省春小麦品种资源研究及利用意见	干旱地区农业研究	1994	刘杰英　王梅春　陈永军
	33	甘肃省春小麦品种资源抗旱性探讨	甘肃科技情报	1995	王梅春　刘杰英　陈永军
	34	包衣剂新型生物增产剂对春小麦的增产效果	甘肃农业科技	1995	周　谦　唐　瑜
	35	定丰 3 号的推广情况及栽培要点	甘肃农业科技	1995	王玉芳　李　定
	36	旱地莜麦新品系 79-16-29	甘肃农业科技	1995	郇擎东　曹玉琴　刘彦明
	37	旱地豌豆新品系 706–12–9	农牧产品开发	1995	骆得功
	38	春小麦新品种定丰 4 号	作物杂志	1996	王玉芳　李　定
	39	旱地春小麦丰产栽培技术	甘肃农业	1996	周　谦
	40	燕麦开发新产品——燕麦营养粉及加工技术	甘肃科技情报	1996	郇擎东　刘彦明　曹玉琴
	41	甘肃省旱地春小麦优良品系区域试验结果及分析	甘肃农业科技	1997	周　谦　唐　瑜
	42	甜荞麦新品种平荞 2 号	作物杂志	1997	刘杰英　王梅春　庞元吉
	43	雨养农业区地膜春小麦持续高产栽培施肥技术研究	干旱地区农业研究	1998	刘荣清等
	44	中部半干旱地区地膜小麦的适种范围及应注意的问题	甘肃农业	1998	王梅春
	45	四个适宜我区不同生态区推广的春小麦优良品种的综合评价	甘肃科技	1998	王玉芳　李　定
	46	定西半干旱雨养农业区春小麦定西 35 高产栽培优化施肥方案研究	甘肃农业科技	1999	周　谦　唐　瑜
	47	抗锈丰产优质春小麦新品系 8654 选育报告	甘肃农业科技	1999	王玉芳　李　定　张建祥
	48	定西半干旱雨养农业区春小麦定西 35 高产栽培优化施肥方案研究	甘肃农业科技	1999	周　谦　张贵万
	49	旱地豌豆新品系 8750-5 选育报告	甘肃农业科技	1999	寇思荣　王梅春　余峡林　王思慧
	50	抗根腐病豌豆新品系 8711-2 选育报告	甘肃农业科技	1999	余峡林　寇思荣　王思慧　王春明　王梅春
	51	规范地膜覆盖种植　稳定全区粮食生产	甘肃科技	1999	王梅春　伍克俊
	52	氨化麦秸全氮损失研究	草业科学	2000	王梅春
	53	论定西地区农业和农村经济结构调整问题	甘肃农业科技	2000	曹玉琴　马海涛
	54	旱地莜麦新品系 8309-6 选育报告	甘肃科技情报	2001	郇擎东　马海涛　曹玉琴　贺永斌　姚永谦　余峡林

续表

科所	序号	论文题目	刊物名称	发表时间（年）	作者
粮食作物研究所	55	春小麦新品种选育的几点体会	甘肃农业科技	2002	王玉芳　李　定
	56	旱地冬小麦新品系定鉴 2 号选育报告	甘肃农业科技	2002	周　谦　李鹏程
	57	冬小麦新品系中旱 110 选育报告	甘肃农业科技	2003	周　谦
	58	旱作区冬小麦栽培技术	农业科技通讯	2003	周　谦
	59	加快开发利用中部干旱地区荞麦资源优势势在必行	荞麦动态	2003	刘杰英　王梅春　庞元吉
	60	甜荞麦新品种晋甜荞 1 号引育报告	甘肃农业科技	2003	刘杰英　王梅春　陈永军　李鹏程　魏立平
	61	马铃薯脱毒试管苗优质高效低成本生产技术体系	中国马铃薯	2004	王梅春　连荣芳　胡西萍　马秀英　汪仲敏　姚彦红　孟红梅　边　芳　马海涛
	62	优质多抗水旱兼用型春小麦定丰 9 号及栽培技术要点	农业科技通讯	2005	牟丽明
	63	旱地优质豌豆新品系 S9017 选育报告	甘肃农业科技	2005	墨金萍
	64	春小麦新品种定丰 12 号选育报告	甘肃农业科技	2006	王玉芳　李　定　王会蓉　张建祥
	65	抗旱抗病优质春小麦新品种定丰 9 号选育及研究	干旱地区农业研究	2006	王玉芳
	66	优质面包面条型冬小麦新品系定鉴 6 号引育报告	甘肃农业科技	2006	周　谦
	67	甘肃中部优质专用小麦生产发展浅议	甘肃农业	2006	李鹏程　周　谦
	68	优质莜麦新品种定莜 5 号选育报告	甘肃农业科技	2006	马　宁
	69	莜麦新品种定莜 6 号选育报告	甘肃农业科技	2006	刘彦明
	70	豌豆品种定豌 2 号的选育及利用	中国种业	2006	王思慧
	71	豌豆新品系 8710-2 选育报告	甘肃农业科技	2006	王思慧
	72	旱地豌豆新品种定豌 2 号丰产栽培综合配套技术研究	干旱地区农业研究	2006	王思慧
	73	抗旱优质春小麦新品种定丰 11 号选育报告	甘肃农业科技	2007	张　明
	74	旱地春小麦新品系 8821-1-1 选育报告	甘肃农业科技	2007	牟丽明
	75	优质旱地春小麦新品种定丰 10 号选育报告	甘肃农业科技	2007	王会蓉
	76	优质面包冬小麦新品系苏引 10 号高产栽培技术	农业科技通讯	2007	李鹏程　周　谦
	77	旱地冬小麦新品系定鉴 3 号选育报告	甘肃农业科技	2007	周　谦
	78	莜麦新品种定莜 5 号	甘肃农业科技	2007	贺永斌
	79	豌豆新品种——定豌 2 号	农村百事通	2007	王思慧

续表

科所	序号	论文题目	刊物名称	发表时间（年）	作者
粮食作物研究所	80	定西市小杂粮生产布局与发展建议	甘肃农业科技	2007	刘杰英
	81	中国小杂粮优势生产县（场）甘肃省定西市	中国小杂粮产业发展指南	2007	刘杰英
	82	春小麦新品种定西 38 号	作物遗传育种研究（麦类特刊）	2008	牟丽明
	83	旱地春小麦新品种定西 38 号选育报告	甘肃农业科技	2008	牟丽明　杨惠梅　王建兵
	84	西部地区发展燕麦产业的思考与建议	杂粮作物	2008	刘彦明　任生兰　边　芳
	85	豌豆象在定西市的发生与防治	甘肃农业科技	2008	连荣芳　王梅春　墨金萍
	86	甘肃豌豆根腐病研究及抗病育种	杂粮作物	2008	王梅春　连荣芳　墨金萍　王思慧
	87	半干旱地区豌豆高产栽培技术	甘肃农业科技	2008	连荣芳　王梅春　墨金萍
	88	定西市特色作物种植布局与推广建议	中国特色作物产业发展研究	2008	刘杰英
	89	陇中川水及二阴区脱毒马铃薯高产高效栽培技术	中国马铃薯	2008	张　明
	90	优质高产冬小麦陇中 1 号新品种繁育及示范推广实施措施	中国农业信息	2009	李鹏程　周谦
	91	甘肃省燕麦产业现状及发展途径	甘肃农业	2009	魏玉琴　姜振宏
	92	莜麦主要农艺性状相关分析	甘肃农业科技	2009	王景才
	93	旱地优质裸燕麦新品种——定莜 5 号	农村百事通	2009	王景才
	94	旱地豌豆新品种定豌 6 号选育报告	甘肃农业科技	2009	连荣芳　王梅春　墨金萍
	95	抗旱优质春小麦新品种定丰 10 号选育及栽培技术	农业科技通讯	2009	张　明
	96	旱地春小麦新品种定西 40 号选育报告	甘肃农业科技	2010	牟丽明
	97	旱地春小麦新品种定西 41 号选育报告	甘肃农业科技	2010	牟丽明　杨惠梅　王建兵等
	98	燕麦栽培技术	现代农业科技	2010	任生兰　刘彦明　边　芳
	99	旱地燕麦新品种定莜 6 号的选育及其特征分析	干旱地区农业研究	2010	刘彦明
	100	旱地扁豆新品系 ILL6980 引育报告	甘肃农业科技	2010	连荣芳
	101	旱地豌豆新品种定豌 7 号选育报告	甘肃农业科技	2010	墨金萍
	102	甘肃中部半干旱雨养生态区甜荞麦施肥优化数学模型研究	干旱地区农业研究	2010	马　宁　刘杰英　贾瑞玲　魏立平　陈　富
	103	旱地春小麦定西 40 号选育及秋地膜覆盖栽培技术	中国农业信息	2011	牟丽明
	104	旱地春小麦定西 41 号特征特性及栽培要点	农业科技通讯	2011	牟丽明　李鹏程
	105	小麦新品种定西 38 号、定西 39 号的示范推广	现代农业科技	2011	李鹏程　杨惠梅　王建兵

续表

科所	序号	论文题目	刊物名称	发表时间（年）	作者
粮食作物研究所	106	陇中半干旱区春小麦地膜覆盖栽培技术	现代农业科技	2011	严明春
	107	冬小麦新品种陇中2号选育报告	甘肃农业科技	2011	周　谦
	108	旱地莜麦新品种定莜8号选育报告	甘肃农业科技	2011	刘彦明　任生兰　边　芳　南　铭
	109	旱地豌豆新品种定豌7号的特征特性及栽培技术	中国农业信息	2011	墨金萍　王梅春　连荣芳
	110	豌豆种质资源抗旱性鉴选与利用价值分析	干旱地区农业研究	2011	墨金萍　王梅春　连荣芳
	111	苦荞品种比较试验初报	甘肃农业科技	2011	贾瑞玲　刘杰英　魏立平　马　宁
	112	优质荞麦新品种定甜荞2号选育报告	甘肃农业科技	2011	马　宁　贾瑞玲　魏立平　陈　富
	113	西北旱作春麦区小麦新品种选育现状及展望	陕西农业科学	2012	牟丽明
	114	甘肃小麦生产及新品种选育繁育问题探析	中国种业	2012	牟丽明
	115	提高旱地春小麦品种国家区试质量的措施	中国种业	2012	牟丽明　朱润花等
	116	优质抗病旱地冬小麦陇中2号新品种繁育及示范推广	中国农业信息	2012	周　谦　李鹏程
	117	豌豆种质资源抗根腐病鉴定及利用价值分析	作物杂志	2012	连荣芳　王梅春　墨金萍　肖　贵
	118	半干旱区豌豆覆膜栽培技术	甘肃农业科技	2012	连荣芳　墨金萍　肖　贵　王梅春
	119	16个荞麦品种在定西的引种试验初报	甘肃农业科技	2012	马　宁　陈　富　贾瑞玲　魏立平　魏玉琴
	120	第9轮国家苦荞品种区试定西试点结果	甘肃农业科技	2012	贾瑞玲　马　宁　魏立平　刘彦明　任生兰　边　芳　南　铭
	121	春小麦品种定西40号良种生产技术	中国种业	2013	牟丽明等
	122	旱地春小麦定西39号良种生产膜侧种植要点	中国农业信息	2013	严明春　刘　鷗等
	123	裸燕麦全膜覆土穴播技术规程	甘肃农业科技	2013	刘彦明　任生兰　南　铭　边　芳
	124	旱地裸燕麦膜侧沟播技术规程	甘肃农业科技	2013	刘彦明　任生兰　南　铭　边　芳
	125	生防菌剂浸种对豌豆苗期茎基腐病的田间防效	甘肃农业科技	2013	连荣芳　王梅春　墨金萍　肖　贵
	126	4个豌豆新品种（系）在旱地的引种试验初报	甘肃农业科技	2013	肖　贵　连荣芳　墨金萍　王梅春
	127	豌豆抗旱育种的实践及建议	甘肃农业科技	2013	连荣芳　王梅春　墨金萍　肖　贵

续表

科所	序号	论文题目	刊物名称	发表时间（年）	作者
粮食作物研究所	128	赴乌克兰学习考察特色农业生产技术的收获与思考	中国农业信息	2013	刘荣清　周　谦　王梅春　李鹏程
	129	100 份苦荞种质资源鉴定结果初报	甘肃农业科技	2013	马　宁　陈　富　贾瑞玲　魏立平　魏玉琴
	130	黄土高原半干旱区马铃薯保护性耕作技术的筛选	中国马铃薯	2014	牟丽明等
	131	旱地燕麦新品种定莜 9 号的选育	中国种业	2014	任生兰　刘彦明　南　铭　边　芳　马　宁
	132	8 个燕麦品种在定西的引种试验初报	甘肃农业科技	2014	刘彦明　南　铭　任生兰　边　芳
	133	旱作区黑地膜全覆盖马铃薯套种豌豆栽培技术	甘肃农业科技	2014	肖　贵　连荣芳　墨金萍　王梅春
	134	甜荞品种比较试验初报	甘肃农业科技	2014	贾瑞玲　魏立平　马　宁
	135	优质甜荞新品种定甜荞 3 号选育报告	甘肃农业科技	2014	马　宁　贾瑞玲　魏立平
	136	雨养农业区西藏柴胡引种驯化栽培模式初探	中国园艺文摘	2014	陈　富　张小静　魏玉琴　马　宁　姜振宏　石建业
	137	旱地春小麦新品种定西 42 号选育报告	甘肃农业科技	2015	牟丽明
	138	保护性耕作下小麦和豌豆投入产出能值分析	干旱地区农业研究	2015	牟丽明　刘军秀等
	139	丰产优质抗锈春小麦新品种——定丰 17 号	麦类作物学报	2015	张　健　张　明　王会蓉等
	140	关于定西市小麦抗锈育种的探讨	农业科技与信息	2015	张　健　张　明　王会蓉等
	141	冬小麦新品种陇中 2 号抗旱丰产稳产选育研究及示范推广	农业科技通讯	2015	韩儆仁　周　谦　史丽萍　邵正阳　贺永斌
	142	甘肃中部冬小麦品比试验初报	甘肃农业科技	2015	周　谦　李　晶　贺永斌　南　铭
	143	旱作区冬小麦农机农艺高效栽培技术	农业科技通讯	2015	李鹏程　周　谦
	144	高产优质抗病冬小麦新品种——陇中 3 号	麦类作物学报	2015	李　晶　南　铭　韩儆仁　贺永斌　李鹏程　周　谦
	145	燕麦种质资源农艺性状的遗传多样性	干旱地区农业研究	2015	南　铭　马　宁　刘彦明　任生兰　边　芳
	146	12 个燕麦品种在定西的引种试验	甘肃农业科技	2015	刘彦明　南　铭　任生兰　边　芳
	147	旱地粒用豌豆新品种定豌 6 号选育及特征特性	中国农业信息	2015	连荣芳　墨金萍　肖　贵　王梅春
	148	旱地豌豆新品种定豌 8 号选育及其特征分析	干旱地区农业研究	2015	连荣芳　王梅春　墨金萍　肖　贵
	149	第四轮豌豆全国区试定西点结果总结	甘肃农业科技	2015	墨金萍　连荣芳　肖　贵　王梅春
	150	50 份苦荞种质资源农艺性状的遗传多样性分析	干旱地区农业研究	2015	贾瑞玲　马　宁　魏立平　刘彦明　南　铭

续表

科所	序号	论文题目	刊物名称	发表时间（年）	作者
粮食作物研究所	151	旱地春小麦新品种定西 42 号的特征特性及栽培要点	农业科技通讯	2016	牟丽明　朱润花等
	152	抗锈春小麦新品种定丰 17 号选育报告	甘肃农业科技	2016	张　健　张　明　王会蓉等
	153	旱地冬小麦新品种陇中 3 号的主要经济指标与推广应用	农业科技通讯	2016	李鹏程　周　谦
	154	12 个冬小麦品种在定西干旱半干旱区品比试验初报	甘肃农业科技	2016	李　晶　南　铭　贺永斌　韩儆仁　周　谦
	155	耐旱、抗病、高蛋白莜麦新品种——定莜 9 号	麦类作物学报	2016	南　铭　边　芳　任生兰　刘彦明
	156	优质抗病饲用燕麦新品种定燕 2 号选育报告	甘肃农业科技	2016	刘彦明　南　铭　任生兰　边　芳
	157	旱地皮燕麦新品种魁北克	中国种业	2016	陈　富　刘彦明　任生兰　边　芳　南　铭
	158	2015 年国家豌豆品种区试定西点试验结果	甘肃农业科技	2016	连荣芳　墨金萍　肖　贵　王梅春
	159	定西市全膜双垄沟播马铃薯连作养分补给研究	中国马铃薯	2016	陈　富　张小静　魏玉琴　姜振宏　贾瑞玲　马　宁
	160	荞麦新品种定苦荞 1 号选育报告	甘肃农业科技	2016	马　宁　刘彦明　魏立平　赵小琴　贾瑞玲
	161	多抗优质旱地小麦新品种——定西 42 号	麦类作物学报	2017	刘军秀　牟丽明等
	162	丰产优质抗锈春小麦新品种——定丰 18 号	麦类作物学报	2017	张　健　张　明　王会蓉等
	163	丰产抗锈春小麦新品种定丰 18 号的选育及栽培技术	中国种业	2017	张　健　张　明等
	164	陇中干旱半干旱区春小麦养分资源投入的调查与分析	农业科技与信息	2017	张　健
	165	优质抗病旱地冬小麦新品种陇中 3 号选育报告	甘肃农业科技	2017	周　谦　李　晶　李鹏程　贺永斌　黄　凯
	166	冬小麦新品种陇中 4 号选育报告	甘肃农业科技	2017	贺永斌　李鹏程　李　晶　黄　凯　韩儆仁　周　谦
	167	旱地冬小麦新品种陇中 4 号的特征特性及栽培技术要点	农业科技通讯	2017	李　晶　贺永斌　黄　凯　南　铭　周　谦
	168	优质高产旱地抗病冬小麦新品种——陇中 4 号	麦类作物学报	2017	李　晶　李鹏程　贺永斌　黄　凯　周兰芳
	169	甘肃中部地区冬小麦新品种（系）筛选	安徽农业科学	2017	李　晶　贺永斌　南　铭　黄　凯　周　谦
	170	优质高产抗病饲用型燕麦新品种——定燕 2 号	麦类作物学报	2017	南　铭　任生兰　边　芳　刘彦明
	171	11 个燕麦品种在甘肃中部干旱半干旱地区的表现	甘肃农业科技	2017	刘彦明　南　铭　边　芳　任生兰

续表

科所	序号	论文题目	刊物名称	发表时间（年）	作者
粮食作物研究所	172	黄土高原半干旱区饲用燕麦种质表型性状遗传多样性分析及综合评价	草地学报	2017	南　铭等
	173	第四轮国家皮燕麦品种区试定西点结果	甘肃农业科技	2017	任生兰　刘彦明　南　铭　边　芳　陈　富
	174	鲜食菜用型蚕豆新品种青蚕 14 号引种表现及高效生产技术	农业科技通讯	2017	肖　贵　李鹏程　王梅春
	175	干旱半干旱区黑膜蚕豆高产栽培技术	甘肃农业科技	2017	肖　贵　张　明　连荣芳　墨金萍　王梅春
	176	国鉴荞麦品种定苦荞 1 号品种选育及特征特性	农业科技通讯	2017	贾瑞玲　刘彦明　赵小琴　魏立平　马　宁
	177	干旱半干旱区 14 个豌豆品种（系）鉴定试验	现代农业科技	2017	张　明　肖　贵
	178	旱地春小麦新品种甘春 32 号的特征特性及栽培要点	农业科技通讯	2018	程小虎　牟丽明等
	179	冬小麦新品种陇中 5 号选育报告	甘肃农业科技	2018	邢雅玲　李　晶　李鹏程　贺永斌　韩儆仁　黄　凯
	180	11 个冬小麦新品种在定西旱地的引种试验	甘肃农业科技	2018	李　晶　南　铭　贺永斌　黄　凯　周　谦
	181	西北半干旱区引种燕麦品种产量与品质的关联分析及评价	草地学报	2018	南　铭　李　晶等
	182	第六轮国家裸燕麦品种区试定西点总结	甘肃农业科技	2018	任生兰　刘彦明　南　铭　边　芳　陈　富
	183	11 个饲草燕麦品种在甘肃中部干旱半干旱地区的种植表现	甘肃农业科技	2018	刘彦明　南　铭　边　芳　任生兰
	184	不同燕麦品种茎秆形态特征与抗倒伏性的关系	草地学报	2018	南　铭　李　晶　刘彦明
	185	2014-2015 年蚕豆新品种引种筛选试验研究	农业科技通讯	2018	李鹏程　王梅春　肖　贵
	186	定西市不同生态区蚕豆根腐病调查分析	现代农业科技	2018	连荣芳　墨金萍　肖　贵　王梅春
	187	干旱半干旱区小扁豆丰产栽培技术	现代农业科技	2018	连荣芳　墨金萍　肖　贵　王梅春
	188	肥料配施对藜麦产量及农艺性状的影响	农业科技通讯	2018	陈　富　权小兵　张小静　贾瑞玲　赵小琴　刘军秀　马　宁
	189	旱地春小麦新品种定西 48 号的特征特性及栽培技术要点	农业科技通讯	2019	程小虎　王建兵　牟丽明
	190	春小麦新品种定西 48 号选育报告	甘肃农业科技	2019	牟丽明　程小虎等
	191	干旱胁迫对甘肃中部春小麦生理性状及灌水利用效率的影响	干旱气象	2019	张　健　张　明　侯云鹏　王会蓉
	192	旱地冬小麦新品种陇中 5 号的特征特性及栽培技术要点	农业科技通讯	2019	李　晶　冯　梅　贺永斌　黄　凯　南　铭

续表

科所	序号	论文题目	刊物名称	发表时间（年）	作者
粮食作物研究所	193	优质高产抗病旱地冬小麦新品种——陇中5号	麦类作物学报	2019	冯　梅　南　铭　黄　凯　贺永斌　邢雅玲　李　晶
	194	俄罗斯和乌克兰引进冬小麦在西北地区的农艺性状表现和遗传多样性分析	作物杂志	2019	李　晶　南　铭
	195	旱地高产优质裸燕麦定莜5号的选育及高产栽培技术	农业科技通讯	2019	王景才
	196	半干旱区燕麦品种茎秆理化特性及其与抗倒性的关系研究	草地学报	2019	南　铭　李　晶　刘彦明
	197	定西市小扁豆种质资源引种试验	现代农业科技	2019	墨金萍　连荣芳　肖　贵　王梅春
	198	干旱半干旱区粮油作物及特色小杂粮良种繁育体系建设	中国种业	2019	马伟明　李　瑛　赵永伟　刘彦明　王梅春　张　健
	199	2018年度定西市春播区豌豆新品种（系）联合鉴定试验	现代农业科技	2019	肖　贵　王梅春　墨金萍　连荣芳
	200	36份绿豆品种资源在定西市安定区的引种试验	现代农业科技	2019	冯　梅　肖　贵　王梅春　墨金萍　连荣芳
	201	苦荞区试中品种丰产稳定性分析方法探讨	农业科技通讯	2019	贾瑞玲　赵小琴　刘彦明　魏立平　刘军秀　马　宁
	202	十三个苦荞新品系引种试验初报	农业科技通讯	2019	赵小琴　贾瑞玲　刘军秀　刘彦明　陈　富　张娟宁　马　宁
	203	荞麦主要病害的症状以及防治措施探析	农业技术与装备	2019	刘军秀　马　宁　贾瑞玲　赵小琴
	204	丰产优质抗锈春小麦新品种——定丰19号	麦类作物学报	2020	张　健　张　明　王会蓉　侯云鹏
	205	10个冬小麦新品种（系）的抗旱性鉴定及适种区域研究	甘肃农业科技	2020	黄　凯　邢雅玲　贺永斌　韩儆仁　李鹏程　李　晶　权小兵
	206	12个裸燕麦品种（系）在定西半干旱区的试验初报	甘肃农业科技	2020	任生兰　刘彦明　景　芳　边　芳　南　铭　陈　富
	207	6个裸燕麦品种在甘肃中部引洮灌区的生产性能及饲用价值比较	草地学报	2020	南　铭　景　芳　边　芳　任生兰　刘彦明
	208	小扁豆研究综述及产业发展对策	作物杂志	2020	王梅春　连荣芳　肖　贵　墨金萍
	209	5个新玉米杂交种引进试验	现代农业科技	2020	水清明　肖　贵　连荣芳　墨金萍　王梅春　张　明
	210	豌豆抗白粉病种质资源田间筛选鉴定	现代农业科技	2020	肖　贵　连荣芳　墨金萍　王梅春　张　明　李鹏程
	211	旱地豌豆新品种定豌9号选育报告	甘肃农业科技	2020	连荣芳　墨金萍　肖　贵　曹　宁　王梅春
	212	荞麦产品加工现状分析与建议	中国果菜	2020	刘军秀　贾瑞玲　刘彦明　赵小琴　马　宁

续表

科所	序号	论文题目	刊物名称	发表时间（年）	作者
粮食作物研究所	213	不同品种苦荞的经济形状以及营养物质的差异研究	农业技术与装备	2020	刘军秀　贾瑞玲　赵小琴　刘彦明　陈　富　权小兵　马　宁
	214	旱地豌豆新品种定豌 10 号选育报告	甘肃农业科技	2021	墨金萍　肖　贵　曹　宁　王梅春　连荣芳
油料作物研究所	215	旱地胡麻——定亚 17 号	甘肃农业科技	1990	石仓吉　桑得福
	216	胡麻新品种——定亚 18 号	甘肃农业科技	1993	石仓吉
	217	兼用亚麻育种的实践与体会	甘肃农业科技	1994	石仓吉　陈瑛等
	218	行政技术结合良种良法配套——旱地胡麻新品种（系）示范推广见成效	甘肃科技情报	1995	石仓吉
	219	胡麻新品种定亚 20 号选育简报	甘肃农业科技	1995	石仓吉
	220	应用逐步判别分析法研究胡麻抗倒性	中国油料	1995	石仓吉
	221	网棚脱毒微型薯栽培技术及病虫害防治措施	中国马铃薯	2003	曹志荣　张秀菊
	222	大西洋脱毒种薯栽培技术要点	中国马铃薯	2004	曹志荣　张秀菊
	223	西红柿茎尖快繁育苗的技术要点	农村实用工程技术（温室园艺）	2004	曹志荣　张秀菊
	224	胡麻新品种定亚 21 号	中国油料作物学报	2004	石仓吉
	225	外源激素对马铃薯扦插苗腋芽薯形成的影响	甘肃农业	2005	陈　英
	226	马铃薯 1.5 克以下脱毒薯品种和密度比较试验	甘肃农业	2005	陈　英
	227	胡麻新品种定亚 22 选育报告	甘肃农业科技	2006	石仓吉
	228	亚麻品种抗旱性评价研究	干旱地区农业研究	2008	石仓吉
	229	定西旱农区胡麻播期试验结果简报	甘肃农业	2010	令　鹏　李文珍
	230	关于定西市亚麻产业发展的思考	甘肃农业科技	2010	张　清
	231	马铃薯网棚生产技术规程	甘肃农业	2010	令　鹏
	232	密度和氮磷施用量对旱地胡麻产量的影响	甘肃农业科技	2010	令　鹏
	233	胡麻高产栽培技术	甘肃农业	2010	令　鹏
	234	旱地胡麻配方施肥试验	甘肃农业科技	2011	李文珍
	235	几种农药配比对当归麻口病的防治效果初报	甘肃农业	2012	刘宝文
	236	胡麻种质资源数量性状的多元统计分析	中国油料作物学报	2016	陈　英
	237	胡麻栽培技术研究	河南农业	2017	赵永伟
	238	当归麻口病防治农药筛选初报	农业科技与信息	2018	邵正阳　汪国锋等
	239	定西市特色油料作物良种繁育体系建设	农业科技与信息	2018	汪国锋　马伟明等

续表

科所	序号	论文题目	刊物名称	发表时间（年）	作者
油料作物研究所	240	干旱半干旱区粮油作物及特色小杂粮良种繁育体系建设	中国种业	2019	马伟明　李　瑛等
	241	定西市胡麻产业生产现状及问题分析	农业科技与信息	2019	李　瑛　赵永伟
	241	“一膜两用穴播胡麻”技术在不同追肥情况下对产量的影响	甘肃现代思路寒旱农业发展论坛——2019年甘肃省学术年会第二分会场论文集	2019	李　瑛　赵永伟等
	242	胡麻新品种定亚 23 号选育报告	种业导刊	2019	陈　英　令　鹏等
	243	油菜引进品种比较试验总结	农村实用技术	2019	赵永伟　李　瑛等
	244	胡麻新品种定亚 24 号的选育研究	农业技术与装备	2019	陈　英　令　鹏等
	245	胡麻新品种定亚 25 号的选育	农业技术与装备	2020	李文珍　陈　英等
	246	不同剂量除草剂混合防除胡麻杂草的研究	农业科技通讯	2020	李文珍　李　瑛等
	247	不同施氮量和播种密度对旱地胡麻叶绿体色素含量及干物质质量的影响	中国麻业科学	2020	马伟明　赵永伟等
	248	胡麻生长状况测定分析	农业科技与信息	2020	牛彩萍　李　瑛等
	249	有机肥替代化肥对旱地胡麻氮磷运移规律的影响	土壤与作物	2020	马伟明　史丽萍等
	250	胡麻全膜覆盖穴播栽培技术及效益分析	农业科技与信息	2020	马伟明　李文珍等
	251	施磷水平对胡麻干物质积累和磷吸收与利用的影响	甘肃农业科技	2021	赵永伟　李　瑛等
土壤肥料植物保护研究所	252	定西地区土壤中微量元素自然背景值研究	甘肃农业科技	1993	姚晏如　梁淑珍　马秀英　杨爱萍　安凌冰　汪仲敏　邵亚琴　刘振龙
	253	硅钼蓝比色法测定硅是标准溶液的改进	甘肃农业科技	1993	姚晏如　罗有中　安凌冰
	254	党参叶面喷施植物生长剂增产效果显著	生产加工	1994	姚晏如　马秀英　杨爱萍　徐继振　苟永平
	255	旱地胡麻专用肥氮磷优化组合方案研究	甘肃农业科技	1995	梁淑珍　姚晏如　汪仲敏
	256	党参施用微肥效果研究	土壤肥料	1996	姚晏如　罗有中　马秀英　杨爱萍　胡西萍
	257	定西地区微量元素硼的分布规律及应用前景	甘肃农业科技	1998	汪仲敏
	258	植物生长调节剂在喷雾生产脱毒微型薯中的应用研究	甘肃农业大学学报	2001	潘晓春
	259	雾培法生产马铃薯微型薯烂薯问题初探	中国马铃薯	2001	潘晓春
	260	马铃薯脱毒种薯贮藏技术	甘肃科技	2002	胡西萍
	261	定西地区马铃薯炸片新品种对比试验	中国马铃薯研究与产业开发	2003	潘晓春

续表

科所	序号	论文题目	刊物名称	发表时间（年）	作者
土壤肥料植物保护研究所	262	做大做强中药材产业——定西地区中药材产业发展现状与对策	甘肃农业科技	2003	魏玉琴
	263	提高马铃薯实生苗移栽成活率的办法	中国马铃薯	2005	潘晓春
	264	北方高寒区油炸加工专用型马铃薯原料薯贮藏技术研究	中国马铃薯	2006	潘晓春
	265	提高定西市马铃薯育种杂交结实率的途径	中国马铃薯	2007	潘晓春
	266	旱地优质裸燕麦新品种——定莜 5 号	农村百事通	2009	王景才
	267	莜麦主要农艺性状相关分析	甘肃农业科技	2009	王景才
	268	马铃薯新品种定薯 1 号选育	中国马铃薯	2009	潘晓春　刘荣清　李德明
	269	定西市干旱半干旱气象条件下马铃薯播期试验研究	世界农业	2009	潘晓春
	270	旱地高产优质裸燕麦定莜 5 号的选育及高产栽培技术	农业科技通讯	2009	王景才
	271	胡麻高产栽培技术	甘肃农业	2010	令　鹏
	272	定西旱农区胡麻播期试验结果简报	甘肃农业	2010	令　鹏
	273	密度和氮磷施用量对旱地胡麻产量的影响	甘肃农业科技	2010	令　鹏
	274	马铃薯网棚生产技术规程	甘肃农业	2010	令　鹏
	275	干旱半干旱条件下“定薯 1 号”密度试验	中国园艺文摘	2011	潘晓春
	276	岷县当归配方施肥试验	甘肃农业科技	2011	魏玉琴
	277	利用杂交种子露地生产菜用型马铃薯技术	中国园艺文摘	2012	潘晓春　王富胜
	278	半干旱区马铃薯黑膜覆盖增温增产效果	中国马铃薯	2015	王景才　李德明　王瑞英　潘晓春
	279	马铃薯生物技术育种现状及发展趋势	中国园艺文摘	2015	潘晓春　姚　兰　文殷花　王富胜
	280	半干旱地区马铃薯不同级别种薯应用效果研究	中国马铃薯	2015	王景才　王瑞英　李德明　王　娟
	281	6 种微生物菌剂对马铃薯生长发育和产量的影响	甘肃农业科技	2017	何万春　谭伟军　王　娟　刘全亮
	282	保水剂对磷肥肥效及土壤水分的影响研究	科学与财富	2018	潘晓春　王富胜
	283	干旱半干旱地区款冬花栽培技术研究	南方农业	2019	潘晓春　陈向东　张　明　何万春　邵正阳
	284	不同有机肥氮替代化肥氮比例对马铃薯根系吸收能力和形态的影响	作物杂志	2020	何万春

续表

科所	序号	论文题目	刊物名称	发表时间（年）	作者
马铃薯研究所	285	再论提高旱作农业天然降水利用率的途径	甘肃科技情报	1995	杨俊丰
	286	马铃薯微型脱毒种薯及其后代种薯产量的变化	全国马铃薯学术论文集	1996	蒲育林　刘荣清　王瑞英　王克敏
	287	马铃薯微型脱毒种薯生产及应用前景	甘肃高寒阴湿区论文集	1996	蒲育林　刘荣清　王瑞英　王克敏
	288	马铃薯甘农 1 号	作物杂志	1997	蒲育林
	289	高寒二阴区地膜马铃薯持续高产栽培数学模型	马铃薯杂志	1998	刘荣清　刘效瑞　王景才　袁安明
	290	马铃薯食品的开发利用	科技周报	1999	蒲育林
	291	脱毒马铃薯原种网室繁育技术研究	甘肃农业	1999	马　宁
	292	定西地区马铃薯产业工程发展的前景及对策	甘肃农业科技	2000	刘荣清
	293	实施马铃薯产业化项目具有重大的社会经济意义	马铃薯年会交流	2001	伍克俊
	294	发展马铃薯产业、解决定西贫困问题	马铃薯年会交流	2001	刘荣清
	295	定西地区马铃薯脱毒原种高产栽培技术	中国马铃薯	2001	杨俊丰
	296	马铃薯脱毒苗的获得及生产技术要点	甘肃农业大学学报	2001	杨俊丰
	297	马铃薯脱毒微型薯生产要点	甘肃农业大学学报	2001	杨俊丰
	298	马铃薯原种高效栽培技术要点	甘肃农业大学学报	2001	杨俊丰
	299	植物生长调节剂在雾培生产脱毒种薯的应用研究	甘肃农业大学学报	2001	潘晓春
	300	定西地区马铃薯晚疫病发生规律及综合防治研究	甘肃农业大学学报	2001	袁安明
	301	半干旱地区马铃薯施用钾肥的应用效果试验	中国马铃薯	2001	刘效瑞　郇擎东
	302	脱毒马铃薯丰产栽培技术	甘肃农村科技	2001	汪仲敏
	303	韩国马铃薯脱毒微型种薯引种试验	甘肃农业大学学报	2001	蒲育林
	304	甘肃省马铃薯脱毒种薯标准的编制	甘肃农业大学学报	2001	蒲育林
	305	马铃薯栽培及利用技术	著作	2001	杨俊丰　潘晓春　王瑞英
	306	定西马铃薯生产中存在的问题及发展对策	2002 年马铃薯年会交流材料	2002	王梅春
	307	马铃薯脱毒种薯贮藏技术	甘肃科技	2002	胡西萍
	308	脱毒马铃薯丰产栽培技术	甘肃农村科技	2002	汪仲敏
	309	马铃薯脱毒种薯生产技术简介	甘肃农村科技	2002	郇擎东
	310	陇中地区马铃薯脱毒微型种薯网棚扩繁高产栽培技术	中国马铃薯	2002	张　明
	311	降低马铃薯组培苗工厂化生产中污染率的有关措施	中国马铃薯	2002	李清萍

续表

科所	序号	论文题目	刊物名称	发表时间（年）	作者
马铃薯研究所	312	加入 WTO 后对定西地区马铃薯育种工作的思考	中国马铃薯研究与产业开发	2003	罗　磊
	313	定西地区马铃薯炸片新品种对比试验	中国马铃薯研究与产业开发	2003	潘晓春
	314	食用菌渣在马铃薯微型薯生产中的应用研究	中国马铃薯	2004	袁安明
	315	西部马铃薯产业发展重点领域展望	作物杂志	2005	蒲育林
	316	定西市加工型马铃薯品种大西洋高产栽培技术研究	中国马铃薯	2006	李德明
	317	抗旱优质春小麦新品种定丰 12 号选育及研究	世界农业	2010	张　明
	318	马铃薯新品种定薯 2 号选育	中国马铃薯	2009	李德明　刘荣清　潘晓春　杨俊丰　罗　磊　王瑞英　姚彦红
	319	甘肃省马铃薯产业发展现状与建设	世界农业	2010	张　明
	320	马铃薯茎尖脱毒培养影响因素研究	中国马铃薯	2010	王　娟
	321	马铃薯种质资源保存试验	中国马铃薯	2010	王　娟　汪仲敏　王瑞英　杨俊丰　潘晓春　姚彦红
	322	定西马铃薯产业发展的优势与现状	农业科技通讯	2010	张　明
	323	定西市马铃薯种质资源引进与利用	中国马铃薯	2014	王　娟　汪仲敏　王瑞英　姚彦红　潘晓春　李亚杰
	324	“定薯 1 号”马铃薯高产栽培技术	中国马铃薯	2015	李德明　潘晓春　罗　磊　姚彦红　王　娟　王瑞英　汪仲敏　李亚杰
	325	半干旱区马铃薯高产栽培技术集成	中国马铃薯	2015	王　娟　李德明　姚彦红　黄　凯　李亚杰　罗　磊　王瑞英　汪仲敏
	326	半干旱区马铃薯黑膜覆盖增温增产效果	中国马铃薯	2015	王景才　李德明　王瑞英　潘晓春
	327	不同揭膜时期对半干旱区马铃薯土壤酶活性的动态影响研究	农业现代化研究	2015	王　娟　李德明　姚彦红　王瑞英　黄　凯
	328	定西市马铃薯贮藏病害调查及综合防治技术试验研究	农业科技通讯	2015	张　明
	329	定西市马铃薯高产高效栽培技术	中国农业信息	2016	张　明
	330	甘肃旱区马铃薯晚疫病始发期的预测研究	干旱地区农业研究	2016	李亚杰　李德明等

续表

科所	序号	论文题目	刊物名称	发表时间（年）	作者
马铃薯研究所	331	GGE双标图在马铃薯品种适应性及产量稳定性分析中的应用评价	兰州大学学报（自然科学版）	2016	李亚杰　李德明等
	332	陇中半干旱区不同覆盖方式对马铃薯生长指标产量及品质影响	中国马铃薯	2017	黄　凯　何小谦　李德明　王　娟　刘全亮　谭伟军
	333	半干旱区9个马铃薯品种的产量表现及土壤含水量变化	甘肃农业科技	2017	黄　凯　王　娟　何万春　刘全亮　韩儆仁　何小谦　谭伟军
	334	植物激素对马铃薯试管苗生长的影响	中国马铃薯	2017	何小谦　黄　凯　李德明　王　娟　李亚杰　罗　磊　姚彦红
	335	马铃薯新品种“定薯3号”的选育	中国马铃薯	2017	李德明　刘荣清　王　娟　罗　磊　姚彦红　李亚杰　张小静
	336	农村集体经营性建设用地入市流转存在的问题及对策	安徽农业科学	2017	王　娟
	337	西北旱区马铃薯新品种引进及筛选试验	中国马铃薯	2017	李德明　罗　磊　王　娟　姚彦红　张小静　马　瑞　李亚杰
	338	不同增施微肥方式对马铃薯块茎产量和ZN、FE含量的影响	干旱地区农业研究	2017	罗　磊　李亚杰　姚彦红　王　娟　李德明
	339	马铃薯新品种“定薯4号”的选育	中国马铃薯	2017	李德明　刘荣清　罗　磊　姚彦红　王　娟　李亚杰　张小静
	340	GGE双标图在氮肥对马铃薯生长影响分析中的应用	中国马铃薯	2017	李亚杰
	341	旱地不同覆盖垄作种植对马铃薯生长、产量、品质和经济效益的影响	干旱地区农业研究	2018	罗　磊　李亚杰　姚彦红　王　娟　张小静　李德明
	342	GGE双标图在西北旱区马铃薯新品种选育中的应用	干旱地区农业研究	2018	李亚杰　罗　磊　王　娟　姚彦红　黄　凯　王兴政　李德明
	343	和谐美丽乡村视角下土地整治项目实施战略刍议	甘肃农业科技	2018	王　娟　刘全亮
	344	通渭县二阴区马铃薯新品种引选试验	中国马铃薯	2018	黄　凯　王　娟　邢雅玲
	345	干旱半干旱区马铃薯新品种（系）对比试验	中国马铃薯	2018	李丰先
	346	定西市发展饲草型小黑麦产业的优势及对策	农业科技与信息	2018	徐祺昕　张　健　王会蓉　侯云鹏
	347	黄腐酸对西北旱作区马铃薯产量及品质的影响	中国马铃薯	2019	李亚杰　罗　磊　王　娟　姚彦红　李丰先　董爱云　刘惠霞　马　瑞　李德明
	348	黄腐酸菌肥与常规肥料配比对西北旱作区马铃薯根系形态及土壤酶活性的影响	土壤与作物	2019	李亚杰　罗　磊　姚彦红　王　娟　李丰先　董爱云　刘惠霞　马　瑞　李德明

续表

科所	序号	论文题目	刊物名称	发表时间（年）	作者
马铃薯研究所	349	北方干旱地区提高马铃薯杂交结实率的有效措施	中国种业	2019	罗　磊　李亚杰　李德明　姚彦红　王　娟　马　瑞　李丰先
	350	定西半干旱区 7 个马铃薯品种引种初报	甘肃农业科技	2019	王　娟　谭伟军　陈自雄　孟红梅　马海涛　徐祺昕
	351	半干旱区不同种植模式对覆膜马铃薯产量及水分利用效率的影响	中国马铃薯	2019	何万春　谭伟军　王　娟
	352	秸秆还田量对土壤和马铃薯产量及水分利用效率的影响	甘肃农业科技	2019	黄　凯　王　娟　何万春　谭伟军　何小谦
	353	干旱半干旱区不同栽培模式对马铃薯生育期和产量的影响	现代农业科技	2019	冯　梅　李丰先
	354	半干旱区全膜覆盖垄上微沟种植对土壤水分及马铃薯产量的影响	中国种业	2020	王　娟　谭伟军　黄　凯　何万春　马海涛　徐祺昕　陈自雄　孟红梅
	355	棉隆对马铃薯原原种生产土传病害的防治效果及产量的影响	马铃薯产业与美丽乡村	2020	王　娟　陈自雄　谭伟军　孟红梅　徐祺昕　权小兵　马海涛
	356	有机肥氮替代部分化肥氮对马铃薯产量及其构成因素的影响	甘肃农业科技	2020	陈自雄　杨荣洲　张娟宁　何万春
	357	施氮水平对水地覆膜马铃薯农艺性状和产量的影响	甘肃农业科技	2020	陈自雄　杨荣洲　何万春
	358	马铃薯种植农机农艺融合生产技术应用分析	农机化研究	2020	孟红梅　王　娟　陈小丽
	359	马铃薯栽培技术及病虫害防治技术探讨	粮食科技与经济	2020	孟红梅　王　娟　陈小丽
	360	Plastic-soil mulching increases the photosynthetic rate by relieving nutrient limitations in the soil and flag leaves of spring wheat in a semiarid area	Journal of Soil and Sediments	2020	王　娟
	361	陇中黄土高原丘陵区马铃薯适栽品种选择试验	中国马铃薯	2020	罗　磊　李亚杰　李德明　姚彦红　王　娟　马　瑞　李丰先
	362	旱作区马铃薯商品有机肥不同用量试验	现代农业科技	2020	李丰先　王　娟　李亚杰　罗　磊　姚彦红　李德明
	363	定西市安定区有机肥配合不同新型肥料在马铃薯上的应用效果研究	现代农业科技	2020	董爱云　李丰先　李德明
	364	旱地马铃薯秸秆带状覆盖栽培品种筛选试验	现代农业科技	2020	董爱云　李德明　罗　磊　姚彦红　李亚杰　刘慧霞　牛彩萍　李丰先
	365	施磷对不同时期马铃薯生长的影响	农业科技通讯	2020	刘惠霞　董爱云　牛彩萍　李丰先　姚彦红　李德明
	366	胡麻生长状况测定分析	农业科技与信息	2020	牛彩萍

续表

科所	序号	论文题目	刊物名称	发表时间（年）	作者
马铃薯研究所	367	西北旱作区马铃薯多点试验中高代品系稳定性分析	干旱地区农业研究	2020	李亚杰　李德明　李丰先　范　奕　王　娟　姚彦红　董爱云　刘惠霞　牛彩萍　罗　磊
	368	马铃薯品种定薯 4 号优质高产栽培技术	中国种业	2020	刘荣清　李德明　李亚杰　姚彦红　李丰先　王　娟　刘惠霞　董爱云　牛彩萍　罗　磊
	369	“一养一种一转化”美丽乡村建设模式讨论	马铃薯产业与美丽乡村	2020	李德明　罗　磊　姚彦红　董爱云　刘惠霞　李丰先　牛彩萍　范　奕　李亚杰
	370	秸秆粉碎覆盖栽培对马铃薯产量及经济性状的影响	中国马铃薯	2020	李丰先
	371	NaCl 胁迫对马铃薯生理生化特性产量及品质的影响	甘肃农业科技	2020	姚彦红　李德明　潘晓春　李丰先　董爱云
	372	秸秆覆盖及沟垄作对旱作田土壤细菌多样性及马铃薯产量构成的影响	现代农业科技	2020	姚彦红　李德明　潘晓春　李丰先　董爱云
	373	陇中黄土高原丘陵区马铃薯适栽品种选择试验	中国马铃薯	2020	罗　磊
	374	有机肥替代氮对马铃薯光合特性的影响	中国种业	2021	谭伟军　王　娟　黄　凯　杨荣洲　张娟宁　何万春
	375	定西市通渭县金银花栽培效果评价研究	农业与技术	2021	马海涛
	376	立旋深松耕作对西北半干旱区土壤水分、肥力及马铃薯产量的影响	干旱地区农业研究	2021	王　娟　谭伟军　何万春　黄　凯　陈自雄　徐祺昕　孟红梅　马海涛　陈小丽　马　宁
中药材研究所	377	土壤抗旱保水剂应用效果	甘肃农业科技	1988	刘效瑞　伍克俊　王景才
	378	土壤抗旱保水剂（DB—01—1）应用效果研究	干旱地区农业研究	1989	刘效瑞　伍克俊　王景才
	379	土壤保水剂在农作物上应用的增产增收效果	甘肃农业科技	1991	刘效瑞　伍克俊　王景才　朱大权
	380	春小麦喷施丰收素喷施宝叶面宝效果对比试验总结	甘肃农业科技	1991	赵华生　刘荣清　蒲育林　王克敏　刘效瑞
	381	玉米沟种干覆膜栽培技术在旱作雨养农业中的应用效果	耕作与栽培	1991	刘效瑞　赵华生　刘荣清　蒲育林　王克敏
	382	土壤抗旱保水剂与作物抗旱剂配施效果	甘肃农业科技	1992	刘效瑞　赵华生　刘荣清　蒲育林　王克敏
	383	旱薄地胡麻需肥特性及经济施肥量	甘肃农业科技	1992	刘效瑞　伍克俊　王景才
	384	土壤保水剂对农作物的增产增收效果	干旱地区农业研究	1993	刘效瑞　伍克俊　王景才　朱大权
	385	植物健生素——金帮 1 号在几种作物上的效果	甘肃农业科技	1993	刘效瑞　刘荣清

续表

科所	序号	论文题目	刊物名称	发表时间（年）	作者
中药材研究所	386	微量元素配合液浸种蚕豆增产效果研究	甘肃农业科技	1993	刘效瑞　伍克俊　刘荣清　荆彦民　罗有中
	387	土壤保水剂与作物抗旱剂配施效果	土壤肥料	1993	刘效瑞　赵华生　刘荣清　蒲育林　王克敏
	388	植物生长调节剂在当归上的应用效果	甘肃农业科技	1994	刘效瑞　刘荣清　伍克俊　荆彦民
	389	解决高寒阴湿区春小麦青秕问题的新途径	甘肃科技情报	1994	刘效瑞　伍克俊　刘荣清　荆彦民　罗有中
	390	解决高寒阴湿区春小麦青秕问题的配套技术研究	耕作与栽培	1994	刘效瑞　伍克俊　刘荣清　荆彦民　罗有中　周世才　徐继振　年得成
	391	定西地区党参高效栽培数学模型	中药材	1994	徐继振　刘效瑞　姚晏如　赵　荣　李清萍
	392	氮磷钾肥配施对马铃薯增产增收的效果	马铃薯杂志	1994	刘效瑞　伍克俊　刘荣清　荆彦民　蒲育林
	393	钼锌锰铁在党参栽培中的应用效果	中药材	1996	徐继振　刘效瑞　赵　荣　李清萍　刘华
	394	农艺组合措施对蚕豆产量品质及土壤肥力的效应	干旱地区农业研究	1996	刘效瑞　祁凤鹏　伍克俊　刘荣清　王景才
	395	B.Mo、Mn、Zn在马铃薯上的应用效果研究	马铃薯杂志	1996	刘效瑞　王景才　祁凤鹏
	396	甘肃岷归成药期生长动态研究	中药材	1997	徐继振　祁凤鹏　荆彦民　刘效瑞　赵荣
	397	当归高效栽培密度研究	甘肃农业科技	1997	徐继振　刘效瑞　祁凤鹏　荆彦民　李清萍
	398	当归地膜覆盖栽培高产高效施肥模型研究	甘肃农业科技	1997	徐继振　刘效瑞　祁凤鹏　荆彦民　李清萍　蔡汝清
	399	色膜覆盖对岷归栽培的效果	中药材	1997	徐继振　祁凤鹏　刘效瑞　荆彦民　李清萍
	400	高寒阴湿区黑麻土氮磷钾肥配施对春小麦的效应研究	甘肃农业科技	1997	刘效瑞　王景才　徐继振　祁凤鹏　李清萍
	401	当归高效栽培数学模型	中药材	1998	徐继振　刘效瑞　祁凤鹏　荆彦民　李清萍
	402	钼锌锰硼在当归栽培中的应用效果	中国中药杂志	1998	徐继振　刘效瑞　祁凤鹏　荆彦民　李清萍　赵荣
	403	当归高效施肥与质量考察	中药材	1998	徐继振　刘效瑞　祁凤鹏　荆彦民　李清萍
	404	雨养农业区地膜春小麦持续高产栽培施肥技术研究	干旱地区农业研究	1998	刘效瑞　王景才　袁安明　安凌冰
	405	寒旱生态区地膜马铃薯持续高产栽培数学模型	中国马铃薯	1998	刘效瑞　王景才　袁安明　祁凤鹏　安凌冰

续表

科所	序号	论文题目	刊物名称	发表时间（年）	作者
中药材研究所	406	当归早薹与主要因子的灰色关联度分析	中药材	1999	徐继振　刘效瑞　荆彦民　李学文　潘晓春
	407	甘肃当归提前抽薹的防治研究	中国中药杂志	1999	徐继振　刘效瑞　荆彦民
	408	氮磷钾配施对高寒阴湿区地膜玉米的效应研究	甘肃农业科技	2000	刘效瑞
	409	旱农区地膜蚕豆高产栽培综合配套技术研究	干旱地区农业研究	2000	刘效瑞
	410	不同钾肥品种在马铃薯上的应用效果试验	中国作物学会马铃薯专业委员会2001年年会论文集	2001	刘效瑞　刘荣清　梁淑珍　李鹏程　韩儆仁
	411	半干旱地区马铃薯施用钾肥的应用效果试验	中国马铃薯	2001	刘效瑞　郸擎东
	412	不同钾肥品种在半干旱区马铃薯上的应用效果	甘肃农业科技	2001	刘效瑞　韩儆仁　梁淑珍　李鹏程　马　宁
	413	感耦等离子体质谱法测定当归药材中的28种元素	全国第5届天然药物资源学术研讨会论文集	2002	刘效瑞
	414	遮光对当归早薹效应	中药材	2003	刘效瑞　荆彦民　刘荣清　韩儆仁　蒲育林
	415	西部中药材主产区可持续发展途径探讨	中药研究与信息	2005	王富胜
	416	北方高寒区油炸加工专用型马铃薯原料薯贮藏技术	中国马铃薯	2006	潘晓春　王富胜
	417	重离子束辐射育种进展	第十次中国生物物理学术大会论文摘要集	2006	刘效瑞
	418	甘肃党参新品系92-02选育及研究	中国现代中药	2006	王富胜
	419	栽培方式对当归干物质积累和生长动态影响的研究	中草药	2007	刘效瑞　王兴政
	420	甘肃当归90-02选育研究	中国现代中药	2007	刘效瑞　荆彦民　贾婕楠　刘荣清
	421	重离子束在中药材品种改良上的应用研究	中国现代中药	2007	刘效瑞　徐继振
	422	甘肃黄芪新品系94-02选育报告	作物研究	2007	刘效瑞　荆彦民　贾婕楠　尚虎山　刘荣清
	423	甘肃定西黄芪高效栽培施肥试验	甘肃林业科技	2007	刘效瑞
	424	硼对黄瓜幼苗生长发育的效应	北方园艺	2007	尚虎山　刘效瑞
	425	不同栽培方式对当归生长发育的效应	陕西农业科学	2008	刘效瑞
	426	腐殖酸类有机肥对当归物质生产及品质的影响	中国中药杂志	2008	刘效瑞
	427	定西市马铃薯产业可持续发展途径及建议	中国马铃薯	2008	王富胜　潘晓春　张　明　水清明
	428	甘肃党参新品系98-01选育初报	甘肃农业科技	2008	刘效瑞　荆彦民　尚虎山　刘荣清　贾婕楠

续表

科所	序号	论文题目	刊物名称	发表时间（年）	作者
中药材研究所	429	甘肃当归新品系 DGA2000-02 的选育研究	原子核物理评论	2008	刘效瑞 荆彦民
	430	当归新品系“DGA2000-02”与对照品种的遗传差异分析	原子核物理评论	2008	刘效瑞 贾婕楠
	431	甘肃当归新品系 90-01 大面积示范与推广	中国现代中药	2008	何小谦 陈永军 王春明 潘玉琴 尚虎山
	432	冬季基质育苗抑制当归早期抽薹的效应研究	中草药	2009	刘效瑞 尚虎山
	433	岷归保苗的几项栽培措施	甘肃农业科技	2009	刘效瑞
	434	日光温室冬季育苗抑制当归早期抽薹的效应研究	中国中药杂志	2010	刘效瑞 贾婕楠
	435	定西半干旱区有机农业发展规划与开发对策研究	北方园艺	2010	王兴政 王克敏
	436	黄芪愈伤组织的诱导及分化培养	甘肃农业科技	2011	马伟明 刘效瑞 王春明 尚虎山
	437	当归新品种岷归 4 号选育及优化种植技术研究	中药材	2011	李鹏程 刘效瑞
	438	几种分子标记技术的比较及其在中药材鉴定中的应用	生物学通报	2011	刘效瑞
	439	甘肃白条党参丰产优质栽培技术体系	甘肃农业科技	2011	陈向东 刘效瑞
	440	半干旱区马铃薯黑色地膜覆盖效果	甘肃农业科技	2011	杨薇靖 王兴政
	441	应用高稳系数法对黄芪品比试验结果的评价	甘肃农业科技	2012	刘效瑞 尚虎山 汪淑霞
	442	百里香染色体制片优化及核型分析	草业学报	2012	刘效瑞
	443	基于 NF-kB 信号通路的咖啡酸苯乙酯抗炎和抗肿瘤作用研究进展	中国药理学与毒理学杂志	2012	马瑞丽
	444	几种农药配比处理土壤对黄芪紫纹羽病的防治效果初报	甘肃农业科技	2012	刘效瑞 尚虎山 汪淑霞
	445	旱作区氮磷钾配施对黄芪的影响	甘肃农业科技	2012	刘效瑞 尚虎山 汪淑霞
	446	大血藤的化学成分及药理作用研究进展	中国野生植物资源	2012	马瑞丽
	447	不同农药组合对当归病害防治效果初步研究	中国现代中药	2012	刘效瑞
	448	国际种业发展趋势与中国种业未来发展策略	世界农业	2012	王富胜 潘晓春
	449	利用杂交种子露地生产菜用型马铃薯技术	中国园艺文摘	2012	潘晓春 王富胜
	450	甘肃新选育党参品系与主栽品种的 RAPD 分析	草业科学	2012	刘效瑞
	451	全息生育适度系数法在当归新品种选育中的应用	中药材	2013	马伟明 王春明 刘效瑞 何宝刚

续表

科所	序号	论文题目	刊物名称	发表时间（年）	作者
中药材研究所	452	当归设施育苗与快繁技术研究	现代农业科技	2013	刘效瑞　何宝刚
	453	响应面分析法优化大血藤中总酚的超声提取工艺	中成药	2013	马瑞丽
	454	育苗方式对当归成药期农艺性状的影响	甘肃农业科技	2013	马伟明
	455	2 个新育成黄芪品种（系）的 RAPD 研究	甘肃农业科技	2013	刘效瑞　王春明　尚虎山　汪淑霞
	456	定西半干旱区板蓝根栽培技术	甘肃农业科技	2013	杨薇靖　王兴政
	457	黄芪新品种陇芪 3 号选育及规范化种植技术研究	中药材	2013	刘效瑞　尚虎山　汪淑霞
	458	地面覆盖方式对黄芪育苗的影响	甘肃农业科技	2013	尚虎山　刘效瑞　王兴政
	459	虎刺抗氧化和抗菌活性研究	中国野生植物资源	2014	马瑞丽
	460	药用植物黄芪新品种品比试验	中国现代中药	2014	尚虎山　刘效瑞　王兴政
	461	不同品种（系）当归种子发芽试验初报	农业科技与信息	2014	马伟明
	462	大孔吸附树脂制备尾叶香茶菜总二萜的工艺研究	中成药	2014	马瑞丽
	463	中药材当归新品种——岷归 2 号	农家顾问	2014	刘效瑞
	464	19 个板蓝根新品系结籽期主要性状比较	甘肃农业科技	2014	刘效瑞　王兴政　尚虎山　王富胜
	465	6 个板蓝根新品系在定西市的品比试验初报	甘肃农业科技	2014	王兴政　刘效瑞　杨薇靖
	466	当归熟地育苗技术规程	甘肃农业科技	2014	刘效瑞　王春明　马伟明　王富胜
	467	当归简单重复序列区间——聚合酶链反应体系的建立及优化与品种（系）间遗传关系研究	中国药房	2014	刘效瑞
	468	全息生育适度系数法在黄芪新品种育苗期品比试验中的应用	安徽农业科学	2014	尚虎山　刘效瑞　王富胜
	469	黄芪不同育苗模式在种苗生产中的应用效果	甘肃农业	2014	荆彦民　马伟明　王富胜　马瑞丽
	470	不同黄芪和党参栽培品种（系）遗传关系的 ISSR 分析	中国中医药信息杂志	2015	刘效瑞
	471	定西市马铃薯种薯产业可持续发展途径	中国马铃薯	2015	王富胜　潘晓春　张　明　刘效瑞　王　娟
	472	三十二份板蓝根种质材料结籽期主要农艺性状综合评价	北方园艺	2015	王兴政　王富胜　刘效瑞
	473	马铃薯生物技术育种现状及发展趋势	中国园艺文摘	2015	潘晓春　姚　兰　文殷花　王富胜
	474	地膜番瓜套种番茄丰产优质高效栽培技术	黑龙江农业科学	2015	王富胜　潘晓春
	475	板蓝根新品系品质考察及板蓝根质量标准改进	现代中药研究与实践	2015	刘效瑞　王兴政　潘晓春

续表

科所	序号	论文题目	刊物名称	发表时间（年）	作者
中药材研究所	476	当归不同栽培品种（品系）种子含油量及组分分析	中国实验方剂学杂志	2015	刘效瑞　马伟明
	477	基于应用全息生育适度系数法对黄芪新品种评价研究	中国现代中药	2015	王富胜　刘效瑞　尚虎山　王兴政
	478	基于灰色关联分析方法评价当归不同栽培品种（品系）种子质量	中国现代中药	2015	刘效瑞　马伟明
	479	Anti-inflammatory and immunoregulatory properties of fractions from Sargentodoxa cuneata ethanol extract	Journal of Medicinal Plants Research	2015	MA Rui-Li
	480	板蓝根丰产优质高效栽培适宜密度研究	中药材	2015	王富胜　刘效瑞　王兴政
	481	当归新品种岷归5号选育及标准化栽培技术研究	中国现代中药	2015	王富胜　王春明　马伟明
	482	板蓝根新品系 BLG2012-04 与当地栽培种的 RAPD 比较	甘肃农业科技	2015	王兴政　刘效瑞　王富胜
	483	药用植物黄芪品种道地产区产量的 AMMI 模型分析	西部中医药	2016	尚虎山　刘效瑞　王富胜　李亚杰
	484	羌活栽培技术	农业科技与信息	2016	边　芳　王兴政
	485	HPLC 同时测定大血藤中绿原酸、咖啡酸、香草酸的含量	中国现代应用药学杂志	2016	马瑞丽
	486	板蓝根新品种定蓝1号不同区域比较试验	现代农业科技	2016	杨薇靖　王兴政　刘　鹍
	487	不同来源板蓝根种子质量比较	中国现代中药	2016	王兴政　王富胜　潘晓春
	488	当归根腐病防治技术	甘肃农业科技	2016	汪淑霞　王富胜
	489	5个当归新品种在高寒阴湿区的适应性研究	甘肃农业科技	2016	汪淑霞　王富胜
	490	黄芪良种陇芪4号选育及标准化栽培技术研究	中药材	2016	王富胜　尚虎山　潘晓春
	491	高产优质抗逆板蓝根新品种“定蓝1号”选育及规范化栽培技术研究	中药材	2017	水清明　王兴政　文殷花
	492	大青叶采收次数对板蓝根产量的影响	甘肃农业科技	2017	杨荣洲　王兴政　杨薇靖
	493	半干旱雨养农业区柴胡规范化栽培技术	农业科技与信息	2017	王富胜
	494	新型叶面肥在中药材柴胡上的应用效果研究	农业科技与信息	2017	王富胜
	495	驰奈中药材专用肥在当归上的施用效果	甘肃农业科技	2017	王富胜　马伟明　潘晓春　刘效瑞
	496	陇中白条党参成药期生长规律研究	中国现代中药	2017	王富胜　潘晓春
	497	板蓝根在定西市适播期试验	甘肃农业科技	2017	王兴政　杨薇靖
	498	Anti-Inflammatory Activities and Related Mechanism of Polysaccharides Isolated from Sargentodoxa cuneata	Chemistry and biodiversity	2018	Ruili Ma，et al.

续表

科所	序号	论文题目	刊物名称	发表时间（年）	作者
中药材研究所	499	定西市柴胡种子质量检验规程	甘肃农业科技	2018	王兴政　姚彦红
	500	干旱胁迫对黄芪叶片光合特性和叶绿素荧光参数的影响	中药材	2018	马瑞丽　荆彦民
	501	定西市金银花栽培技术研究	农业科技与信息	2018	孟红梅　王兴政
	502	轮作周期及新型肥料对蒙古黄芪主要农艺性状及生产效应研究	中国现代中药	2018	刘效瑞
	503	定西市金银花栽培技术规程	甘肃农业科技	2018	孟红梅　王兴政
	504	柴胡种子标准化繁育技术研究	农业科技与信息	2018	姚彦红　王兴政
	505	半干旱区柴胡种子繁育技术规程	甘肃农业科技	2018	孟红梅　王兴政
	506	起垄覆膜方式对岷县当归生产发育及产量和品质的影响	甘肃农业科技	2018	赵　荣　王富胜
	507	LED 不同光质对菘蓝愈伤组织诱导及再生的影响	中国农学通报	2018	王兴政
	508	Effects of exogenous application of salicylic acid on drought performance of medicinal plant	Phytoprotection	2019	Ruili Ma，Shengrong Xu，Yuan Chen，Fengxia Guo，Rui Wu，Samuel Anim Okyere，Fusheng Wang，Yanming Jing，Xingzheng Wang
	509	甘肃贝母生物量和营养物质生殖分配研究	草地学报	2019	马瑞丽
	510	有机磷肥生产技术规程	甘肃农业科技	2019	王兴政
	511	定西市打造“中国薯都”对策及建议	蔬菜	2019	王兴政
	512	火籽种苗与正常种苗对当归不同品种早薹率及生产效应研究	甘肃现代思路寒旱农业发展论坛——2019年甘肃省学术年会第二分会场论文集	2019	王富胜　杨荣洲　汪淑霞　刘效瑞
	513	甘肃省中药材羌活的栽培技术与研究进展	甘肃农业	2019	杨薇靖　王兴政
	514	基于 UPLC-Q-TOF-MS 技术的不同品种当归代谢组学分析	中国实验方剂学杂志	2019	王富胜
	515	剪蔓长度对党参生产的效应研究	甘肃农业科技	2019	刘效瑞
	516	轮作周期及新型肥料对当归抗病性、产量及品质的影响	中药材	2020	刘效瑞
	517	植物源有机肥在当归上的应用效果	甘肃农业科技	2020	王富胜　汪淑霞　杨荣洲　权小兵　刘效瑞
	518	秦艽标准化栽培技术规程	甘肃农业科技	2020	魏立萍　王富胜
	519	栽培方式对当归生长发育及产量的影响	甘肃农业科技	2020	魏立萍　王富胜
	520	Biomass allocation and allometric analysis for vegetative and reproductive growth of Fritillaria przewalskii Maxim	Agronomy journal	2020	Ruili Ma　Shengrong Xu　Yuan Chen　Fengxia Guo

续表

科所	序号	论文题目	刊物名称	发表时间（年）	作者
中药材研究所	521	基施 4 种菌肥对黄芪产量的影响	甘肃农业科技	2020	魏琴芳　师立伟　王兴政
	522	不同叶面肥对板蓝根结籽期农艺性状和产量的影响评价	现代农业	2020	权小兵　王兴政　杨薇靖
	523	不同种类叶面肥对板蓝根喷施效果影响研究	现代农业	2020	杨薇靖　王兴政
	524	Drought stress、mercuric chloride、and β -mercaptoethanol effects on hydraulic characteristics of three cultivars of wolfberry（Lycium chinense）	Journal of Forestry Research	2020	Shengrong Xu，Ruili Ma，Enhe Zhang，et al.
	525	Allometric Relationships Between Leaf and Bulb Traits of Fritillaria przewalskii Maxim Grown at Different Altitudes	Plos One	2020	Ruili Ma，Shengrong Xu，Yuan Chen，Fengxia Guo.
设施农业研究所	526	设施辣椒地热线育苗试验研究	农业科技与信息	2014	谢淑琴　王姣敏　刘军秀　牛彩萍　周东亮　王　剑　王西和　陈玉胜
	527	日光温室内小拱棚对蔬菜育苗的影响	甘肃农业	2014	魏镛频　王姣敏
	528	定西地区发展设施农业的优势分析	农业开发与装备	2014	王姣敏　曹力强
	529	土壤加热系统在蔬菜穴盘育苗上的应用	农业开发与装备	2014	王姣敏
	530	土壤加热系统在日光温室蔬菜育苗中的应用	农业开发与装备	2014	张　旦　王姣敏　谢淑琴
	531	日光温室栽培杏 LED 灯补光效果研究	中国果树	2015	谢淑琴　马彦霞　曹力强　张　晶　李春花
	532	西芹早春露地覆膜穴播栽培技术	北方园艺	2015	谢淑琴　马彦霞　张　晶　叶丙鑫　曹力强
	533	温室葡萄与韭菜套作栽培技术试验	林业科技通讯	2015	魏镛频　曹力强　张　旦　谢淑琴
	534	施肥对半干旱区西芹生长及产量的影响	农业科技与信息	2015	李春花　张　晶　叶丙鑫
	535	追肥对连作地芹菜品质的影响	农业科技与信息	2015	王姣敏　谢淑琴　张　旦　曹力强　魏镛频
	536	夏栽甘蓝品种比较试验	西北园艺	2015	谈克毅　谢淑琴　叶丙鑫　张　晶　魏镛频
	537	日光温室垄作滴灌栽培条件下辣椒品比试验研究	农业开发与装备	2016	张　旦　谢淑琴　曹力强　王姣敏
	538	设施蔬菜育苗存在的问题及其技术分析	农业开发与技术	2016	周东亮　叶丙鑫　王姣敏　张　晶
	539	辣椒品种引种栽培试验研究	栽培技术	2016	白　键　魏镛频　王　剑
	540	日光温室草莓无土栽培基质配方筛选试验	中国果树	2017	张　晶　叶丙鑫　李春花　曹力强　魏镛频　谢淑琴
	541	杏树温室不同培肥措施对土壤酶活性的影响	林业科技通讯	2017	叶丙鑫　张　晶　李春花　谢淑琴
	542	杏树温室栽培土壤盐渍化防治技术研究	林业科技通讯	2017	曹力强　张　旦

续表

科所	序号	论文题目	刊物名称	发表时间（年）	作者
设施农业研究所	543	花无缺等三种水溶肥料在黄瓜育苗上的应用	农业与技术	2018	周东亮　王姣敏　郭子军
	544	胡萝卜品种引种栽培试验研究	农业科技与信息	2018	白　键　王姣敏　魏镛频
	545	不同补光光质对日光温室草莓生长结果的影响	中国果树	2019	张　晶　谢淑琴　叶丙鑫　李春花　王　剑　谈克毅　魏镛频
	546	定西市大葱优良品种筛选试验	农业科技与信息	2019	王姣敏　谢淑琴　曹力强　周东亮　白　键　张　旦
	547	定西地区露地辣椒品比试验	中国果菜	2019	郭子军　谢淑琴　张　旦　曹力强　周东亮　白　键　王姣敏
	548	设施延后栽培葡萄灰霉病防治药剂筛选	现代园艺	2019	谈克毅　李春花
	549	甘蓝枯萎病细菌接种病理研究	种植技术	2019	白　键　赵永伟　王姣敏　王　剑　魏镛频
	550	枣树环剥对枣树生长及果实品质的影响	林业科技通讯	2019	叶丙鑫　谢淑琴　张　晶　王　剑　李春花
	551	杏树与黄瓜节水旱作栽培成本比较分析	现代园艺	2020	谈克毅　李春花
	552	定西地区露地莴笋品种比较试验	中国果菜	2020	郭子军　谢淑琴　白　键　曹力强　张　旦　周东亮　吕海龙　王姣敏
	553	不同播期日光温室当归反季节育苗对成药栽培的影响试验	林业科技通讯	2020	王姣敏　谢淑琴　张　旦　白　键　程永龙　周东亮　郭子军　魏镛频　曹力强
	554	香菇适宜菌株品种比较试验	林业科技通讯	2020	叶丙鑫　谢淑琴　张　晶　魏镛频　张　旦　李春花
	555	论述蔬菜设施育苗基质的使用与发展	农业与技术	2020	周东亮　叶丙鑫
	556	15 个草莓品种在甘肃中部干旱半干旱区引种筛选	林业科技通讯	2020	李春花　张　晶　王　剑　叶丙鑫　魏镛频　谈克毅
旱地农业综合研究所	557	定西地区马铃薯晚疫病的发生规律及综合防治技术研究	甘肃农业大学学报	2001	袁安明
	558	食用菌渣在脱毒微型薯生产中的应用	中国马铃薯	2004	袁安明
	559	定西市种薯生产中存在的主要问题及解决对策	马铃薯产业与现代农业	2007	袁安明
	560	马铃薯引种试验初报	甘肃农业科技	2007	袁安明　陈自雄　谭伟军
	561	定西市发展旱地节水型农业的有效途径	农业环境与发展	2007	张　明
	562	定西市马铃薯贮藏管理技术	中国蔬菜	2008	罗有中　王永伟
	563	农业生产信息移动化管理过程的实现	农业网络信息	2009	罗有中
	564	高山隔离区低成本马铃薯原种繁育技术体系研究	中国种业	2009	王亚东
	565	高山隔离区繁育马铃薯原种	中国农技推广	2009	罗有中
	566	浅析甘肃定西马铃薯产业	中国农村小康科技	2009	王亚东

续表

科所	序号	论文题目	刊物名称	发表时间（年）	作者
旱地农业综合研究所	567	影响马铃薯块茎品质性状的环境因子分析	中国马铃薯	2010	张小静　李　雄　陈　富　袁安明　杨俊丰　蒲育林　王　静
	568	三种植物生长延缓剂对马铃薯试管苗生长和保存的影响	作物杂志	2012	张小静　李鹏程　陈　富　袁安明　李德明　马海涛　马秀英　孟红梅
	569	氮磷钾配比对马铃薯脱毒微型薯生长和产量的影响	中国马铃薯	2012	袁安明　张小静
	570	干旱半干旱区马铃薯超高产栽培技术	现代农业科技	2012	王亚东
	571	氮磷钾施肥水平对西北干旱区马铃薯生长及产量的影响	中国马铃薯	2013	张小静　陈　富　袁安明　马海涛
	572	定西市马铃薯产业发展现状分析	中国种业	2013	陈　富　张小静
	573	引进马铃薯新品种的比较试验	农业科技通讯	2014	张小静　袁安明　马海涛　陈　富
	574	雨养农业区西藏柴胡引种驯化栽培模式初探	中国园艺文摘	2014	陈　富　张小静　魏玉琴　马　宁　姜振宏　石建业
	575	氨基酸微肥对马铃薯产量及农艺性状的影响	中国马铃薯	2015	张小静　袁安明　陈　富　马海涛　谭伟军　陈自雄　徐祺昕　孟红梅
	576	包膜控释尿素对马铃薯生长发育及产量的影响	中国马铃薯	2015	魏玉琴　姜振宏　陈　富　张小静
	577	铁皮石斛常见病虫害的防治措施研究	农业与技术	2015	袁安明　周东亮　张小静　谭伟军　陈子雄
	578	定西市全膜双垄沟播马铃薯连作养分补给研究	中国马铃薯	2016	陈　富　张小静　魏玉琴　姜振宏　贾瑞玲　马　宁
	579	Comparative proteomics illustrates the complexity of drought resistance mechanisms in two wheat（Triticum aestivum L.）cultivars under dehydration and rehydration	BMC Plant Biology	2016	Lixiang Cheng，Yuping Wang，Qiang He，Huijun Li，Xiaojing Zhang，Feng Zhang*
	580	抑菌剂抑菌效果及对马铃薯试管苗生长发育的影响	中国马铃薯	2017	张小静　李德明　陈　富　袁安明　马海涛　孟红梅
	581	赤霉素对马铃薯扦插苗生长发育及产量的效果	中国马铃薯	2018	陈　富　袁安明　陈向东　张小静　唐彩梅　曹　宁　张建祥
	582	马铃薯 NF-YA 转录因子基因的克隆及生物信息学分析	农艺农技	2018	张小静
	583	亏缺灌溉对马铃薯生长产量及水分利用的影响	农业工程学报	2019	张小静　张俊莲
	584	StMYB44 negatively regulates anthocyanin biosynthesis at high temperatures in tuber flesh of potato	Journal of Experimental Botany	2019	Yuhui Liu，Kui Lin-Wang，Richard V. Espley，Li Wang，Yuanming Li，Zhen Liu，Ping Zhou，Lihui Zeng，Xiaojing Zhang，Junlian Zhang*，and Andrew C. Allan

续表

科所	序号	论文题目	刊物名称	发表时间（年）	作者
农产品加工研究所	585	Genome-wide identification and analysis of the Q-type C2H2 gene family in potato（Solanum tuberosum L.）	International Journal of Biological Macromolecules	2020	Zhen Liu，Jeffrey A Coulter，Yuanming Li，Xiaojing Zhang，Jiangang Meng Junlian Zhang，Yuhui Liu
	586	硅钼蓝比色法测定硅时标准溶液的改进	甘肃农业科技	1993	姚晏如　罗有中　安凌冰
	587	微量元素配合液浸种蚕豆增产效果研究	甘肃农业科技	1993	刘效瑞　伍克俊　刘荣清　荆彦民　罗有中
	588	应用土壤系统熵评价定西地区三大生态区的土壤肥料工作	甘肃科技情报	1994	罗有中　杨爱萍
	589	解决高寒阴湿区春小麦青秕问题的新途径	甘肃科技情报	1994	刘效瑞　伍克俊　刘荣清　荆彦民　罗有中　周世才
	590	解决高寒阴湿区春小麦青秕问题的配套技术研究	耕作与栽培	1994	刘效瑞　伍克俊　刘荣清　荆彦民　罗有中　周世才　徐继振　年得成
	591	土壤系统熵在土壤及植物营养研究上的应用	甘肃农业科技	1994	罗有中
	592	党参施用微肥效果研究	土壤肥料	1996	姚晏如　罗有中　马秀英　杨爱萍　胡西萍
	593	高寒阴湿少数民族贫困区农田杂草分布规律研究	甘肃科技	1996	罗有中
	594	旱地春小麦新品系 8338 选育报告	甘肃农业科技	1999	王亚东　牟丽明　墨金萍　李国林
	595	澳大利亚农业考察	世界农业	2007	王亚东
	596	定西市马铃薯贮藏管理技术	中国蔬菜	2008	罗有中　王永伟
	597	水土保持为定西发展马铃薯产业打造基础平台	中国水土保持	2008	王亚东
	598	农业生产信息移动化管理过程的实现	农业网络信息	2009	罗有中
	599	高山隔离区低成本马铃薯原种繁育技术体系研究	中国种业	2009	王亚东
	600	高山隔离区繁育马铃薯原种	中国农技推广	2009	罗有中
	601	浅析甘肃定西马铃薯产业	中国农村小康科技	2009	王亚东
	602	干旱半干旱区马铃薯超高产栽培技术	现代农业科技	2012	王亚东
	603	不同农艺措施对黑美人土豆出苗时间的影响研究	农业与技术	2012	罗有中
	604	超声波辅助酶解豌豆分离蛋白的动力学及酶解物功能特性研究	中国食品学报	2015	李珍妮
	605	超声波处理对豌豆分离蛋白功能特性的影响	食品工业科技	2015	李珍妮
	606	日光温室卷帘机自动控制技术研究与应用	中国农业信息	2017	石建业　罗有中　王姣敏

续表

科所	序号	论文题目	刊物名称	发表时间（年）	作者
农产品加工研究所	607	智能化环境监控系统在日光温室微型薯生产中的应用	中国马铃薯	2018	罗有中　石建业　张　明　陈　富　袁安明　权小兵　王姣敏
	608	定西市半干旱区蚕豆机械化种植技术	农业机械	2019	罗有中　刘全亮　马菁菁
	609	不同玉米秸秆覆盖模式对农田土壤水热及马铃薯产量的影响	现代农业科技	2019	冯　梅　刘全亮　罗有中　马菁菁　曹　宁
	610	燕麦黄芪酒酿造工艺初探	食品与发酵科技	2020	刘全亮　罗有中　马菁菁　冯　梅　李鹏程
	611	定西市鲜食蚕豆产业发展现状及建议	农业科技与信息	2020	刘全亮　罗有中　李鹏程　马菁菁
	612	加快推进马铃薯主食化研究提高粮食安全保障水平	定西日报	2021	罗有中
财务资产管理科	613	牡丹春节催花温室管理技术	现代农业科技	2009	文殷花
	614	小麦全程地膜覆盖栽培技术	农业科技与信息	2010	文殷花
	615	大丽花块茎冬季贮藏方法研究	现代农业科技	2011	文殷花
	616	半干旱区马铃薯黑色地膜覆盖效果	甘肃农业科技	2011	杨薇靖　王兴政
	617	定西半干旱区板蓝根栽培技术	甘肃农业科技	2013	杨薇靖　王兴政
	618	杏树设施栽培化学整形技术研究	林业实用技术	2014	文殷花　马彦霞　魏镛频
	619	土壤加热系统在蔬菜穴盘育苗上的应用	农业开发与装备	2014	文殷花　王姣敏
	620	关于加快推进定西设施农业发展的建议	农业科技与信息	2015	文殷花　水清明　王姣敏
	621	定西市发展蔬菜产业的优势与成效	农业科技与信息	2015	杨薇靖　王姣敏　王兴政
	622	板蓝根新品种定蓝 1 号不同区域比较试验	现代农业科技	2016	杨薇靖　王兴政　刘　鹍
	623	不同栽培密度对板蓝根结籽期产量的影响	农业科技通讯	2017	杨薇靖　王兴政　陈向东
	624	不同种类叶面肥对板蓝根喷施效果影响研究	现代农业	2020	杨薇靖　王兴政
	625	定西市半干旱区旱地马铃薯品种筛选及适用性研究	现代农业科技	2020	杨薇靖　罗　磊　王兴政
	626	甘肃中部半干旱区旱作马铃薯适栽品种比较与筛选试验	农业科技与信息	2020	杨薇靖　韩天鹏　秦　贞　王兴政　刘　鹍　罗　磊

附件 15　专利成果

科所	序号	专利名称	专利号	授权时间	专利权人	发明人
粮食作物研究所	1	旱地高产优质冬小麦新品种选育技术	ZL 2009 1 0127821.0	2012.12.05	周谦	周　谦
	2	一种荞麦种子培育装置	CN201921938791.7	2019.11.05	定西市农业科学研究院	马　宁　贾瑞玲　赵小琴　刘军秀
	3	一种燕麦种子数粒器	ZL 2020 1 21507.3	2020.05.19	定西市农业科学研究院	南　铭　刘彦明　张　明
	4	一种燕麦精准播种器	CN201921800523.9	2020.07.17	定西市农业科学研究院	南　铭　刘彦明　张　明
	5	一种豌豆种植用支架装置	CN201921788240.7	2020.08.07	定西市农业科学研究院	肖　贵　连荣芳　墨金萍　曹　宁　王梅春
	6	一种用于小麦种植的土壤松土装置	ZL 2019 2 2077515.2	2020.08.11	定西市农业科学研究院	张　健　陈亚兰　侯云鹏　王会蓉　张　明
	7	一种豌豆育苗装置	CN201921801363.X	2020.08.21	定西市农业科学研究院	王梅春　连荣芳　肖　贵　墨金萍　曹　宁　马菁菁　冯　梅
	8	一种荞麦太阳能育苗箱	ZL 2019 2 0169630.X	2020.08.21	定西市农业科学研究院	马　宁　贾瑞玲　赵小琴　刘军秀
	9	一种农业种植的喷洒搅拌式小麦装置	ZL 2019 2 2077515.2	2020.10.20	定西市农业科学研究院	张　健　陈亚兰　张　明　侯云鹏　王会蓉
油料作物研究所	10	一种马铃薯栽培用便于调节铲距的铺地膜机	ZL 2018 2 0181491.8	2018.09.04	李亚杰	李亚杰　李德明　罗　磊
	11	一种马铃薯栽培用的新型铺地膜设备	ZL 2019 2 0095976.X	2018.10.02	李亚杰	李亚杰　李德明　罗　磊
	12	一种农作物保护用害虫诱捕器	ZL 2019 2 0114124.0	2019.01.23	定西市农业科学研究院	赵永伟　赵雅涛　赵亚兰
	13	一种胡麻种植用种子拌药器	ZL 2019 2 2291848.5	2021.01	定西市农业科学研究院	马伟明　李　瑛等
	14	一种胡麻播种机用播种箱	ZL 2020 2 1028417.6	2021.01	定西市农业科学研究院	马伟明　赵永伟等
马铃薯研究所	15	一种便于起苗升降式马铃薯实生苗培育装置	ZL 2019 2 0095969.X	2019.09.27	李亚杰	李亚杰　罗　磊　李德明　王　娟　姚彦红　董爱云　刘惠霞　马　瑞　牛彩萍　李丰先
	16	一种带有除泥措施的马铃薯田间运输车	ZL 2020 2 0216412.X	2019.12.10	李亚杰	罗　磊　李亚杰　李德明　姚彦红　王　娟　董爱云　刘惠霞　牛彩萍　马　瑞　李丰先
	17	一种可伸缩性带刻度划地尺	ZL 2020 2 0180175.6	2020.08.11	李亚杰	罗　磊　李亚杰　李德明　李丰先　王　娟　冯　梅　姚彦红　董爱云　刘惠霞　牛彩萍　马　瑞　范　奕

续表

科所	序号	专利名称	专利号	授权时间	专利权人	发明人
马铃薯研究所	18	带三角履带的田间运种车	ZL 2020 2 0238493.3	2020.10.02	李亚杰	李亚杰　罗　磊　李德明　李丰先　冯　梅　王　娟　姚彦红　董爱云　刘惠霞　牛彩萍　马　瑞　范　奕
	19	一种用于生产马铃薯原原种的简易离地栽培苗床装备	ZL 2020 2 0271598.9	2020.10.27	定西市农业科学研究院	王　娟　陈自雄　谭伟军　孟红梅　马海涛　徐祺昕　水建兵　黄　凯　刘全亮　何万春　李亚杰　罗　磊
	20	一种滚动式离地栽培苗床	ZL 2019 2 1288303.2	2020.11.10	定西市农业科学研究院	王　娟　谭伟军　陈自雄　马海涛　孟红梅　徐祺昕　刘全亮　黄　凯　何万春　李亚杰　李丰先　权小兵　杨薇靖
	21	一种水肥一体化马铃薯育种及原原种扩繁灌溉装置	ZL 2020 2 1107836.9	2021.03.16	定西市农业科学研究院	王　娟　黄　凯　谭伟军　陈自雄　何万春　徐祺昕　马海涛　孟红梅　李丰先　李亚杰　杨薇靖
中药材研究所	22	防治当归早期抽薹的方法	ZL 2013 2 0273271.5	2014.12.24	定西市农业科学研究院	刘效瑞　王兴政
	23	一种冬季增温苗床	ZL 2013 1 0238475.X	2019.04.23	定西市农业科学研究院	杨薇靖　王兴政　文殷花　刘　鹍　杨　春　李巧珍
	24	一种当归育苗用农业大棚	ZL 2018 2 1459575.X	2020.04.03	定西市农业科学研究院	尚虎山
	25	一种农业用种子烘干装置	ZL 2019 2 0804995.5	2020.04.07	定西市农业科学研究院	王兴政　冯　梅　杨薇靖
设施农业研究所	26	多功能日光温室卷帘机自动控制器	ZL 2013 2 0273271.5	2013.10.09	定西市丰源农业科技有限责任公司	石建业　谢淑琴　张　旦　王姣敏　谈克毅
	27	大丽花脚芽周年快繁技术	ZL 2009 1 0202123.8	2013.12.04	定西市旱作业农科研推广中心实验农场　定西市丰源农业科技有限责任公司	石建业　谢淑琴　曹力强　张　旦　杨志俊　文殷花
	28	简易组装式中药材贮藏装置	ZL 2013 2 0273278.7	2013.12.11	定西市农业科学研究院	石建业
	29	温室智能化水肥一体节水渗灌装置	201420052886X	2014.08.13	定西市农业科学研究院	石建业
	30	自动控制日光温室的太阳能土壤加热装置	2014202918704	2015.02.11	定西市农业科学研究院	石建业
	31	设施嫁接枣苗早春移植保苗方法	ZL 2019 2 0772371.X	2017.06.06	定西市农业科学研究院	谢淑琴　王姣敏　马彦霞　曹力强　张　旦
	32	一种可提高当归发芽率的日光温室育苗方法	ZL 2014 1 0577029.6	2017.09.29	定西市农业科学研究院	谢淑琴　马彦霞　曹力强　叶丙鑫　张　晶
	33	一种用于温室大棚的喷雾机器人专用雾化喷头	ZL 2017 2 0560753.7	2017.12.12	定西市农业科学研究院	石建业

续表

科所	序号	专利名称	专利号	授权时间	专利权人	发明人
设施农业研究所	34	一种行李箱式温室专用喷雾器	ZL 2017 2 1124367.X	2018.03.27	定西市农业科学研究院	石建业
	35	一种适用于山区的低成本日光温室	ZL 2017 2 1124360.8	2018.03.27	定西市农业科学研究院	石建业
	36	一种园林造景生态系统	ZL 2017 2 1124976.5	2018.03.27	定西市农业科学研究院	石建业
	37	一种中药材覆膜播种精量覆土装置	ZL 2017 2 1319260.0	2018.05.08	定西市农业科学研究院	石建业
	38	一种能够智能检测报警的中药材养护贮藏装置	ZL 2018 2 1739009.4	2019.07.19	定西市农业科学研究院	石建业
	39	一种智能检测预警的中药材贮藏系统	ZL 2018 1 1253242.6	2020.02.11	定西市农业科学研究院	石建业
	40	一种蔬菜移栽打孔器	ZL 2019 2 0882385.7	2020.02.18	定西市农业科学研究院	王姣敏 谢淑琴 曹力强
	41	一种便携式芹菜起苗器	ZL 2019 2 2356810.1	2020.03.31	定西市农业科学研究院	曹力强 王姣敏 谢淑琴 郭子军 张 旦
	42	一种大葱便携式挖沟机	ZL 2009 2 0147405.2	2020.08.21	定西市农业科学研究院	王姣敏 郭子军 周东亮
	43	一种温室果树土壤盐碱低成本处理方法	ZL 2017 1 0628843.X	2020.09.08	定西市农业科学研究院	石建业
旱地农业综合研究所	44	马铃薯组培苗培养瓶透明封口盖	ZL 2009 2 0147405.2	2010.02.24	定西市农业科学研究院	蒲育林 刘荣清 赵 荣 袁安明 张小静
	45	马铃薯脱毒原原种培养方法	ZL 2016 0 0985635.6	2017.11.21	定西市农业科学研究院	袁安明 张 明 徐祺昕 张小静 陈自雄 谭伟军
	46	一种马铃薯育种切块装置	ZL 2020 2 0987955.1	2021.02.09	定西市农业科学研究院	马 宁 张小静 范 奕 陈 富
	47	一种马铃薯育种光照培养箱	ZL 2020 2 0987958.5	2021.03.30	定西市农业科学研究院	张小静 马 宁 陈 富 袁安明
农产品加工研究所	48	一种温室智能多级通风温控系统	ZL 2017 2 1137322.6	2017.02.22	定西市农业科学研究院	罗有中 石建业 王姣敏
	49	一种高效农业综合作业机	ZL 2017 2 1137323.0	2018.03.27	定西市农业科学研究院	罗有中 刘全亮 曹 宁 张建祥 袁安明 张 明 唐彩梅
	50	一种土壤温度测定装置	ZL 2019 2 2483118.5	2018.03.27	定西市农业科学研究院	罗有中 曹 宁 刘全亮 袁安明 张建祥 张 明 唐彩梅
	51	一种组合式测温装置	ZL 2019 1 0750662.3	2020.07.17	定西市农业科学研究院	刘全亮 罗有中 马菁菁 李鹏程

附件 16　地方标准

科所	序号	标准名称	标准号	起草	起草人	颁布时间
粮食作物研究所	1	春小麦品种　定西38号	DBT62/T2279-2012	定西市旱作农业科研推广中心	牟丽明　王建兵　杨惠梅	2012.10.08
	2	春小麦品种　定西39号	DBT62/T2280-2012	定西市旱作农业科研推广中心	牟丽明　刘荣清　朱润花　王建兵　杨惠梅	2012.10.08
	3	春小麦品种　定西40号	DBT62/T2281-2012	定西市旱作农业科研推广中心	牟丽明　刘荣清　朱润花　王建兵　杨惠梅	2012.10.08
	4	春小麦品种　定西41号	DBT62/T2282-2012	定西市旱作农业科研推广中心	牟丽明　王建兵　杨惠梅　朱润花	2012.10.08
	5	春小麦品种定西38、40号良种生产技术规程	DBT62/T2283-2012	定西市旱作农业科研推广中心	牟丽明　李鹏程　王建兵　杨惠梅	2012.10.08
	6	春小麦品种定西39号良种生产技术规程	DBT62/T2284-2012	定西市旱作农业科研推广中心	牟丽明　严明春　王建兵　杨惠梅	2012.10.08
	7	豌豆品种　定豌7号	DB62/T 2512-2014	定西市农业科学研究院	王梅春　连荣芳　墨金萍　肖　贵	2014.11.01
	8	燕麦　定莜9号	DB62/T 2514-2014	定西市农业科学研究院	刘彦明　任生兰　南　铭　何小谦　马　宁　边　芳　陈　富	2014.11.10
	9	旱地燕麦全膜覆土穴播栽培技术规程	DB62/T 2515-2014	定西市农业科学研究院	刘彦明　任生兰　南　铭　何小谦　马　宁　边　芳　陈　富	2014.11.10
	10	甘肃省地方标准《甜荞品种　定甜荞3号》	DB62/T 2513-2014	定西市农业科学研究院	马　宁　贾瑞玲　魏立平　何小谦　陈　富　魏玉琴	2014.12.05
	11	甘肃省地方标准《苦荞品种　定苦荞1号》	DB62/T 2791-2017	定西市农业科学研究院	马　宁　贾瑞玲　魏立平　陈　富　刘彦明　魏玉琴　南　铭　杨薇靖　权小兵　赵小琴	2017.07.24
	12	燕麦　定燕2号	DB62/T 2790-2017	定西市农业科学研究院	刘彦明　南　铭　任生兰　边　芳　陈　富	2017.9.30
	13	冬小麦品种　陇中3号	DB62/T 2788-2017	定西市农业科学研究院	周　谦　李　晶　贺永斌　韩儆仁　李鹏程　董红梅　张淑华	2017.09.30
	14	豌豆品种　定豌8号	DB62/T 2789-2017	定西市农业科学研究院	王梅春　连荣芳　墨金萍　肖　贵	2017.09.30
	15	小麦品种　定丰16号	DB62/T 2929-2018	定西市农业科学研究院	张　健　张　明　王会蓉	2018.12
	16	小麦品种　定丰17号	DB62/T 2930-2018	定西市农业科学研究院	张　健　张　明　王会蓉	2018.12
	17	小麦品种　定丰18号	DB62/T 4013-2019	定西市农业科学研究院	张　健　张　明　王会蓉	2019.05
	18	干旱半干旱区全膜双垄沟马铃薯套种豌豆栽培技术规程	DB62/T 4071-2019	定西市农业科学研究院	连荣芳　肖　贵　王梅春　墨金萍　曹　宁等	2019.12.01

续表

科所	序号	标准名称	标准号	起草	起草人	颁布时间
土壤肥料植物保护研究所	19	马铃薯脱毒种薯标准	DB62/691-2001	定西地区旱作农业科研推广中心	蒲育林　王梅春　伍克俊	2001.04.06
	20	定西地区无公害农产品　马铃薯质量安全	DB62/T814-2002	定西地区旱作农业科研推广中心	杨俊丰　潘晓春　王瑞英　袁安明　文殷花　罗　磊　贾　莉	2002.09.05
	21	定西地区无公害农产品　马铃薯产地环境条件	DB62/T819-2002	定西地区旱作农业科研推广中心	杨俊丰　王瑞英　潘晓春　袁安明　文殷花　罗　磊　贾　莉	2002.09.05
	22	定西地区无公害农产品　专用型马铃薯生产技术规程	DB62/T820-2002	定西地区旱作农业科研推广中心	杨俊丰　潘晓春　王瑞英　袁安明　罗　磊　文殷花　贾　莉	2002.09.05
	23	定西地区无公害农产品　马铃薯生产技术规程	DB62/T821-2002	定西地区旱作农业科研推广中心	杨俊丰　潘晓春　王瑞英　袁安明　罗　磊　文殷花　贾　莉	2002.09.05
马铃薯研究所	24	旱作区无公害富锌马铃薯栽培技术规程	DB62/T 2947-2016	甘肃省农业技术推广总站　定西市农业科学研究院	罗　磊　李德明　李亚杰	2017.01.15
	25	无公害富铁马铃薯栽培技术规程	DB62/T 2948-2016	甘肃省农业技术推广总站　定西市农业科学研究院	罗　磊　李德明　李亚杰	2017.01.15
	26	马铃薯品种定薯1号	DB62/T2924-2018	甘肃农业大学　定西市农业科学研究院	李德明　潘晓春　罗　磊　姚彦红　王　娟　李亚杰　张小静　王瑞英	2018.12.10
	27	马铃薯品种　定薯2号	DB62/T 4057-2019	定西市农业科学研究院	李德明　罗　磊　姚彦红　王　娟　李亚杰　董爱云　刘惠霞　李丰先	2019.12.01
	28	马铃薯品种　定薯3号	DB62/T 4057-2019	定西市农业科学研究院	李德明　王　娟　罗　磊　姚彦红　李亚杰　董爱云　刘惠霞　李丰先	2019.12.01
	29	马铃薯品种　定薯4号	DB62/T 4057-2019	定西市农业科学研究院	罗　磊　李德明　姚彦红　李亚杰　王　娟　董爱云　刘惠霞　李丰先　牛彩萍	2019.12.01
中药材研究所	30	党参种子繁育技术规程	DB62/T 2839-2017	定西市农业科学研究院　定西市经作站	王富胜　王小安　马伟明　师立伟　王兴政　杨　春　马瑞丽　尚虎山　陈　华	2017.11.09
	31	中药材种苗　党参	DB62/T 2816-2017	定西市农业科院　定西市经作站	马伟明　王富胜　王小安　王兴政　师立伟　杨　春　尚虎山　马瑞丽	2017.11.09
	32	中药材种子　柴胡	DB62/T 2815-2017	定西市农科学研究院　定西市经作站等	王兴政　刘红斌　董红梅　师立伟　王小安　杨　春　张虎天　代燕青　康学林	2017.11.09
	33	羌活种苗繁育技术规程	DB62/T 2837-2017	定西市经作站　临洮农科教中药材开发有限公司　定西市农业科学研究院等	董生健　王兴政　宋学斌　马海林　石建芳　赵友谊　师立伟　魏琴芳　代燕青　郭增祥	2017.11.09

后　记

在中国共产党建党 100 周年之际，为迎接定西市农业科学研究院建院 70 周年，院党委、院行政决定组织编纂《定西市农业科学研究院志（1951—2021 年）》（以下简称《院志》），并与 70 周年纪念活动同步部署、同步推进。2020 年 6 月，在讨论新闻媒体宣传定西市农科院及农科人的院党委扩大会议上，提出了编纂《院志》的建议，同年 9—10 月，定西市电视台相继对单位在马铃薯、中药材、小杂粮、胡麻、设施农业等方面的创新成果及相关专业技术人员进行了专题报道。

2020 年 12 月 18 日，定西市农业科学研究院成立了《院志》编纂工作委员会。2021 年 1 月 11 日，开始布局谋篇，研究撰写内容，确定章节结构，编订调研提纲，确定撰写人员。1 月 18 日，召开《院志》编纂工作人员会议，开启《院志》编写工作。为进一步加快《院志》的编纂进度，1 月 21 日，又召开了专题推进会，院党委书记、院长张明主持会议，各科所主要负责人、各支部书记及全体撰写人员参加会议。会后，《院志》的资料收集、走访调研、汇编工作全面启动。

通过查阅单位成立以来近 70 年的档案资料，先后复印、拍照收集了 13 个方面的档案材料。通过走访调研离退休人员，请当事人回忆，收集个人保存资料，再与档案材料相互印证，撰稿人员从海量资料中抽丝剥茧，去粗取精，将零散的资料整理、分析、编写，形成共计八篇三十三章的初稿。此后对初稿经多次修改补充，征求有关领导意见，调整篇章顺序，将《院志》篇章改至八编三十章七十八节，修改稿于 2021 年 7 月 28 日完成定稿，8 月 25 日完成编校，10 月 20 日付之印刷。

在《院志》编纂过程中，编写组全体人员面临着方方面面的压力，对完成这项艰巨的任务一直有所担心。因为没有受过专业的培训，对修志编写知识了解不够，搜集材料，安排内容，布局谋篇等各方面都存在较大困难。在院党委的坚强领导下，大家克服困难，鼓足勇气，努力工作，仔细修志，以求把院志编纂得全面翔实。同时，由于参编人员皆为现职科技人员，惟业余时间可以利用，当时正值春夏生产关键时期，大家发挥农科精神，克服各种困难，白天抢抓农时辛勤播种，夜晚挑灯夜战笔耕不辍，在短短半年多的时间内，撰稿及编校人员忘我工作、辛勤付出，顺利完成了编纂任务。

在《院志》编纂过程中，由于时间跨度大、断限历史长、内容庞杂，部分资料因档案室数次迁移变动或保存不当而遗失，个别人员的档案资料、业绩成果，各级领导、专家学者关心支持定西市农科院的图片和文字资料不齐全，存在许多资料缺失，口述资料存在一定差异等因素限制，诸多内容依靠点滴汇聚，而又无法一一考证。尽管编写人员尽了最大的努力，但仍不免受时代、资料、学识和经历等诸多制约，导致编纂过程中出现了部分资料的漏缺，造成了不可弥补的遗憾，还有待社会各界批评指正。

《院志》编纂工作得到院领导的高度重视和具体指导，也得到各科所负责人及有关同志的大力支持和配合，定西市地方志编纂委员会办公室组织专家审读，提出了许多修改意见，经修改同意出版付印，甘肃中医药大学图书馆馆长张慧、定西市植保植检站推广研究员骆得功等同志进行了精心指导和细致修改，在此一并致以诚挚地感谢！

二〇二一年十月三十日